普通高等院校新形态一体化“十四五”规划教材

浙江省普通高校“十三五”新形态教材

数据库原理及应用

（第三版）

杨爱民◎主 编

胡浩亮 王涛伟◎副主编

中国铁道出版社有限公司

CHINA RAILWAY PUBLISHING HOUSE CO., LTD.

内 容 简 介

本书是根据教育部高等学校大学计算机课程教学指导委员会发布的《大学计算机基础课程教学基本要求》（橙皮书）和全国高等院校计算机基础教育研究会发布的《CFC2014》（蓝皮书）的教学目标和要求而编写的一本基于"互联网＋教育"的新形态一体化教材，是浙江省普通高校"十三五"新形态教材项目成果。

本书把数据库理论与当前流行的数据库 MySQL 相结合，通过具体应用案例来剖析数据库的理论与实践知识。全书共分 10 章，内容包括数据库系统概述、关系数据库、数据库设计、MySQL 数据库系统概述及安装配置、SQL 基础、数据库的安全管理、并发控制、数据库技术的发展、数据库接口技术及应用和数据库应用案例分析。另外，每章还配有相关内容的视频、小结、思考与练习，便于学生在理论与实践相结合的情况下将所学知识融会贯通。

本书适合作为普通高等院校计算机类、信息类、管理类相关专业的教材，也可作为相关领域技术人员的培训教材及参考用书。

图书在版编目（CIP）数据

数据库原理及应用 / 杨爱民主编 . —3 版 . —北京：中国铁道出版社有限公司，2021. 8（2022.6 重印）
普通高等院校新形态一体化"十四五"规划教材
ISBN 978-7-113-27183-1

Ⅰ. ①数… Ⅱ. ①杨… Ⅲ. ①关系数据库系统-高等学校-教材 Ⅳ. ① TP311. 138

中国版本图书馆 CIP 数据核字(2021)第 087590 号

书　　名：数据库原理及应用
作　　者：杨爱民

策　　划：刘丽丽　　**编辑部电话：**（010）51873202
责任编辑：刘丽丽　彭立辉
封面设计：刘　颖
责任校对：焦桂荣
责任印制：樊启鹏

出版发行：中国铁道出版社有限公司（100054，北京市西城区右安门西街 8 号）
网　　址：http://www.tdpress.com/51eds/
印　　刷：北京柏力行彩印有限公司
版　　次：2006 年 8 月第 1 版　2021 年 8 月第 3 版　2022 年 6 月第 2 次印刷
开　　本：787 mm×1 092 mm　1/16　**印张：**18　**字数：**438 千
书　　号：ISBN 978-7-113-27183-1
定　　价：49. 00 元

前　言

随着计算机技术与网络通信技术的发展，数据库技术已成为信息社会中不可缺少的技术之一。这是因为数据库技术应用的范围极其广阔，诸如金融、保险、超市、企业，以及各类办公系统都离不开数据库的支持。数据库技术已应用于社会各个领域，而且随着硬件技术与软件技术的发展而不断更新和完善，已经成为信息系统的基础和核心。为了适应当今信息社会的需求，各高等院校计算机类、信息类等相关专业都已将数据库技术及应用纳入自己的课程体系之中。

本书编写的主要目的是适应应用型人才培养的需要，同时也是为生产实践服务。本书的显著特点就是以案例为基础，在书中各章节都加入了一些应用型的案例，使学生在学习数据库理论的同时，能依据书中提供的案例动手参与项目实践，充分将所学的书本知识融会贯通。本书是浙江省普通高校“十三五”新形态教材项目成果。

为了方便学生实践，本书在第二版的基础上，将案例数据库 Oracle 改为目前市场上比较流行的开源数据库 MySQL，详细介绍了 MySQL 的安装过程、配置，以及一些内部命令，同时引入第三方编辑软件 Navicat 作为 MySQL 后台管理工具以及 SQL 的练习环境。

为了更好地实现应用型人才的培养效果，本书引入完整的实用型教学案例，如学生信息管理系统、企业网站系统等，使学生在学习完本书后，也完成了一个应用软件系统的制作。这样既让学生学习到了数据库技术的知识，也掌握了数据库应用软件的编程方法，为将来的就业打下基础。

本书共分 10 章。第 1 章主要介绍数据库系统的基本概念、数据库系统的体系结构及数据模型；第 2 章主要介绍关系数据库理论，包括关系数据结构、关系演算理论、函数依赖及范式定理；第 3 章主要介绍数据库的设计步骤与方法，共分为六大步骤；第 4 章主要介绍了开源数据库 MySQL 的安装、配置、常用内部命令及管理使用；第 5 章主要介绍 SQL 对数据库的定义、查询、更新和删除的方法；第 6 章以 MySQL 为例，主要介绍数据库的安全管理技术和方法；第 7 章主要介绍数据库的并发技术及解决办法；第 8 章介绍新一代数据库的发展及未来数据库所涉及的相关技术；第 9 章主要介绍数据库接口技术，包括 ADO、ODBC 以及 Web 数据库的接口方法；第 10 章介绍应用类软件如超市管理、医院门诊管理等系统的数据库设计分析，为应用类软件的开发提供了指导。本书为帮助学生对数据库理论的理解和应用，每章后都配有适量的思考与练习供学生巩固所学知识。此外，随书附带了编者自主开发的教学课件、SQL 测试软件，以及正文涉及的源代码文件，用于学生学习使用，具体内容可到中国铁道出版社有限公司网站（http://www.tdpress.com/51eds/）下载。

全书在各章节均有相关内容的视频及练习题的二维码链接，并给出相应问题的参考解答，供学生自学时使用，同时本书编写组为配合本书的内容自主开发了一套网上训练系统，主要用于 SQL 的测评（详见附录 A），有兴趣的学校可以与本书编写组联系（邮箱 77691539@qq.com），个人用户可以直接注册使用。

正文中带“*”的小节为选修内容。

本书由杨爱民任主编，胡浩亮、王涛伟任副主编，张文祥、肖启莉参与编写。具体编写分工：第 3~7 章、第 9 章的 9.1~9.4 节由杨爱民编写，第 1、2 章由王涛伟编写，第 9 章的 9.5 节由胡浩亮编写，第 8 章由张文祥编写，第 10 章由肖启莉编写，全书由吴俊萍进行统稿整理。

限于编者水平，书中难免有疏漏与不妥之处，敬请广大读者与专家批评指教。

编　者
2021 年 4 月

欢迎访问数据库技术仿真实验系统
http://zjwlxy.net/

目　录

第1章 数据库系统概述

本章主要介绍数据库技术的基础内容，包括数据库系统的组成、数据模型、数据库模式结构、数据库技术的产生与发展，以及数据库的体系结构等。通过学习本章内容，可以对数据库技术基础知识有基本了解，认识解数据库的结构及组成，为进一步学习后面的知识打下基础。

1.1 数据库系统

1.1.1 数据库系统的组成

数据库系统（Database System，DBS）指在计算机系统中引入数据库后构成的系统，已经不仅仅是一组对数据进行管理的软件（即数据库管理系统），也不仅仅是一个数据库。数据库系统是一个可实际运行的，按照数据库方式存储、维护和向应用系统提供数据或信息支持的系统。它是存储介质、处理对象和管理系统的集合体，一般由数据库、硬件、软件、数据库管理员四部分构成。

1.数据库

数据库（Database，DB）是与一个特定组织的各项应用相关的所有数据的汇集。通常由两大部分组成：一部分是有关应用所需要的工作数据的集合，称为物理数据库，它是数据库的主体；另一部分是关于各级数据结构的描述，称为描述数据库，通常由一个数据字典系统管理。

数据库构建主要是通过综合各个用户的文件，除去不必要的冗余，形成相互联系的数据结构，数据结构的实现取决于数据库的类型。

2.硬件支持系统

硬件是数据库赖以存在的物理设备，包括CPU、内存、外存、数据通道等各种存储、处理和传输数据的设备。对数据库系统来说，要求较大的内存用来存放系统程序、应用程序，以及开辟系统和用户工作区、缓冲区；外部存储一般要配备高速的、大容量的直接存取设备，如磁盘或光盘等；I/O存取速度、可支持终端数和性能稳定性等指标，在许多应用中还要考虑系统支持联网的能力和配备必要的后备存储设备等因素，此外还要求系统有较高的通道能力，以提高数据的传输速度。

3.软件支持系统

软件支持系统主要包括操作系统、数据库管理系统、各种宿主语言和支持开发的实用程序等。数据库管理系统（DataBase Management Systems，DBMS）是管理数据库的软件系统，它是在操作系统（OS）支持下工作的，选用DBMS时还要考虑选择提供支持的操作系统；为开发应用系统，需要各种宿主语言（如COBOL、PL/I、FORTRAN、C等）及其编译系统，这些语言应与数据库有良好的接口。需要支持开发的实用程序，如报表生成器、表格系统、图形系统、具有数据库存取和表格I/O功能的软件、数据字典等，是系统为应用开发人员和最终用户提供的高效率、多功能的交互式程序设计系统。它们为数据库应用系统的开发和应用提供了良好的环境，使用户提高生产率20～100倍。

4.数据库管理员

管理、开发和使用数据库系统的人员主要有系统分析员、数据库管理员（Database Administrator，DBA）、应用程序员和用户。他们的职责如下：

① 系统分析员：负责应用系统的需求分析和规范说明。他们要与用户及DBA配合，确定系统的软硬件配置并参与数据库各级模式的概要设计。

② 数据库管理员：对数据库系统监督、管理的人员。

③ 应用程序员：负责设计应用系统的程序模块，根据外模式编写应用程序和编写对数据库的操作过程程序。

④ 用户：有应用程序和终端用户两类。它们通过应用系统的用户接口使用数据库，目前常用的接口方式有菜单驱动、表格操作、图形显示报表生成等，这些接口给用户提供简明直观的数据表示。

大型的系统中由于数据库具有共享性，要想成功地运转数据库，需要配上DBA，维护和管理数据库，使之处于最佳状态。DBA可以是一个人或几个人组成的小组，其主要职责如下：

① 决定数据库的信息内容和结构，确定某现实问题的实体联系模型，建立与DBMS有关的数据模型和概念模式。

② 决定存储结构和存取策略，建立内模式和模式/内模式映像。使数据的存储空间利用率和存取效率两方面都较优。

③ 充当用户和DBS的联络员，建立外模式和外模式/模式映像。

④ 定义数据的安全性要求和完整性约束条件，以保证数据库的安全性和完整性。安全性要求是用户对数据库的存取权限，完整性约束条件是对数据进行有效性检验的一系列规则和措施。

⑤ 确定数据库的后援支持手段及制定系统出现故障时数据库的恢复策略。

⑥ 监视并改善系统的“时空”性能，提高系统的效率。

⑦ 当系统需要扩充和改造时，负责修改和调整外模式、模式和内模式。

总之，DBA承担创建、监控和维护整个数据库结构的责任。由于职责重要和任务复杂，要求具有系统程序员和运筹学专家的品质和知识，一般由业务水平较高、资历较深的人员担任。

1.1.2　数据库系统的效益

数据库系统的应用，使计算机应用深入到社会的各个领域。这是因为从数据库系统可获得很大的效益，具体有下面几方面。

① 灵活性：数据库容易扩充以适应新用户的要求，同时也容易移植以适应新的硬件环境和更大的数据容量。

② 简易性：由于精心设计的数据库能模拟企业的运转情况，并提供该企业数据逼真的描述，使管理部门和使用部门能很方便地使用和理解数据库。

③ 面向用户：由于数据库反映企业的实际运转情况，因此基本上能满足用户的要求，同时数据库又为企业的信息系统奠定了基础。

④ 数据控制：对数据进行集中控制，就能保证所有用户在同样的数据上操作，而且数据对所有部门具有相同的含意。数据的冗余减到最少，消除了数据的不一致性。

⑤ 加快应用系统开发速度：程序员和系统分析员可以集中全部精力于应用处理设计，而不必关心数据操纵和文件设计的细节，后援和恢复问题均由系统保证。

⑥ 程序设计方面：数据库方法使系统中的程序数目减少而又不过分增加程序的复杂性。由于数据管理语言命令功能强，应用程序编写起来较快，可进一步提高程序员的生产效率。

⑦ 修改方便：数据独立性使得修改数据库结构时尽量不损害已有的应用程序，使程序维护工作量大幅减少。

⑧ 标准化：数据库方法能促进建立整个企业的数据一致性和用法的标准化工作。

1.2　数据库管理系统

数据库管理系统是数据库系统中对数据进行管理的软件，是数据库系统的核心组成部分。对数据库的一切操作，包括定义、查询、更新及各种控制等都是通过DBMS进行的。DBMS是用户与数据库的接口。用户要对数据库进行操作，是由DBMS把操作从应用程序带到外部级、概念级，再导向内部级，进而操纵存储器中的数据。

DBMS是针对某种数据模型设计的，可以看成是某种数据模型在计算机系统上的具体实现。根据所采用数据模型的不同，DBMS可以分成网状型、层次型、关系型、面向对象型等。但在不同的计算机系统中，由于缺乏统一的标准，即使同种数据模型的DBMS，它们在用户接口和系统功能等方面也经常是不相同的。

1.2.1　DBMS的主要功能

1. 数据库的定义功能

DBMS提供数据定义语言（Data Definition Language，DDL）定义数据库的结构，包括外模式、内模式及其相互之间的映像，定义数据的完整性约束、保密限制等约束条件。定义工作是由DBA完成的。在DBMS中有DDL的编译程序，负责将DDL编写的各种模式编译成相应的目标模式。这些目标模式是对数据库的描述，不是数据本身，是数据库的框架（即结构），并被保存在数据字典中，供以后进行数据操纵或数据控制时查阅使用。

2. 数据库操纵功能

DBMS提供数据操纵语言（Data Manipulation Language，DML）实现对数据库的操作。基本的数据操作有4种：检索、插入、删除和修改。DML有两类：一类是嵌入在宿主语言中使用，例如嵌入在COBOL、FORTRAN、C等高级语言中，这类DML称为宿主型DML；另一类是可以独立交互使用的DML，称为自主型或自含型DML。因而DBMS中必须包括DML的编译程序或解释程序。

3. 数据库运行控制功能

DBMS对数据库的控制主要通过四方面实现：数据安全性控制、数据完整性控制、多用户环境下的并发控制和数据库的恢复。

① 数据库安全性的控制是对数据库的一种保护。使用数据的用户，必须向DBMS标识自己，由系统确定是否可以对指定的数据进行存取。其作用是防止未经授权的用户蓄意或无意地修改数据库中的数据,以免数据泄露、更改或破坏，使企业蒙受巨大的损失。

② 数据完整性控制是DBMS对数据库提供保护的另一个重要方面。其目的是保持进入数据库中存储数据的语义的正确性和有效性，防止任何对数据造成违反其语义的操作。因此，DBMS允许对数据库中各类数据定义若干语义完整性约束，由DBMS强制实行。

③ 并发控制是DBMS的第三类控制机制。数据库技术的一个优点是数据的共享性。但多个应用程序同时对数据库进行操作可能会破坏数据的正确性，或者在数据库内存储了错误的数据，或者用户读取了不正确的数据（称为脏数据）。并发控制机制能防止上述情况发生，正确处理好多用户、多任务环境下的并发操作。

④ 数据库的恢复机制是保护数据库的又一重要方面。在对数据库进行操作的过程中，可能会出现各种故障，如停电、软硬件各种错误、人为破坏等，导致数据库损坏或者数据不正确。此时，DBMS的恢复机制有能力把数据库恢复至最近的某个正确的状态。为了保证恢复工作的正常进行，系统要经常为数据库建立若干备份副本。

4. 数据库的维护功能

数据库的维护功能包括数据库初始数据的载入、转换、转储、数据库的重组和性能监视、分析等数据库的维护功能。这些功能由各个实用程序完成，例如装配程序（装配数据库）、重组程序（重新组织数据库）、日志程序（用于更新操作和数据库的恢复）、统计分析程序等。

5. 数据字典

数据字典（Data Dictionary，DD）中存放着数据库三级结构的描述，对于数据库的操作要通过查阅DD进行。现在有的大型系统中，把DD单独抽出来自成一个系统，成为一个软件工具，使得DD成为一个比DBMS更高级的用户和数据库之间的接口。

数据字典的任务就是管理有关数据的信息，所以又称“数据库的数据库”。其主要任务如下：

① 描述数据库系统的所有对象，并确定其属性，如一个模式中包含的记录型与一个记录型包含的数据项；用户的标识、口令；物理文件名称、物理位置及其文件组织方式等。数据字典在描述时赋予每个对象唯一的标识。

② 描述数据库系统对象之间的各种交叉联系。例如，哪个用户使用哪个外模式，哪些模式或记录型分配在哪些区域及对应于哪些物理文件、存储在何种物理设备上。

③ 登记所有对象的完整性及安全性限制等。

④ 对数据字典本身的维护、保护、查询与输出。

数据字典的主要作用：供数据库管理系统快速查找有关对象的信息。数据库管理系统在处理用户存取时，要经常查阅数据字典中的用户表、外模式表和模式表；供数据库管理员查询，以掌握整个系统的运行情况；支持数据库设计与系统分析。

上述是一般的DBMS所具备的功能。通常在大、中型机上实现的DBMS功能较强，在微机上实现的DBMS功能较弱。

注意：用宿主语言编写的应用程序并不属于DBMS的范围。应用程序是用宿主语言和DML编写的，程序中的DML语句是由DBMS解释执行的，而其余部分仍由宿主语言编译系统去编译。

1.2.2　DBMS的组成

DBMS通常由三部分组成：数据描述语言、数据操纵语言和数据库管理的例行程序。

1. 数据描述语言

数据描述语言对应数据库系统的三级模式（外模式、模式和内模式）分别由三种不同的DDL：外模式DDL、模式DDL和内模式DDL实现，它们是专门提供给DBA使用的，一般用户不必关心。

① 外模式DDL是专门定义某一用户的局部逻辑结构。

② 模式DDL是用来描述数据库的全局逻辑结构。它包括数据库中所有元素的名称、特征及其相互关系的描述，也包括数据的安全保密性和完整性以及存储安排、存取路径等信息。

③ 内模式DDL是用来定义物理结构的数据描述语言。它有存储记录和块的概念，但它不受任何存储设备和设备规格（如柱面大小、磁道容量等）的限制。它包括对存储记录类型、索引方法等方面的描述。

2. 数据操纵语言

数据操纵语言是用户与DBMS之间的接口，是用户用于存储、控制、检索和更新数据库的工具。

DML由一组命令组成，这些语句可分为四类。

① 存储语句：用户使用存储语句向数据库中存放数据。系统给出新增数据库记录的数据库码，并分配相应的存储空间。

② 控制语句：用户通过这类语句向DBMS发出使用数据库的命令，使数据库置于可用状态。操作结束后，必须使用关闭数据库的命令，以便对数据库的数据进行保护。

③ 检索语句：用户通过这类语句把需要检索的数据从数据库中选择出来传至内存，交给应用程序处理。

④ 更新语句：用户通过这组更新语句完成对数据库的插入、删除和修改数据的操作。

3. 数据库管理的例行程序

数据库管理的例行程序随系统而异，一般来说，由三部分组成。

① 语言翻译处理程序：包括DDL翻译程序、DML处理程序、终端查询语言解释程序、数据库控制语言的翻译程序等。

② 公用程序：定义公用程序和维护公用程序。定义公用程序包括信息格式定义、模式定义、外模式定义和保密定义公用程序等。维护公用程序包括数据装入、数据库更新、重组、重构、恢复、统计分析、工作日记、转储和打印公用程序等。

③ 系统运行控制程序：包括数据存取、更新、有效性检验、完整性保护程序、并发控制、数据库管理、通信控制程序等。

1.2.3 DBMS的工作过程

通过应用程序A调用DBMS读取数据库中的一个记录的全过程如图1-1所示，下面来了解DBMS的工作过程。在应用程序A运行时，DBMS首先开辟一个数据库的系统缓冲区，用于输入/输出数据。

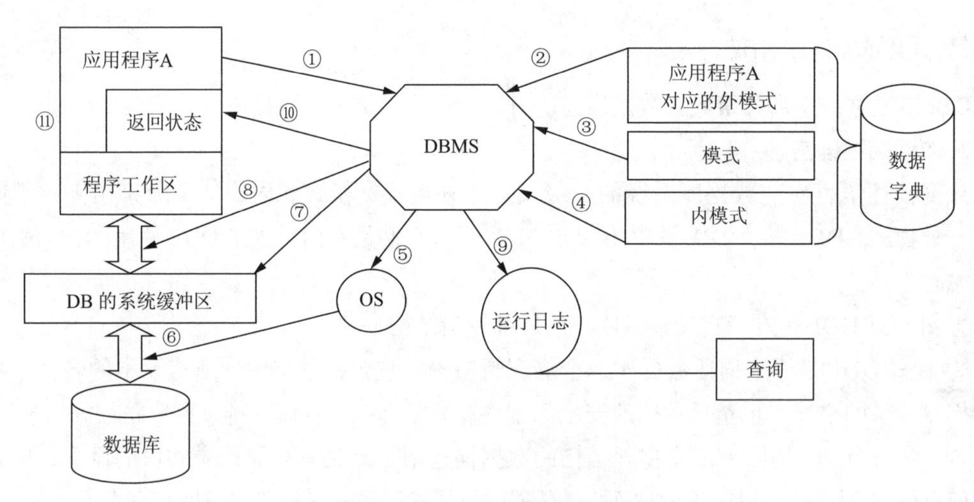

图 1–1 用户访问数据的过程

三级模式的定义存放在数据字典中。具体过程如下：

① 应用程序A中有一条读记录的DML语句。该语句给出涉及的外模式中记录类型名及欲读记录的键（又称码）值。当计算机执行该DML语句时，立即启动DBMS，并向DBMS发出读记录的命令。

② DBMS接到命令后，先从数据字典中调出该程序对应的外模式，检查该操作是否在合法授权范围内。若不合法则拒绝执行，并向应用程序状态返回区发出不成功的状态信息；若合法则执行下一步。

③ DBMS调用相应的概念模式描述，并从外模式映像到概念模式，也就是把外模式的外部记录格式映像到概念模式记录格式，决定概念模式应读入哪些记录。

④ DBMS调用相应的内模式描述，并把概念模式映像到内模式，即把概念模式的概念记录格式映像到内模式的内部记录格式，确定应读入哪些物理记录及具体的地址信息。

⑤ DBMS向操作系统发出从指定地址读物理记录的命令。

⑥ 操作系统执行读命令，按指定地址从数据库中把记录读入数据库的系统缓冲区，并在操

作结束后向DBMS做出回答。

⑦ DBMS收到操作系统读操作结束的回答后，参照模式，将读入系统缓冲区中的内容变换成概念记录，再参照外模式，变换成用户要求读取的外部记录。

⑧ DBMS所导出的外部记录从系统缓冲区送到应用程序A的“程序工作区”中。

⑨ DBMS向运行日志数据库发出读一条记录的信息，以备以后查询使用数据库的情况。

⑩ DBMS将操作执行成功与否的状态信息返回给用户。

⑪ DBMS应用程序根据返回的状态信息决定是否使用工作区中的数据。

如果用户需要修改一个记录内容，其过程与此类似。这时首先读出目标记录，并在用户工作区中用主语言的语句进行修改，然后向DBMS发出写回修改记录的命令。DBMS在系统缓冲区进行必要的转换（转换的过程与读数据时相反）后向操作系统发出写命令，即可达到修改数据的目的。

1.3　数据模型

DBMS是针对数据模型进行设计的，任何一个数据库都要组织成符合DBMS规定的数据模型。如何将反映现实世界中有意义的信息转化为能在计算机中表示的数据，并能被数据库处理，是数据模型要解决的问题。数据模型不仅要能表示存储了哪些数据，更重要的是还要能以一定的结构形式表示出各种不同数据之间的联系。利用这些联系很快找到相关联的数据，完成相关数据的运算处理。因此，数据模型应具有描述数据和数据联系两方面的功能。

数据模型

1.3.1　信息和数据

数据是数据库系统研究和处理的对象，数据与信息是分不开的。信息是对现实世界各种事物的存在特征、运动形态，以及不同事物间的相互联系等在人脑中的抽象反映，进而形成概念。数据是对信息的符号化表示，即用一定的符号表示信息。数据是信息的载体，而信息是数据的内涵。同一信息可以有不同的数据表示形式；而同一数据也可能有不同的解释。信息只有通过数据形式表示出来才能够被人们理解和接受。尽管数据和信息在概念上不尽相同，但是通常人们在数据库处理中并不严格区分它们，数据处理本质上就是信息处理。

1.3.2　数据模型的三个层次

数据模型是对客观事物及其联系的数据描述。从事物的特征到计算机中的数据表示，对现实世界问题的抽象经历了三个不同层次，即概念数据模型、逻辑数据模型、物理数据模型。

1. 概念数据模型

概念数据模型又称概念模型，是现实世界到概念世界的抽象。它是一种与具体的计算机和数据库管理系统无关的，面向客观世界和用户的模型，侧重于对客观世界复杂事物的结构及它们内在联系的描述，而将与DBMS、计算机有关的物理的、细节的描述留给其他模型描述。概念模型是整个数据模型的基础。目前较为著名的模型是实体–联系模型（Entity-Relationship Model，E-R模型）。

2. 逻辑数据模型

逻辑数据模型又称数据模型，是概念世界的抽象描述到信息世界的转换。它是一种面向数据库系统的模型，直接与DBMS有关。概念模型只有在转换成数据模型后才能在数据库中得以表示。目前最常用的数据模型有层次模型（Hierarchical Model）、网状模型（Network Model）、关系模型（Relational Model）。

这类模型有严格的定义，包含数据结构、数据操作和数据完整性约束三个要素。

① 数据结构是指对实体类型和实体间联系的表达和实现。

② 数据操作是指对数据库的检索和更新（包括插入、删除和修改）两类操作。

③ 数据完整性约束给出数据及其联系应具有的制约和依赖规则。

3. 物理数据模型

物理数据模型又称物理模型，是信息世界模型在机器世界的实现。它是面向计算机物理表示的模型，此模型给出了数据模型在计算机上真正的物理结构的表示。

为了把现实世界中的具体事物抽象组织为某一DBMS支持的数据模型，人们常常首先将现实世界抽象为信息世界的概念模型，然后将信息世界的概念模型转换DBMS支持的逻辑数据模型，最后在计算机物理结构上描述，成为机器世界的物理模型。其抽象过程如图1-2所示。

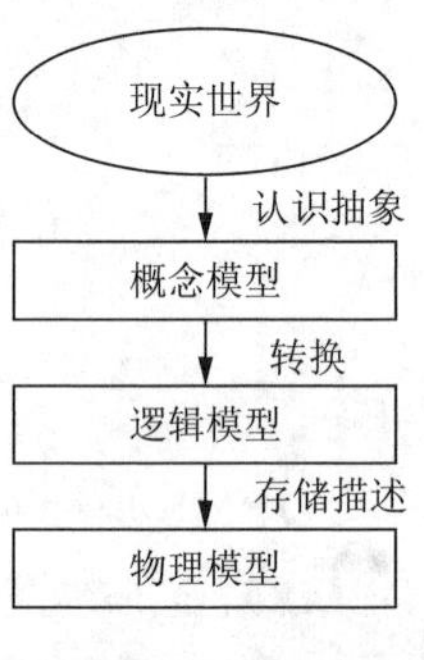

图 1-2　抽象过程

1.3.3　信息世界中的基本概念

信息世界是现实世界的认识抽象。在信息世界中，数据库技术中经常用到的术语如下：

1. 实体

客观存在并可互相区别的事物称为实体（Entity）。现实世界的事物可以抽象成实体，实体可以是具体的人、事、物，也可以是抽象的概念或联系，例如，一个职工、一个学生、一个部门、一门课、学生的一次选课、部门的一次订货、老师与系的工作关系（即某位老师在某系的工作）等都是实体。

2. 属性

实体所具有的某一特性称为属性（Attribute）。一个实体可以由若干个属性来刻画，例如，学生实体可以由学号、姓名、性别、出生年份、系、入学时间等属性组成，(94002268，张山，男，1976，计算机系，1994)。这些属性组合起来表征了一个学生。

3. 码

唯一标识实体的属性或属性集称为码（Key，又称键）。例如，学号是学生实体的码。

4. 域

属性的取值范围称为该属性的域（Domain）。例如，学号的域为8位整数，姓名的域为字符串集合，年龄的域为小于35的整数，性别的域为(男，女)。

5. 实体型

具有相同属性的实体必然具有共同的特征和性质。用实体名及其属性名集合来抽象和刻画同类实体，称为实体型（Entity Type）。例如，学生(学号，姓名，性别，出生年份，系，入学时间)就是一个实体型。

6. 实体集

同型实体的集合称为实体集（Entity Set）。例如，全体学生就是一个实体集。

7. 联系

在现实世界中事物间的关联称为联系（Relationship），这些联系在信息世界中反映为实体集内部的联系和实体集之间的联系。实体集内部的联系通常是指同一个实体集内若干实体之间的联系。实体集间的联系是就实体集个数而言，有两个实体集间的联系和多个实体集间的联系。两个实体集间的联系最为常见，可以分为三类。

（1）一对一联系（1∶1）

如果对于实体集A中的每一个实体，实体集B中至多有一个实体与之联系，反之依然，则称实体集A与实体集B具有一对一联系，记为1∶1。

例如，一个企业只有一个厂长，而一个厂长只在一个企业中任职，则企业与厂长之间具有一对一联系。

（2）一对多联系（1∶N）

如果对于实体集A中的每一个实体，实体集B中有N个实体（N大于或等于0）与之联系，反之，对于实体集B中的每一个实体，实体集A中至多只有一个实体与之联系，则称实体集A与实体集B有一对多联系，记为1∶N。

例如，一个企业聘用多名工人，而一名工人只在一个企业中工作，则企业与工人之间具有一对多联系。

（3）多对多联系（M∶N）

如果对于实体集A中的每一个实体，实体集B中有N个实体（N大于或等于0）与之联系，反之，对于实体集B中每一个实体，实体集A中也有M个实体（M大于或等于0）与之联系，则称实体集A与实体集B有多对多联系，记为M∶N。

例如，一个企业聘用多名工程师，而一个工程师在多个企业中兼职，则企业与工程师之间具有多对多联系。

实际上，一对一联系是一对多联系的特例，而一对多联系又是多对多联系的特例。实体集之间的这种一对一、一对多、多对多联系不仅存在于两个实体集之间，也存在于两个以上的实体集之间。

若实体集E_1，E_2，…，E_n存在联系，对于实体集E_j(j=1，2，…，i-1，i+1，…，n)中给定的实体，最多只和E_i中的一个实体相联系，则称E_i与E_1，E_2，…，E_i-1，E_i+1，…，E_n之间的联系是一对多的。例如，对于课程、教师与参考书三个实体型，如果一门课程可以有若干教师讲授，使用若干本参考书，而每一个教师只讲授一门课程，每一本参考书只供一门课程使用，则课程与教师、参考书之间的联系是一对多的。

多实体集之间一对一、多对多联系的定义及其例子可以参照两个实体集自行推出。

同一个实体集内的各实体之间也可以存在一对一、一对多、多对多的联系。例如，学生实体集内部具有领导与被领导的联系，即某一学生（班干部）“领导”若干名学生，而一个学生仅被另外一个学生直接领导，因此这是一对多的联系。

1.3.4 概念模型的E-R模型表示方法

概念模型是对信息世界建模，所以概念模型应该能够方便、准确地表示出上述信息世界中的常用概念。概念模型的表示方法很多，其中最常用的是P. P. Chen于1976年提出的实体-联系方法。该方法用E-R图来描述现实世界的概念模型。E-R图提供了表示实体型、属性和联系的方法。

① 实体型（集）：用矩形表示，矩形框内写明实体集名。

② 属性：用椭圆形表示，并用无向边将其与相应的实体集连接起来。

③ 联系：用菱形表示，菱形框内写明联系名，并用无向边分别与有关实体连接起来，并且在无向边旁标上联系的类型（1：1、1：*N*或*M*：*N*）。

注意：联系本身也是一种实体型，也可以有属性。如果一个联系具有属性，则这些属性也要用无向边与该联系连接起来。

下面通过例子了解设计E-R图的过程。

【例1–1】为某仓库的管理设计一个E-R模型。仓库主要管理零件的采购和供应等事项。仓库根据需要向外面供应商订购零件，而许多工程项目需要仓库提供零件。E-R图的建立过程如下：

① 确定实体型。本例有三个实体型，即零件PART、工程项目PROJECT、零件供应商SUPPLIER。

② 确定实体集联系。PROJECT和PART之间是*M*：*N*联系，PART和SUPPLIER之间也是*M*：*N*联系联系，分别命名为P_P和P_S。

③ 把实体型和联系组合成E-R图。

④ 确定实体型和联系的属性。实体型PART的属性有：零件编号PNO、零件名称PNAME、颜色COLOR、质量WEIGHT。实体型PROJECT的属性有项目JNO、项目名称JNAME、项目开工日期DATE。实体型SUPPLIER的属性有：供应商编号SNO、供应商名称SNAME、地址SADDR。

联系P_P的属性是某个项目需要某种零件的总数TOTAL。联系P_S的属性是某供应商供应某种零件的数量QUANTITY。联系的数据在数据库技术中称为“相交数据”。联系中的属性是实体发生联系时产生的属性，而不应该包括实体的属性或标识符。

⑤ 确定实体型的码。在E-R图中属于码的属性名下画一条横线。最后绘制出的E-R图如图1–3所示。

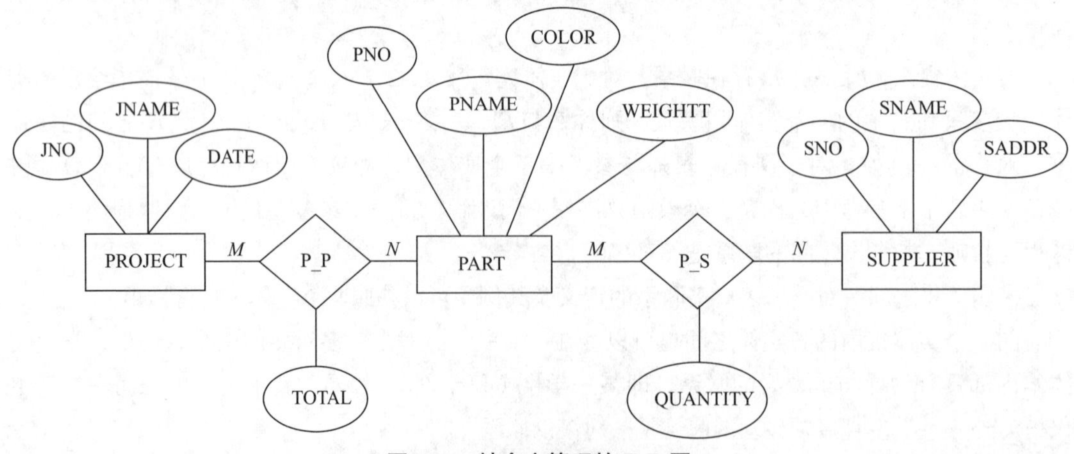

图1–3 某仓库管理的E-R图

联系也可以发生在三个实体类型之间，也就是三元联系。例如上例中，如果规定某个工程项目指定需要某个供应商的零件，那么E-R图如图1-4所示。

同一个实体型的实体之间也可以发生联系，这种联系是一元联系，有时亦称为递归联系。例如，零件之间有组合关系，一种零件可以是其他部件的子零件，也可以由其他零件组合而成。这个联系可以用图1-5表示。

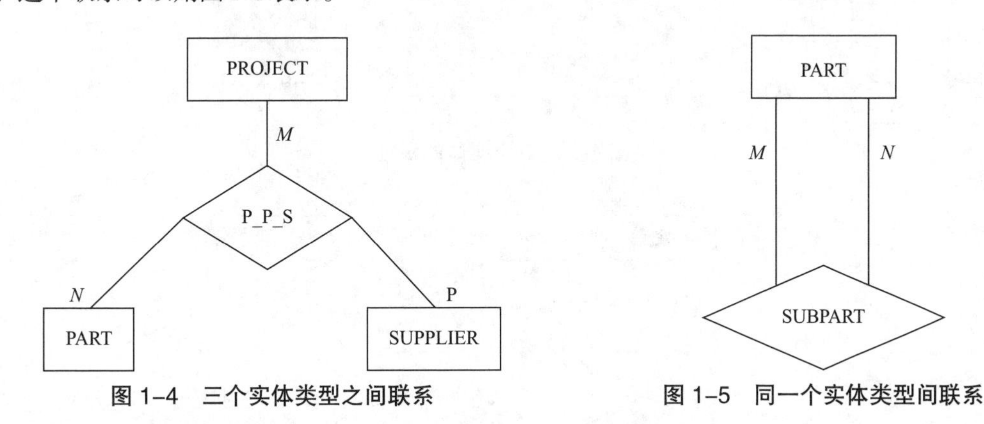

图 1-4　三个实体类型之间联系

图 1-5　同一个实体类型间联系

图1-6用E-R图描述了上面有关两个实体型之间的三类联系、三个实体型之间的一对多联系和一个实体型内部的一对多联系的例子。

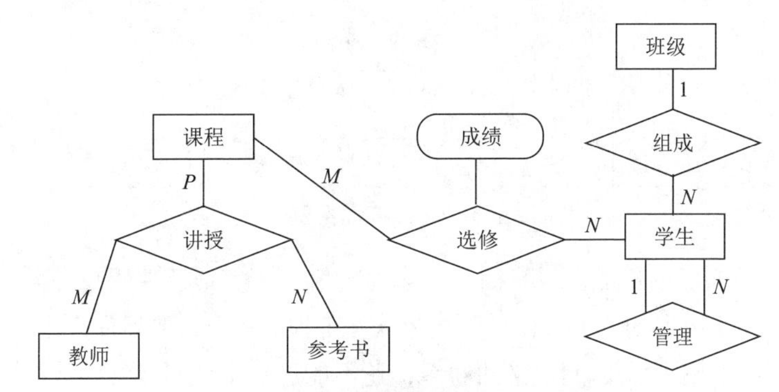

图 1-6　实体型之间及实体型的联系

假设上面的五个实体型即学生、班级、课程、教师、参考书分别具有下列属性：

学生：学号、姓名、性别、年龄

班级：班级编号、所属专业系

课程：课程号、课程名、学分

教师：职工号、姓名、性别、年龄、职称

参考书：书号、书名、内容提要、价格

这五个实体的属性用E-R图表示如图1-7所示。

将图1-6与图1-7合并在一起得图1-8，就是一个完整的关于学校课程管理的概念模型。但是在实际当中，在一个概念模型中涉及的实体和实体的属性较多时，为了清晰起见，往往采用图1-6和图1-7的方法，将实体及其属性与实体及其联系分别用两张E-R图表示。

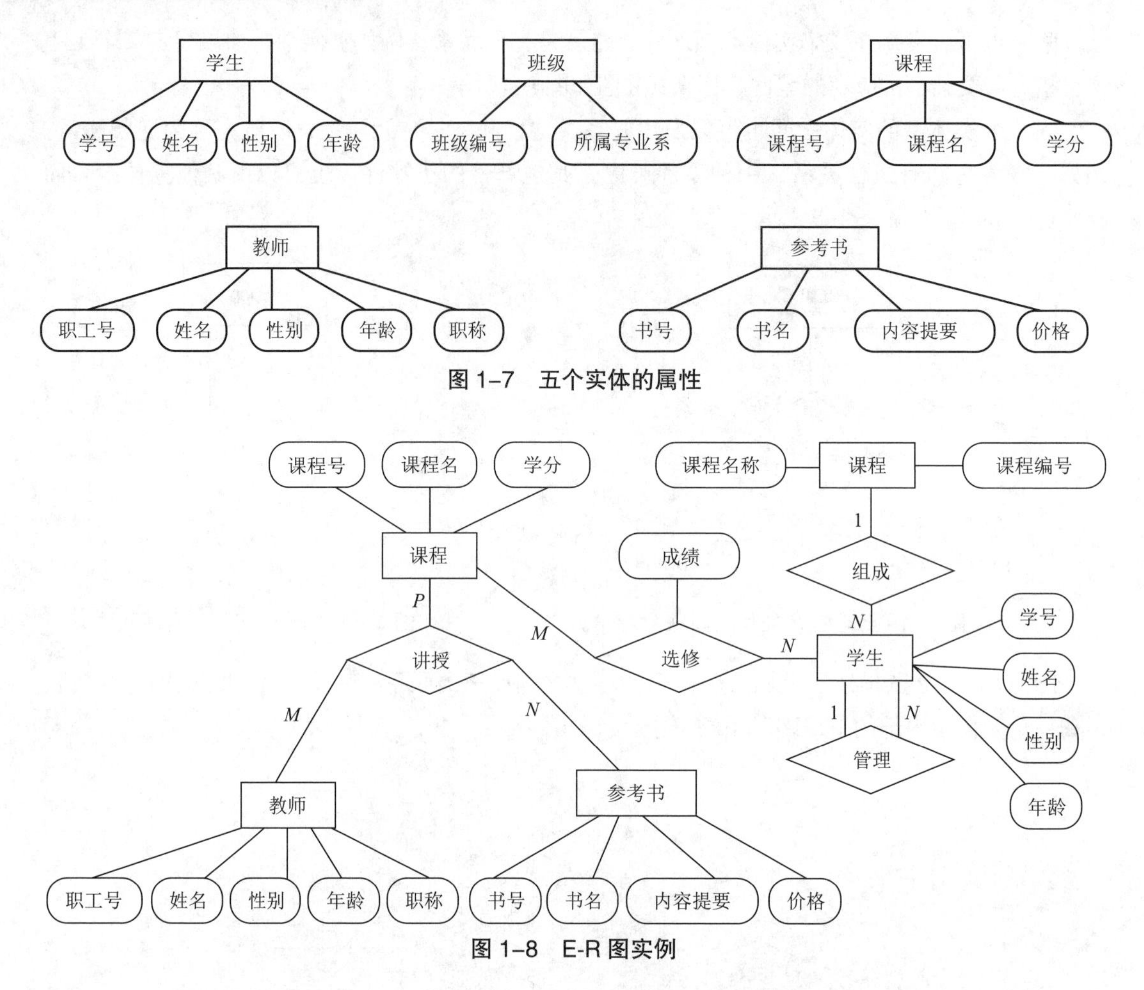

图1-7 五个实体的属性

图1-8 E-R图实例

E-R模型有两个明显的优点。一是简单，容易理解，真实地反映用户的需求；二是与计算机无关，用户容易接受。因此，E-R模型已成为软件工程的一个重要设计方法。

但是E-R模型只能说明实体间语义的联系，还不能进一步说明详细的数据结构。在设计数据时，遇到实际问题总是先设计一个E-R模型，然后再把E-R模型转换成计算机能实现的数据模型，如关系模型。

1.3.5 数据库层次的数据模型

数据库是根据数据模型划分的，任何一个DBMS都是针对不同的数据模型设计出来的。因此，信息世界的数据模型要依据所使用的DBMS的数据模型进行构造。目前常用的数据模型有层次数据模型、网状数据模型、关系数据模型和面向对象的数据模型。其中，层次模型和网状模型统称为非关系模型。非关系模型的数据库系统在20世纪70年代与80年代初非常流行，在数据库系统产品中占据了主导地位，但微机环境的不多见。1970年，E.F.Codd的一系列文章奠定了关系数据库的理论基础，但是由于在实现技术上的困难，直到20世纪70年代中期才出现了真正的系统，关系型DBMS是80和90年代数据库市场的主导产品。20世纪80年代以来，面向对象的方法技术在计算机各个领域，包括程序设计语言、软件工程、信息系统设计、计算机硬件等方面都产生了深远的影响，也促进了数据库中面向对象数据模型的研究和发展。本节只对数据模型做简单的介绍，由于关系数据模型的应用比较广泛，在后面的章节将重点介绍。

1. 层次数据模型

层次数据模型是数据库系统中最早出现的数据模型，它是用树状（层次）结构表示实体类型及实体间联系的数据模型。现实世界中许多实体之间的联系本来就呈现出一种很自然的层次关系，如行政机构、家族关系等。图 1-9 所示为层次数据模型的例子。

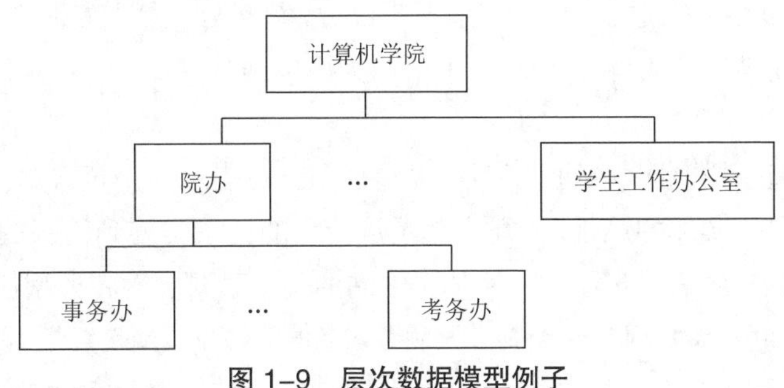

图 1-9　层次数据模型例子

层次数据模型的基本结构是树状结构，其定义为：

① 只有一个结点没有双亲结点，称为根结点。

② 根以外的其他结点有且只有一个双亲结点。

树的结点是记录类型，每个非根结点有且只有一个父结点。上一层记录类型和下一层记录类型之间的联系是 1：*N* 联系。这就使得层次数据库系统只能处理一对多的实体联系，其他联系转换成一对多的联系后才能处理。在层次模型中，每个结点表示一个记录型，结点之间的连线表示记录型之间的联系，这种联系只能是父子联系。每个记录型可包含若干个字段，这里记录型描述的是实体，字段描述实体的属性。各个记录型及其字段都必须命名。各个记录型、同一记录型中各个字段不能同名。每个记录型可以定义一个排序字段，也称为码字段，如果定义该排序字段的值是唯一的，则它能唯一地标识一个记录值。

层次数据模型数据库的基本操作实际上是在树上的操作，包括查询、修改等，这些操作的首要步骤都离不开查找定位。在层次数据模型中搜索定位是从根开始的，自顶向下，根据搜索路径，每到树的分支处由指针来指示下面所走的路径。

层次模型数据库管理系统提供的 DML 语言可负责在层次结构上的操纵。1968 年，美国 IBM 公司推出的用于大、中型计算机上的 IMS 系统是层次模型系统的典型代表。

层次数据模型的特点是记录联系层次分明，最适合表现客观世界中有严格层次关系的事物；缺点是不能直接表示事物间的多对多联系。由于层次模型出现较早，受文件系统影响较大，模型受到的限制较多，物理成分复杂，操作使用不够理想，因此目前不太常用。

2. 网状数据模型

用有向图结构表示实体类型及实体间联系的数据模型称为网状数据模型。网状数据模型的典型代表是 DBTG 系统，也称 CO-DASYL 系统。这是 20 世纪 70 年代数据系统语言研究会（Conference On Data Systems Language，CODASYL）下属的数据库任务组（Data Base Task Group，DBTG）提出的一个系统方案。

网状数据模型的基本结构是以记录为结点的网络结构，其定义如下：

① 有一个以上的结点，没有双亲结点。

② 至少有一个结点，有多于一个双亲结点。

由此可见，网状数据模型是一种比层次数据模型更具普遍性的结构，它去掉了层次数据模型的两个限制，允许多个结点没有双亲结点，允许结点有多个双亲结点，此外它还允许两个结点之间有多种联系（称之为复合联系）。因此，网状数据模型可以更直接地描述现实世界。图1-10所示为简单网状数据模型的例子。

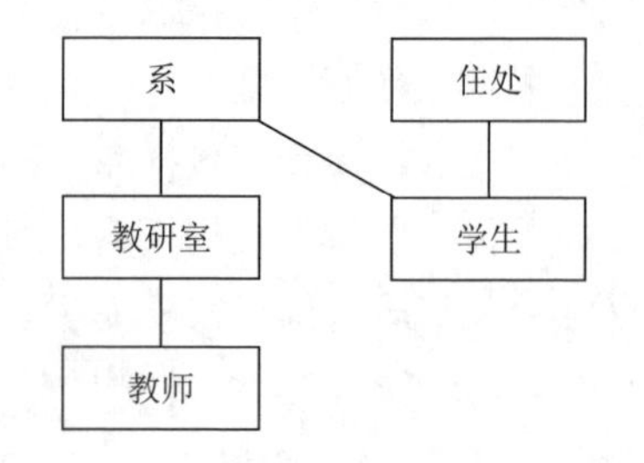

图1-10　简单的网状数据模型例子

与层次数据模型一样，网状数据模型中也是每个结点表示一个记录型（实体），每个记录型可包含若干个字段（实体的属性），箭头表示从箭尾的记录类型到箭头的记录类型间联系是1：*N*联系。结点间的连线表示记录型（实体）之间的父子联系。网状模型记录之间联系通过指针实现，*M*：*N*联系也容易实现（一个*M*：*N*联系可拆成两个1：*N*联系），查询效率较高。

网状数据模型数据库系统的操纵主要包括查询、插入、删除和更新数据，无论是数据表示还是数据操纵方面已明显优于层次模型。20世纪70年代，网状数据模型有许多成功的DBMS产品，例如Honeywell公司的IDS/II、HP公司的IMAGE/3000、Burroughs公司的DMSII、Univac公司的DMS1100、Cullinet公司的IDMS、CINCOM公司的TOTAL等。

但是，由于在使用时涉及内部物理因素较多，用户操作不太方便，数据模型的系统实现也不够理想，因此从20世纪80年代中期起其市场逐渐被关系数据模型产品所取代。

3.关系数据模型

关系数据模型是目前最重要的一种模型。在用户看来，一个关系数据模型的逻辑结构是一张二维表，它由行和列组成。例如，表1-1中的学生人事记录就是一个关系数据模型，它涉及下列概念。

表1-1　学生人事记录表

学号	姓名	性别	系别	年龄	籍贯
1	王鹏	男	计算机系	23	北京市
2	李鹏	男	物理系	22	上海市
3	张贴	女	数学系	24	天津市

① 关系：对应通常所说的表，如表1-1所示的学生人事记录表。

② 元组：表中的一行即为一个元组，例如，表1-1有三行，也就有三个元组。

③ 属性：表中的一列即为一个属性，表1-1有六列，对应六个属性（学号，姓名，性别，系别，年龄和籍贯）。

④ 主键（又称主码）：表中的某个属性组，它可以唯一确定一个元组，例如，表1-1中的学号，按照学生学号的编排方法，每个学生的学号都不相同，所以它可以唯一确定一个学生，也就成为本关系的主键。

⑤ 域（Domain）：属性的取值范围，如人的年龄一般为1~100岁。表1-1中学生年龄属性的域应是（14~38），性别的域是（男，女），系别的域是一个学校所有系名的集合。

⑥ 分量：元组中的一个属性值，如“张贴”。

⑦ 关系模式：对关系的描述，一般表示为：关系名（属性1，属性2，…，属性N）

例如，上面的关系可描述为：

学生（学号，姓名，性别，系别，年龄，籍贯）

在关系模型中，实体以及实体间的联系都是用关系来表示的。例如，学生、课程、学生与课程之间的多对多联系在关系模型中可以表示如下：

学生（学号，姓名，性别，系别，年龄，籍贯）

课程（课程号，学分）

选修（学号，课程号，成绩）

关系数据模型要求关系必须是规范化的，即要求关系模式必须满足一定的规范条件。这些规范条件中最基本的一条就是，关系的每一个分量必须是一个不可分的数据项，也就是说，不允许表中还有表。表1-2就不符合要求，成绩被分为英语、数学、数据库等多项，这相当于大表中还有一张小表（关于成绩的表）。

表 1-2　非关系

学号	姓名	成绩		
		英语	数学	数据库
970001	李明	69	68	86
980007	张三	78	80	73
990008	王五	85	63	70

关系数据模型的主要特征就是用二维表格结构表示实体集，用外码（也称为外键）表示实体间的联系。关系数据模型是由若干个关系模式组成的集合。关系模式相当于前面提到的记录类型，它的实例称为关系，每个关系实际上是一张二维表格。

关系数据模型的操纵主要包括查询、插入、删除和更新数据。这些操作必须满足关系的完整性约束条件。关系的完整性约束条件包括三大类：实体完整性、参照完整性和用户定义的完整性。关系数据模型中的数据操作是集合操作，操作对象和操作结果都是关系，即若干元组的集合，而不像非关系模型中那样是单记录的操作方式。另一方面，关系数据模型把存取路径向用户隐蔽起来，用户只要提出“干什么”或者“找什么”，不必详细说明“怎么干”或者“怎么找”，从而大幅提高了数据的独立性，提高了用户的生产率。

关系模型最主要的特点是，无论实体还是联系统一用关系来表示，简单易懂，数据表现力强，还有严格的数学理论做基础，所以获得了广泛的应用。20世纪70年代对关系数据库的研究主要是理论和实验系统开发阶段，80年代形成产品，90年代其产品占据了主导地位。现在市场上典型的关系数据库管理系统产品有DB2、Oracle、Sybase、INFORMIX等产品。

4. 面向对象的数据模型

关系型DBMS目前最为流行。但是，现实世界中许多复杂问题涉及的数据结构，如人工智能、多媒体、分布式等领域，关系数据模型的表达已无能为力。需要新的数据库系统满足不同领域的要求。20世纪80年代以来，面向对象的方法技术在计算机各个领域，包括程序设计语言、软件工程、信息系统设计、计算机硬件等各方面都产生了深远的影响，也促进了数据库中面向对象数据模型的研究和发展。面向对象数据库是面向对象的概念与数据库技术相结合的产物。

面向对象的数据模型最基本的概念是对象和类，它涉及下列概念：

① 对象：对象是现实世界中实体的模型化，与记录概念相近，但比记录复杂。每个对象有唯一的标识符，把状态（属性）和行为（操作）封装在一起。其中，对象的状态是该对象的属性值的集合，对象的行为是在对象状态上的操作集合。

② 类：同类对象的抽象，即将属性集和操作集相同的所有对象组合在一起构成一个类。类的属性值域可以是基本数据类型（整型、实型等），也可以是记录型或集合型。类可以有嵌套结构（类中定义类）。系统中的所有类组成一个有根的、有向的无环图，称为类层次。

一个类可以从类层次中直接或间接祖先那里继承所有的属性和方法，实现了软件的重用性。

面向对象的数据模型能完整地描述现实世界的数据结构，具有丰富的表达能力，但是模型比较复杂，涉及的知识面比较广，因此，面向对象的数据库尚未得到广泛的使用。

1.3.6 物理模型

机器世界是计算机硬件和操作系统的总称。信息世界表达的数据模型及其上的数据操纵最终要用计算机世界提供的手段和方法实现，计算机世界对应的是物理模型表示。

在计算机世界计算机提供最底层服务，它由指令系统提供操作命令，由存储设备提供基础数据的存储。物理存储结构与逻辑数据结构之间的转换不必用户关心，由OS和DBMS共同完成。这里只介绍存储数据时数据描述术语。

① 位（bit）：一个二进制数。

② 字节（Byte）：8 bit为一个字节，可以存放一个ASCII字符。

③ 字（Word）：若干字节组成一个字。一个字所含的二进制位数称为字长。

④ 块（Block）：内外存交换数据的基本单位，又称物理块或磁盘块，其大小有512B、1 024B、2 048B等。内外存数据交换由操作系统的文件系统管理。

⑤ 桶（Bucket）：外存的逻辑单位，一个桶可以包含一个物理块或多个在空间上不一定连续的物理块。

⑥ 卷（Volume）：一台输入/输出设备所能装载的全部有用的信息，称为“卷”。例如，磁带机的一盘磁带就是一卷，磁盘的一个盘组也是一卷。

信息世界的各类模型均可以通过计算机世界而得到实现，这里以关系数据模型为例，构造它在计算机世界中的物理存储结构，详细内容在数据库的物理设计中介绍。

1.4 数据库系统的模式结构

模式（Schema）是数据库中全体数据的逻辑结构和特征的描述，它仅仅涉及类型的描述，不涉及具体的值。模式的一个具体值称为模式的一个实例（Instance）。同一个模式可以有很多实例，模式是相对稳定的，而实例是相对变动的。模式反映的是数据的结构及其关系，而实例反映的是数据库某一时刻的状态。

虽然实际的数据库系统软件产品种类很多，它们支持不同的数据模型，使用不同的数据库语言，建立在不同的操作系统之上，数据的存储结构也各有不同，但从数据库关系系统角度看，它们在体系结构上通常都具有相同的特征，即采用三级模式结构（微机上的个别小型数据库系统除外），并提供两级映像功能。

1.4.1　数据库系统的三级模式结构

数据库系统的三级模式结构是指数据库系统是由外模式、模式和内模式三级构成，如图1-11所示。

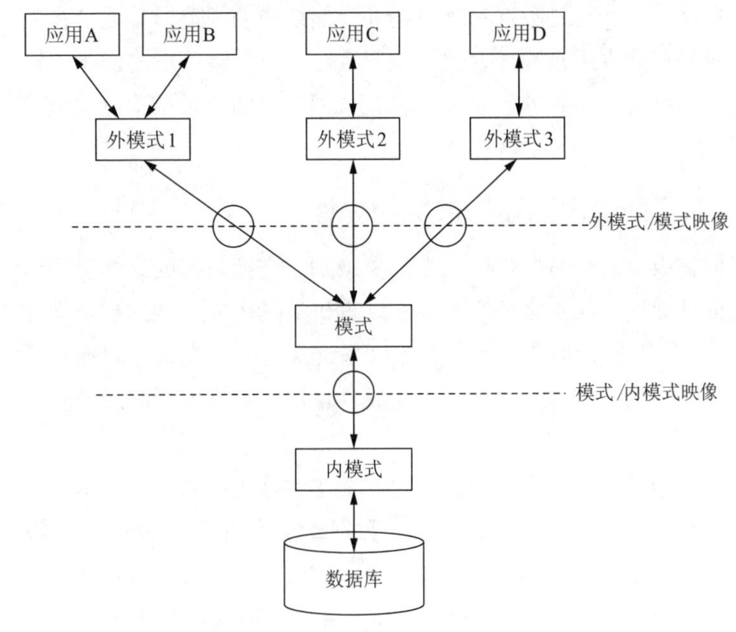

图 1-11　数据库系统的模式结构

1.模式

模式也称逻辑模式或概念模式，是数据库中全体数据的逻辑结构和特征的描述，是所有用户的公共数据视图。它是数据库系统模式结构的中间层，不涉及数据的物理存储细节和硬件环境，与具体的应用程序、所使用的应用开发工具及高级程序设计语言（如C、COBOL、FORTRAN）无关。

实际上模式是数据库数据在逻辑级上的视图，一个数据库只有一个模式。数据库模式是一个逻辑整体。数据库系统一般提供定义模式时不仅要定义数据的逻辑结构，例如，数据记录由哪些数据项构成，数据项的名字、类型、取值范围等，而且要定义与数据有关的安全性、完整性要求，定义这些数据之间的联系。

2.外模式

外模式也称子模式或用户模式，它是数据库用户（包括应用程序员和最终用户）看见和使用的局部数据的逻辑结构和特性的描述，是数据库用户的数据视图，是与某一应用有关的数据逻辑表示。

外模式通常是模式的子集。一个数据库可以有多个外模式。由于它是各个用户的数据视图，如果不同的用户在应用需求、看待数据的方式、对数据保密的要求等方面存在差异，则它们的外模式描述就是不同的。即使对模式中同一数据，在外模式中的结构、类型、长度、保密级别等都可以不同。另一方面，同一外模式也可以为某一用户的多个应用系统所使用，但一个应用程序只能使用一个外模式。

外模式是保证数据库安全性的一个有力措施。每个用户只能看见和访问所对应的外模式中的数据，数据库中的其余数据对他们来说是不可见的。

3. 内模式

内模式也称存储模式，它是数据物理结构和存储结构的描述，是数据在数据库内部的表示方式。例如，记录的存储方式是顺序存储、按照B树结构存储还是按hash方法存储；索引按照什么方式组织；数据是否压缩存储，是否加密；数据的存储记录结构有何规定等。一个数据库只有一个内模式。

1.4.2 数据库的二级映像功能与数据独立性

数据库系统的三级模式是对数据的三个抽象级别，它把数据的具体组织留给DBMS，使用户能逻辑抽象地处理数据，而不必关心数据在计算机的具体表示方式与存储方式。为了能够在内部实现这3个抽象层次的联系和转换，数据库系统在这三级模式之间提供了两层映像：外模式/模式映像和模式/内模式映像。正是这两层映像保证了数据库系统中的数据能够具有较高的逻辑独立性和物理独立性。

模式描述的是数据的全局逻辑结构，外模式描述的是数据的局部逻辑结构。对于一个模式可以有任意多个外模式。对于每一个外模式，数据库系统都有一个外模式/模式映像，当模式改变时（例如，增加新的数据类型、新的数据项、新的关系等），由数据库管理员对各个外模式/模式的映像做相应改变，可以使外模式保持不变，从而应用程序不必修改，保证了数据的逻辑独立性。

数据库中只有一个模式，也只有一个内模式，所以模式/内模式映像是唯一的，它定义了数据全局逻辑结构与存储结构之间的对应关系。例如，说明逻辑记录和字段在内部是如何表示的。该映像定义通常包含在模式描述中。当数据库的存储结构改变（例如，采用了更先进的存储结构），由数据库管理员对模式/内模式映像做相应改变，可以使模式保持不变，从而保证了数据的物理独立性。

在数据库的三级模式结构中，数据库模式即全局逻辑结构是数据库的中心与关键，它独立于数据库的其他层次。因此，设计数据库模式结构时应首先确定数据库的逻辑模式。

数据库的外模式面向具体的应用程序，它定义在逻辑模式之上，但独立于存储模式和存储设备。当应用需求发生较大变化，相应外模式不能满足其视图要求时，该外模式就得做相应的改动，所以设计外模式时应充分考虑到应用的扩充性。

特定的应用程序是在外模式描述的数据结构上编制的，它依赖于特定的外模式，与数据库的模式和存储结构独立。不同的应用程序有时可以共用同一个模式。数据库的二级映像保证了数据库外模式的稳定性，从而从底层保证了应用程序的稳定性，除非应用需求本身发生变化，否则应用程序一般不需要修改。

1.5　数据库技术的产生与发展

数据库技术是一门研究数据管理的技术。它是随着计算机应用领域由科学计算发展到数据处理而诞生的一门技术。它的发展与计算机应用领域对数据处理的速度和规模要求，以及计算机硬件和软件技术的发展是分不开的。用计算机实现数据管理经历了三个发展阶段：人工管理阶段、文件系统管理阶段、数据库管理阶段。

数据库技术的产生与发展

1.5.1　人工管理阶段（20 世纪 50 年代中期以前）

早期的计算机外存没有磁盘等直接存储设备，也缺少相应的软件支持，使用计算机进行数据处理时，要将原始数据和程序一起输入主存，运算处理后将结果数据输出，数据处理的方式基本上是批处理。

这个时期的数据管理特点如下：

① 数据不保存。这个时期处理的数据量不大，不需要保存。

② 数据的独立性差。程序员设计应用程序时面对的是裸机，不仅要设计处理数据的操作步骤，数据的组织方式也必须由程序员自行设计与安排，数据与程序不具有独立性，一旦数据发生改变，就必须由程序员修改程序。由于各应用程序处理的数据之间毫无联系，不同程序处理的数据之间会有重复的数据，编程效率低，处理过程人工干预比较多。

③ 只有程序（Program）的概念、没有文件（File）的概念。即使有文件，也大多是顺序文件；由于没有数据管理软件，基本没有文件的概念。

④ 数据面向应用。一组数据对应于一个程序。

1.5.2　文件系统管理阶段（20 世纪 50 年代后期至 60 年代中后期）

随着计算机软硬件的发展，外存已有磁盘、磁鼓等直接存储设备。软件方面有了高级语言和操作系统。操作系统中的文件管理系统提供了管理外存数据的功能。文件管理系统的方式就是把相关的数据组织成数据文件，以记录为单位，以文件名的方式存储在磁盘上。在程序中以文件名和数据记录方式存取数据，不必考虑数据的具体存储位置。

这一阶段数据管理的特点如下：

① 数据可长期保存在磁盘上。用户随时通过程序对文件进行查询、修改和删除等处理。

② 数据的物理结构与逻辑结构有了区别，功能较简单。程序与数据之间有物理的独立性，程序只需通过文件名存取数据，不必关心数据的物理位置，数据的物理位置变动不一定影响程序，数据的物理结构与逻辑结构的转换由操作系统的文件管理系统完成，程序员不必过多地考虑数据的存放地址，而把精力放在设计算法上。

③ 文件的形式多样化，有索引文件、链接文件和直接存取文件等，因而对文件的记录可顺序访问。但文件之间是独立的，联系要通过程序去构造，文件的共享性差。

④ 数据独立于程序。有了存储文件以后，数据不再属于某个特定的程序，一定程度上可以共享。但文件结构的设计仍然是基于特定的用途，程序仍然是基于特定的物理结构和存取方法编制的，因此，当数据的物理结构改变时，仍需要修改程序。

⑤ 对数据的存取以记录为单位。

文件系统阶段是数据管理技术发展的重要阶段，但由于数据管理规模的扩大，数据量的急剧增加，逐渐显露出很多缺陷，主要表现在：

- 数据冗余性：由于文件之间缺乏联系，造成每个应用程序都有对应的文件，就可能出现同样的数据在多个文件中重复存储。
- 不一致性：这往往是由数据冗余造成的，在进行更新操作时，稍不谨慎，就可能使同样的数据在不同的文件中不一样。
- 数据联系弱：这是文件之间独立、缺乏联系造成的。

由于这些原因，促使人们研究一种新的数据管理技术，以克服文件系统的缺陷，这就是20世纪60年代末产生的数据库技术。

1.5.3 数据库管理阶段（20世纪60年代末开始）

从20世纪60年代后期开始，计算机用于信息处理的规模越来越大，对数据管理的技术提出了更高的要求，此时开始提出计算机网络系统和分布式系统，出现了大容量的磁盘，文件系统已不再能胜任多用户环境下的数据共享和处理。

这个时期磁盘技术取得了重大进展，大容量（数百兆字节以上）和快速存取的磁盘陆续进入市场，成本有了很大的下降，为数据库技术的实现提供了物质条件。随之各种数据库系统也相继问世，首先是1968年美国IBM公司推出的层次模型的IMS数据库系统，再者是1969年数据系统语言研究会（CODASYL）的数据库任务组（DBTG）发表关于网状模型的DBTG报告，它们为统一管理与共享数据提供了有力的支撑。这两种数据库系统由于都是由文件系统发展而来，数据结构比较简单，程序受数据库文件中物理结构的影响较大，用户在使用数据库时需要对数据的物理结构有详细的了解，这给使用数据库造成很多困难。同时，由于数据结构过于烦琐，影响了对复杂的数据结构的实现。1970年起，美国IBM公司E.F.Codd连续发表一系列论文，奠定了关系数据库的理论基础，20世纪70年代中期至80年代得到充分发展，它具有简单的结构方式与较少的物理表示，使用与操作符合人们日常的处理方式并且非常方便。因此，在80年代初逐步取代层次与网状模型数据库系统成为数据库系统的主导。80年代初出现的一批商品化的关系数据库系统，如Oracle、SQL/DS、DS、DB2、IMGRES、INFORMIX、UNIFY和DBASE等。广泛用于数据库查询的SQL语言，在1986年被美国ANSI和国际标准化组织（ISO）采纳为关系数据库语言的国际标准。

与文件系统相比，数据库系统克服了文件系统的缺陷，提供了对数据更高级、更有效的管理。概括起来，数据库技术的管理方式具有以下特点：

1. 数据的结构化

数据库是存放在磁盘等直接存储的外存上的数据集合，是按一定的数据结构（数据模型）组织起来的。与文件系统相比，文件系统中的文件内部数据间有联系，但文件之间不存在联系，从总体上看数据是没有结构的。而数据库中的文件数据是相互联系着的，从总体上遵循着一定的结构形式。数据库正是通过文件之间的联系反映现实世界事物间的自然联系。

2. 数据共享

数据库的数据是面向整个应用系统中的全体用户，要考虑所有用户的数据要求，数据库中包含了所有用户的数据成分，不同用户可以使用其中部分数据，也可以使用同一部分数据。这样数据不再面向特定的某个或多个应用，而是面向整个应用系统。数据冗余明显减少，实现了数据共享。

3. 减少了数据的冗余和不一致性

由于数据库包含了整个系统所有用户的数据，用户操作的数据是通过数据库管理系统从数据库中映射出来的某个子集，不是独立的文件，实际上所有用户使用的是物理存储的一个文件，这就减少了数据冗余及不一致性。

4. 有较高的数据独立性

在数据库系统中，为保证数据独立性系统提供映像的功能，确保数据存储方式的改变不会影响到应用程序。数据库结构分成用户的逻辑结构、整体逻辑结构和物理结构，如图 1-12 所示。数据独立性包括物理数据独立性和逻辑数据独立性。物理数据独立性是指数据库的物理结构（即数据的组织、存储、存取方式、外部存储设备等）发生变化时，不会影响到整体逻辑结构和用户的逻辑结构。由于应用程序是根据用户的逻辑结构编写的，所以应用程序不必改动，这样数据库就达到了物理数据独立性。逻辑数据独立性是指数据库的整体逻辑结构改变时，由数据库管理系统改变整体逻辑结构与用户的逻辑结构之间的映像，使用户的逻辑结构不变，从而应用程序不变，这样就实现了数据库的逻辑数据独立性。

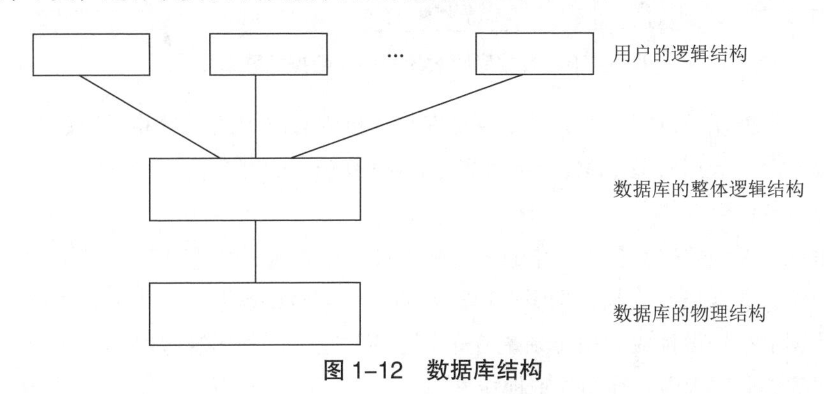

图 1-12　数据库结构

5. 方便的用户接口

数据库管理系统作为用户和数据库之间的接口，提供了数据库定义、数据库运行、数据库维护和数据控制等方面的功能；允许用户使用查询语言操作数据库，同时支持程序方式[用高级语言（如C、FORTRAN等）和数据库操纵语言编制的程序]操作数据库。

6. 数据控制功能

数据库管理系统提供了四方面的数据控制功能。

① 数据完整性：指保证数据库始终存储正确的数据。用户可设计一些完整性规则以确保数据值的正确性。例如，可把数据值限制在某个范围内，并对数据值之间的联系进行各种检验。

② 数据安全性：保证数据的安全和机密，防止数据丢失或被窃取。

③ 数据库的并发控制：避免并发程序之间的相互干扰，防止数据库数据被破坏，杜绝提供给用户不正确的数据。

④ 数据的恢复：在数据库被破坏时或数据不可靠时，系统有能力把数据库恢复至最近某个时刻的正确状态。

⑤ 对数据库的操作除了以记录为单位外，还可以数据项为单位，增加了系统的灵活性。

数据库阶段的程序和数据的联系可用图1-13表示。

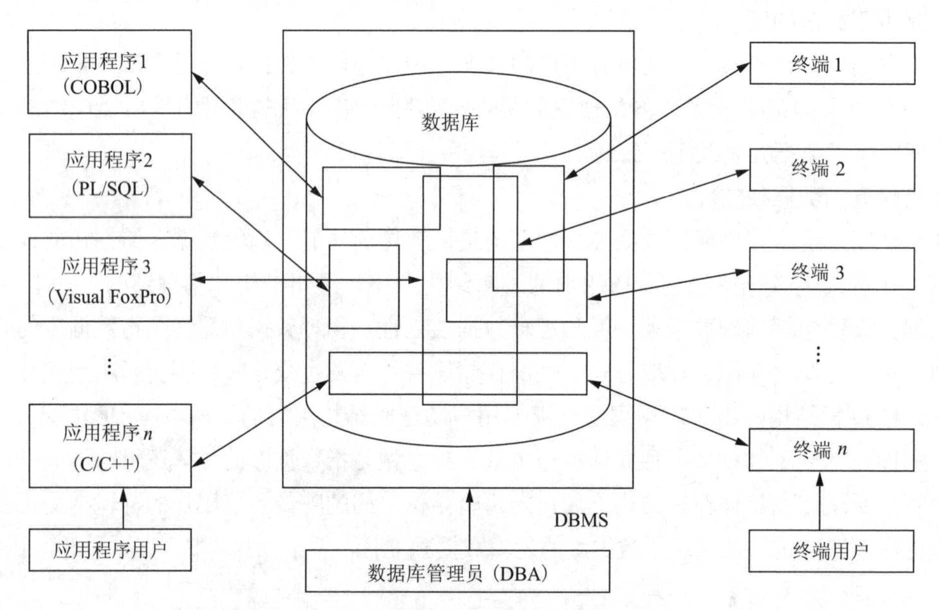

图1-13　数据库阶段的程序和数据的联系

综上所述，数据库可以定义为：长期存储在计算机内有组织的、可共享的数据集合。数据库中的数据按一定的数据模型组织、描述和存储，具有较小的冗余度、较高的数据独立性和易扩展性，并可为各种用户共享。

从文件系统发展到数据库技术是信息处理领域的一个重大变化。在文件系统阶段，程序设计处于主导地位，数据只起着服从程序设计需要的作用；而在数据库方式下，数据开始占据了中心位置，数据的结构设计成为信息系统首先关心的问题，而利用这些数据的应用程序设计则退居到以既定的数据结构为基础的外围地域。

目前在国内外数据库应用已相当普及，各行业都建立了以数据库技术为基础的大型计算机网络系统，并在因特网（Internet）的基础上建立了国际性联机检索系统。为满足工程设计统计、人工智能、多媒体、分布式等不同领域的需要，20世纪80年代涌现出了如工程数据库、多媒体数据库、CAD数据库、图形数据库、图像数据库、智能数据库、分布式数据库，以及面向对象的数据库等。

1.6　数据库系统的体系结构

从数据库管理系统角度来看，数据库系统是一个三级模式结构，但数据库的这种模式结构对最终用户和程序员是不透明的，他们见到的仅是数据库的外模式和应用程序。从最终用户角度来看，数据库系统分为单用户结构、主从式结构、分布式结构和客户机/服务器结构。

1.6.1　单用户数据库系统

单用户数据库系统（见图1-14）是一种早期的最简单的数据库系统。在单用户系统中，整个数据库系统，包括应用程序、DBMS、数据都装在一台计算机上，由一个用户独占，不同机器之间不能共享数据。

例如，一个企业的各个部门都使用本部门的机器来管理本部门的数据，各个部门的机器是独立的。由于不同部门之间不能共享数据，因此企业内部存在大量的冗余数据。例如，领导部门、会计部门、技术部门必须重复存放每一名职工的一些基本信息（如职工号、姓名等）。

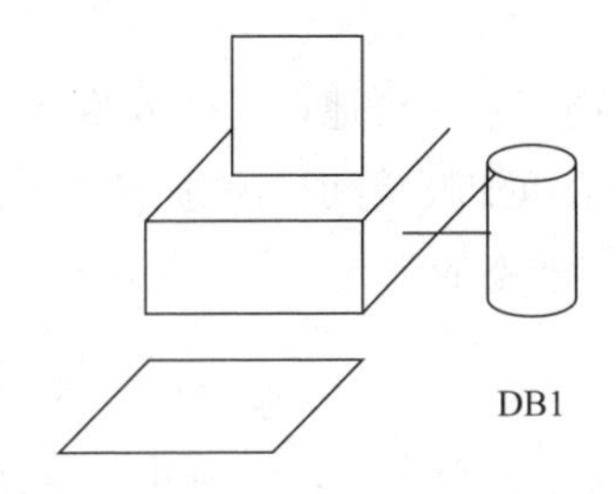

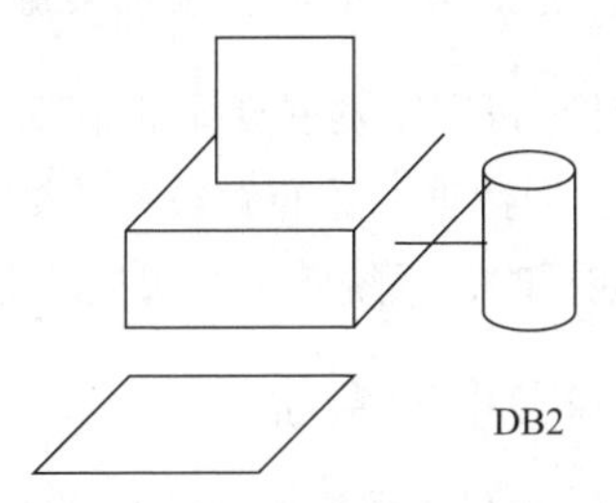

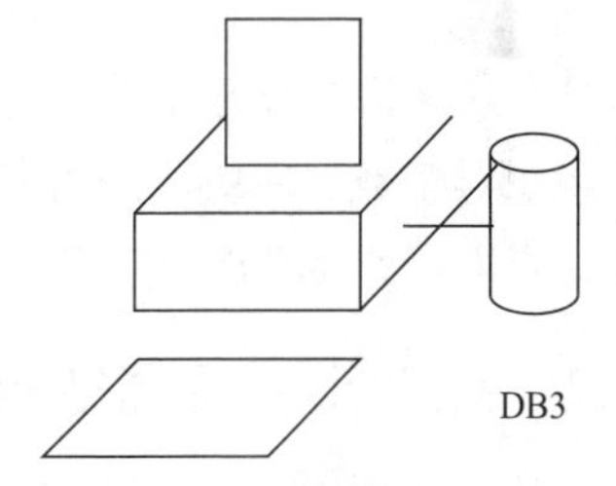

图 1-14　单用户数据库系统

1.6.2　主从式结构的数据库系统

主从式结构是指一个主机带多个终端的多用户结构。在这种结构中，数据库系统包括应用程序、DBMS、数据，都集中存放在主机上，所有处理任务都由主机来完成，各个用户通过主机的终端并发地存储数据库，共享数据资源，如图1-15所示。

主从式结构的优点是简单，数据易于管理与维护；缺点是当终端用户数目增加到一定程度后，主机的任务会过分繁重，成为瓶颈，从而使系统性能大幅度下降。另外，当主机出现故障时，整个系统都不能使用，因此系统的不可靠性高。

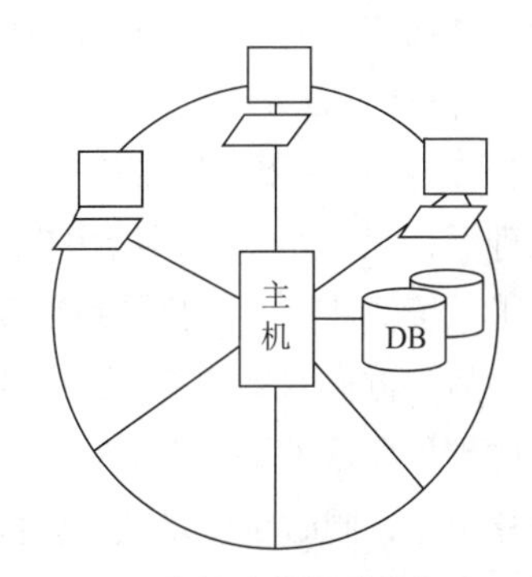

图 1-15　主从式结构的数据库系统

1.6.3　分布式结构的数据库系统

分布式结构的数据库系统是指数据库中的数据在逻辑上是一个整体，但物理地分布在计算机网络的不同结点上，如图1-16所示。网络中的每个结点都可以处理本地数据库中的数据，执行局部应用；也可以同时存储和处理多个异地数据库中的数据，执行全局应用。

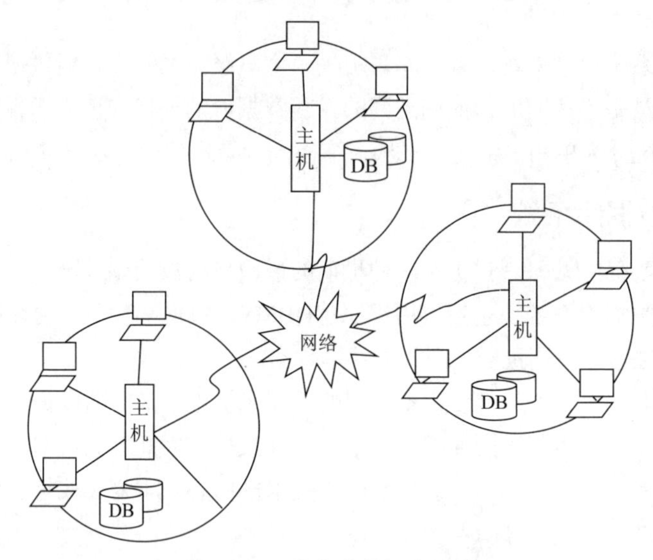

图 1-16　分布式数据库系统

分布式结构的数据库系统是计算机网络发展规律的必然产物，它适合地理上分散的公司团体和组织对于数据库应用的需求。但数据的分布存放，给数据的处理、管理与维护带来困难。此外，当用户需要经常访问远程数据时，系统效率会明显地受到网络的制约。

1.6.4　客户机/服务器结构的数据库系统

主从式数据库系统中的主机和分布式数据库系统中的每个结点机是一台计算机，既执行DBMS功能又执行应用程序。随着工作站功能的增强和广泛使用，人们开始把DBMS功能和应用分开，网络中某个结点上的计算机专门用于执行DBMS功能，称为数据库服务器，简称服务器，其他结点上的计算机安装DBMS的外围应用开发工具，支持用户的应用，称为客户机，这就是客户机/服务器机构的数据库系统。

在客户机/服务器结构中，客户端的用户请求被传送到数据库服务器，数据库服务器进行处理后，只将结果返回给用户（而不是整个数据），从而显著减少了网络上的数据传输量，提高了系统的性能、吞吐量和负载能力。

另一方面，客户机/服务器结构的数据库往往更加开放。客户与服务器一般都能在多种不同的硬件和软件平台上运行，可以使用不同厂商的数据库应用开发工具，应用程序具有更强的可移植性，同时也可以减少软件维护开销。

客户机/服务器数据库系统可以分为集中的服务器结构（见图1-17）和分布的服务器结构（见图1-18）。前者在网络中仅有一台数据库服务器，而客户机是多台。后者在网络中有多台数据库服务器。分布的服务器结构是客户机/服务器与分布式数据库的结合。与主从式结构相似，在集中的服务器结构中，一个数据库服务器要为众多的客户服务，往往容易成为瓶经，制约系统的性能，但在分布的服务器结构中，数据分布在不同的服务器上，从而给数据的处理、管理与维护带来困难。

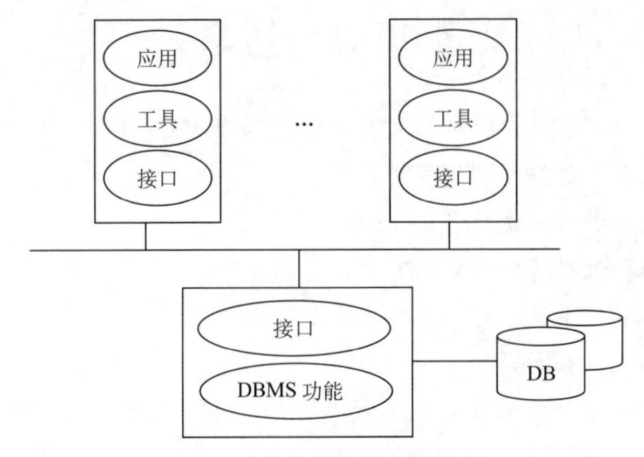

图 1-17　集中的服务器结构

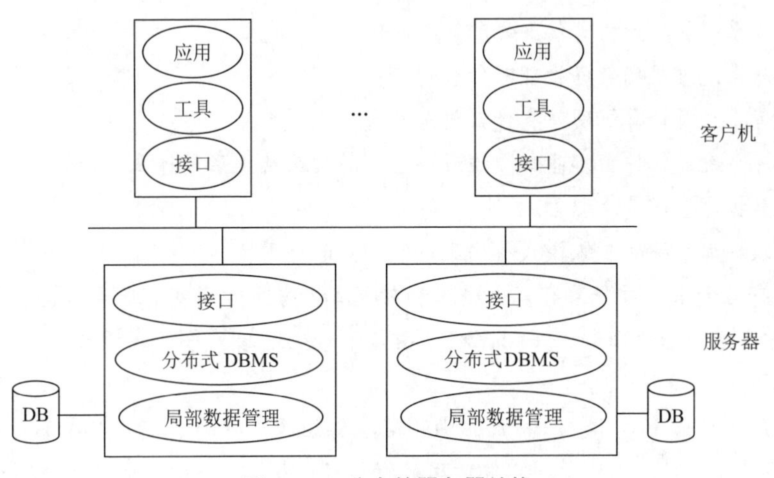

图 1-18　分布的服务器结构

小　结

本章从数据库的产生与发展出发，介绍了数据库发展经历的三个过程，然后详细分析了数据库、数据库管理系统、数据库系统的构成及相互关系，概括数据模型的分类及特点，并从市场主流数据库应用的角度归纳了目前数据库的几种体系结构。

本章重点：数据模型，特别是E-R模型的设计，这是数据库设计的基础，是联系数据库设计人员与用户的纽带，弄清E-R模型的对应关系（即一对一、一对多、多对多）是E-R模型的关键。

思考与练习

1. 什么是数据？数据有什么特征？数据和信息有什么关系？

2. 什么是数据处理？数据处理的目的是什么？

3. 数据管理的功能和目标是什么？

4. 什么是数据库？数据库中的数据有什么特点？

5. 什么是数据库管理系统？它的主要功能是什么？

6. 数据冗余能产生什么问题？

7. 什么是数据的整体性？什么是数据的共享性？为什么要使数据库中的数据具有整体性和共享性？

8. 信息管理系统与数据库管理系统有什么关系？

9. 用文件系统管理数据有什么缺陷？

10. 数据库系统阶段的数据管理有什么特点？

11. 数据库系统对计算机硬件有什么要求？

12. 数据库系统的软件由哪些部分组成？它们的作用及关系是什么？

13. 简述数据库管理员的职责。

14. 试述数据库系统的三级模式结构及每级模式的作用。

15. 学校有若干系，每个系有若干班级和教研室，每个教研室有若干教师，每个班有若干学生，每个学生选修若干课程，每门课程可由若干学生选修，每个教师只教1门课程。用E-R图画出该学校的概念模型。

16. 某工厂生产若干产品，每种产品由不同零件组成，有的零件可用在不同的产品上。这些零件由不同的原材料制成，不同零件所用的材料可以相同。这些零件按所属的不同产品分别放在仓库中，原材料按照类别放在若干仓库中。请画出此工厂产品、零件、材料、仓库的概念模型的E-R图。

第2章 关系数据库

关系数据库理论是本书的难点，也是本数据库技术的重要组成部分，其中涉及关系代数、关系演算、函数依赖、范式定理等内容，这是数据库设计及数据库优化处理的理论基础，也为如何构建数据库体系提供了理论依据。

内容介绍

2.1 关系数据库概述

关系数据库理论是美国E.F.Codd首先提出的，1970年他在美国计算机学会发表了第一篇关系数据库的论文，随后又连续发表了多篇论文，奠定了关系数据库的理论基础。

关系数据库概述

关系数据模型的主要特点是以数学理论和结构简单的关系表（二维表格）为基础。其理论主要有关系运算理论和关系模式设计理论。关系运算理论最著名的是关系代数和关系演算，关系代数用代数的方式表示关系模型，关系演算用逻辑方法表示关系模型，两者用不同的数学工具建立了关系模型的数学基础。关系模式设计理论主要包括数据依赖、范式、模式设计方法，其中数据依赖起着核心作用。学习其理论，能更好地利用关系描述现实世界，设计出合理的数据库模式并付诸应用。

关系模型由三部分组成：数据结构、关系操作集合和关系的完整性约束条件集合。

1.数据结构

关系模型的数据结构非常单一，实体及实体之间的联系都用关系来表示，即关系模型中数据的逻辑结构是一张二维表，由行和列组成。这个二维表称为关系，通俗地说，一个关系对应一张表。它类似于Excel工作表，一个数据库可以包含任意多个数据表。

2.关系操作

关系操作是高度非过程化的，用户不必指出存取路径，也不必求助于循环、递归等来完成。关系操作是由数据库管理系统来完成的。

关系数据库的数据操纵语言的语句分为查询语句和更新语句两大类。查询语句用于描述用户的各类检索要求；更新语句用于描述用户的插入、修改和删除等操作。查询是最主要的部分。

关系查询语言根据其理论基础的不同分为两大类：一是关系代数语言（查询操作是以集合操作为基础的运算）；二是关系演算语言（查询操作是以谓词演算为基础的运算）。按谓词变元的基本对象是元组变量（Tuple Variable）还是域变量（Domain Variable）又分为元组关系演算和域关系演算两种。这两种方式的功能是等价的。

关系查询语言是一种比Pascal、C等程序设计语言更高级的语言。Pascal、C等语言属于过程性语言，在编程时必须给出获得结果的操作步骤，即指出“干什么”及“怎么干”。而关系查询语言属于非过程语言，编程时只需指出需要什么信息，不必给出具体的操作步骤，即只要指出“干什么”，不必指出“怎么干”。

各类关系查询语言均属于“非过程性”语言，但其“非过程性”的强弱程度不一样。关系代数语言的非过程性较弱，在查询表达式中必须指出操作的先后顺序；关系演算语言的非过程性较强，操作顺序仅限于量词的顺序。

这两种语言在表达上是彼此等价的。它们都是抽象的查询语言，与具体的数据库管理系统中实现的实际语言并不完全一样。实际的查询语言还提供了许多附加功能，如算术运算、库函数、关系赋值等。

关系操作方式的特点是集合操作，即操作的对象和结果都是集合。

3.完整性

关系模型的完整性包括实体完整性（Entity Integrity）、参照完整性（Referential Integrity）和用户定义的完整性。

2.2 关系数据结构

2.2.1 关系的定义及性质

关系数据结构

在前面提到过关系是个二维表，关系模型是建立在集合代数基础上的。因此，可以用集合代数作为二维表的关系，下面介绍有关概念。

1.域

域（Domain）是一组具有相同数据类型的值的集合，是关系中的一列取值的范围。

例如，整数的集合是一个域，实数的集合是一个域，长度大于10字节的字符串集合也是一个域。

2.笛卡儿积

设$D_1,D_2,\cdots,D_n$（它们可以是相同的）为任意集合，定义$D_1,D_2,\cdots,D_n$的笛卡儿积为：$D_1\times D_2\times\cdots\times D_n=\{(d_1,d_2,\cdots,d_n)\mid d_i\in D_i，i=1,2,\cdots,n\}$其中每一个元素（$d_1,d_2,\cdots,d_n$）称为一个$n$元组（Tuple），$d_i$称为一个分量（Component）。

例如，$D_1=\{0,1\},D_2=\{a,b,c\}$，则$D_1$和$D_2$的笛卡儿积为

$D_1\times D_2=\{(0,a),(0,b),(0,c),(1,a),(1,b),(1,c)\}$

注意：笛卡儿积中元组分量是有序的。

3.关系

$D_1\times D_2\times\cdots\times D_n$的子集称为域$D_1,D_2,\cdots,D_n$上的关系，表示为$R(D_1,D_2,\cdots,D_n)$，这里$R$表示关

系（Relation）的名字，n是关系的目或度（Degree）。例如：

$R_1=\{(0,a),(0,b),(0,c)\}$

$R_2=\{(1,a),(1,b),(1,c)\}$

都是上例中D_1、D_2上的一个关系。

关系是一个二维表，每行称为一个元组，每列对应一个域。如果关系是n度的，则其元组是n元组。每个元素是关系中的元组，通常用t表示。$n=1$的关系称为一元关系，$n=2$的关系称为二元关系。

由于域可以相同，为了加以区分，对每列取一个名字，称为属性（Attribute）。因此，n目关系必有n个属性。

例如，表2-1给出了余额表，有3个元组。设t为元组变量指向关系的第一个元组，使用记号t[分行名]表示元组t的分行名属性的值，t[分行名]="成都"。类似地，t[账号]=101，表示账号属性的值为101。

表 2-1　顾客账号余额表

顾客名	账号	余额	分行名
张三	101	1000.00	成都
李四	102	2000.00	吉林
赵五	103	1500.00	太原

在表2-1中说明“成都”分行有一个顾客名为张三，账号为101，余额为1000.00。

在数据库中要求关系的每个分量必须是不可分的数据项，并把这样的关系称为规范化的关系，简称范式（Normal Form）。也就是说，在一行中的一个属性只能允许有一个值。换句话说，在表中每一行和列的交叉位置总是精确地存在一个值，而绝非值集（允许空值，即表示“未知的”或“不可使用”的一些特殊值。例如，顾客姓名必须是一个，但可以不提供，作为空值存在）。

4.码、主码、外部码、主属性

码（又称键）是关系中的某一属性或属性组（有的码是由几个属性共同决定的），若它的值唯一地标识了一个元组，则称该属性或属性组为候选码（Candidate Key）；若一个关系有多个候选码，则选定其中一个为主码（Primary Key）。包含在任意一个候选码中的属性都称为主属性；外部码（Foreign Key）是某个关系中的一个属性（可以是一个普通的属性，也可以是主码，也可以是主码的一部分），这个属性在另一个关系中是主码，则这个属性在本关系中称为外码。

5.关系的性质

关系是用集合代数的笛卡儿积定义的，是元组的集合，因此，关系有如下性质：

① 列是同质的，即每一列中的分量是同类型的数据，来自同一个域。

② 不同的列可以出自同一个域，每一列称为属性，需给予不同的名称。

③ 列的顺序无所谓，即列的次序可以任意交换。

④ 关系中的各个元组是不同的，即不允许有重复的元组。

⑤ 行的顺序无所谓，即行的次序可以任意交换。

⑥ 每一分量必须是不可分的数据项。

2.2.2 关系模式与关系数据库

关系模型在理论上支持数据库的三级体系结构。在关系模型中，概念模式是关系模式的集合，外模式是关系子模式的集合，内模式是存储模式的集合。

1. 关系模式

对关系的描述称为关系模式，包括关系名、组成该关系的各个属性、属性域的映像、属性间的数据依赖关系等。属性域的映像常常直接说明为属性的类型、长度。

2. 关系子模式

关系子模式是用户所用到的那部分数据的描述。它除了指出用户的数据外，还应指出模式与子模式之间的对应性。

3. 存储模式

关系存储时的基本组织方式是文件，由于关系模式有码，存储一个关系可以用散列方法或索引方法实现。如果关系中记录数目较少（100以内），也可以用堆文件方式实现。另外，还可对任意的属性集建立辅助索引。

4. 关系数据库

对于关系数据库也有型和值的概念。关系数据库的型是对数据库描述，包括若干域的定义，以及在这些域上定义的若干关系模式。关系数据库的值是这些关系模式在某一时刻对应的关系的集合。数据库的型也称为数据库的内涵（Intention），数据库的值也称为数据库的外延（Extension）。数据库的型是稳定的，数据库的值是随时间不断变化的，因为数据库的数据在不断变化。

2.2.3 关系的完整性规则

1. 实体完整性规则

实体完整性规则是指若属性A是基本关系R的主属性，则属性A不能取空值，即关系中的主码不允许取空值。

一个关系数据库中实际存在的表通常对应现实世界的一个实体集。例如，学生关系对应于学生的集合；实体是可区分的，所以具有某种唯一性标识；主码作为唯一性标识，不能是空值，因为如果主码为空值说明存在某个不可标识的实体。

例如，学生关系STUDENT(SNO,SNAME,SAGE,SEX)中，各属性表示学号、姓名、年龄、性别，主码为SNO，那么SNO的取值不能为空，这才能识别每个学生。

2. 参照完整性规则

参照完整性规则是指任一时刻，关系R_1中外部码属性A的每个值，必须或者为空，或者等于另一关系R_2（R_2和R_1可以是相同的）中某一元组的主码值。R_1中的属性A和R_2中的主码是定义在一个共同的基本域上的，即限制引用不存在的元组。

例如，雇员关系EMP(ENO,ENAME,DNO)表示雇员的编号、姓名及所在的部门号，部门关系DEPT(DNO,DNAME)表示部门号及部门名称。EMP和DEPT是两个基本关系，EMP的主码为ENO，DEPT的主码为DNO。在EMP中，DNO是外部码。EMP中的每个元组在DNO上的值有两种可能：空值和非空值。若为空值，说明这个职工尚未分配到某个部门；若为非空值，则DNO的值必须为DEPT中某个元组中的DNO值。如果不是这样，则说明此职工被分配到了一个不存在的部门。

3. 用户定义的完整性规则

用户定义的完整性规则是针对某一具体应用环境给出的数据库的约束条件。它反映某一个具体的应用所处理的数据必须满足的语义要求。关系模型提供定义和处理这类完整性约束条件的机制，并用统一的系统方法来处理它们。

例如，学生关系中规定学生的年龄为16~25岁，职工关系中规定工资最低为2 000元等。

2.3　关系代数

关系代数是一种抽象的查询语言，是关系数据操纵语言的一种传统表达方式，它是用关系的运算来表示查询的。

任何一种运算都是将一定的运算符作用于一定的运算对象上，得到预期的运算结果。所以运算对象、运算符、运算结果是运算的三大要素。

关系代数的运算对象是关系，运算结果也为关系。关系代数用到的运算符号有四类：集合运算符、专门的关系运算符、算术比较符和逻辑运算符。

① 集合运算符：∪（并）、∩（交）、－（差）、×（笛卡儿积）。

② 专门的关系运算符：σ（选择）、π（投影）、⋈（连接）、÷（除）。

③ 算术比较符：＜（小于）、≤（小于或等于）、＞（大于）、≥（大于或等于）、≠（不等于）、＝（等于）。

④ 逻辑运算符：∧（与）、∨（或）、¬（非）。

比较运算符和逻辑运算符是用来辅助专门的关系运算符进行操作的，所以关系代数的运算符主要分为传统的集合运算和专门的关系运算两类。其中传统的集合运算如并、交、差、广义笛卡儿积等，这类运算把关系看成元组的集合，其运算是从关系的“水平”方向，即行的角度来进行；而专门的关系运算如选择、投影、连接、除等，这类运算不仅涉及行而且涉及列。

为了叙述方便，先引入几个记号：

① 设关系模式为$R(A_1, A_2,\cdots,A_n)$，对于关系R，设有$t\in R$，表示t是R的一个元组。$t[A_i]$则表示元组t中相应于属性A_i的一个分量。

② 若$A=\{A_{i_1},A_{i_2},\cdots,A_{i_k}\}$，其中$A_{i_1},A_{i_2},\cdots,A_{i_k}$是$A_1,A_2,\cdots,A_n$中的一部分，则$A$称为属性列或域列。

③ R为n目关系，S为m目关系。$t_r\in R$，$t_s\in S$。$<t_r,t_s>$称为元组的连接（Concatenation）。它是一个$(n+m)$列的元组，前n个分量为R中的一个n元组，后m个分量为S中的一个m元组。

④ 给定一个关系$R(X,Z)$，X和Z为属性组。定义如下，当$t[X]=x$时，x在R中的像集（images Set）为：$Z_x=\{t[Z]|t\in R,t[X]=x\}$，它表示$R$中属性组$X$上值为$x$的诸元组在$Z$上分量的集合。

2.3.1 传统的集合运算

1.并

设关系R和关系S具有相同的目n（即两个关系都有n个属性），且相应的属性取自同一个域，则关系R与关系S的并（Union）由属于R或属于S的元组组成。其结果关系仍为n目关系，记作$R \cup S=\{t|t \in R \vee t \in S\}$。

两个关系的并运算是将两个关系中的所有元组构成一个新关系。并运算要求两个关系属性的性质必须一致，且结果要消除重复的元组，如图2-1所示。

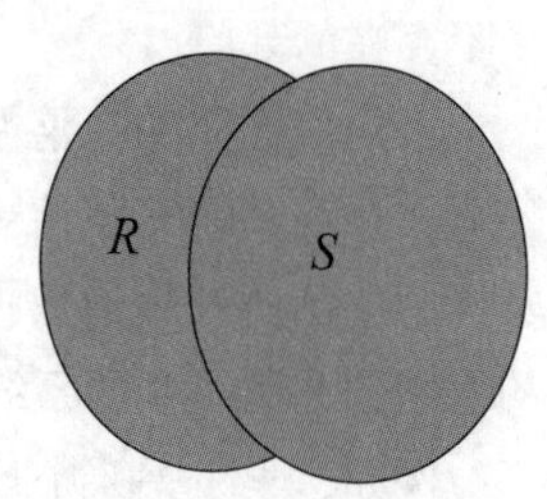

图2-1 并运算示意图

【例2-1】有库存和进货两个表，要将两个表合并为一个表，可利用并运算实现，如表2-2所示。

表2-2 表的并运算

（a）库存关系

商品编号	品名	数量
2008124	电烫斗	30
2008310	微波炉	18

（b）进货关系

商品编号	品名	数量
2008230	冰箱	19
2008234	彩电	50
2007156	空调	20

（c）并运算结果

商品编号	品名	数量
2008230	冰箱	19
2008234	彩电	50
2007156	空调	20
2008124	电烫斗	30
2008310	微波炉	18

2.差

设关系R和关系S具有相同的目n，且相应的属性取自同一个域，则关系R和S的差（Difference）由属于R而不属于S的所有元组组成。其结果仍为n目的关系，记为$R-S$，形式定义如下：

$R-S=\{t|t \in R \wedge t \notin S\}$

其中，t是元组变量，R和S的目数相同。差运算的示意图如图2-2所示。

【例2-2】有考生成绩合格者名单和身体不合格者名单两个关系，按录取条件将从成绩合格且身体健康的考生中产生录取名单关系。这个任务可以用差运算来完成，如表2-3所示。

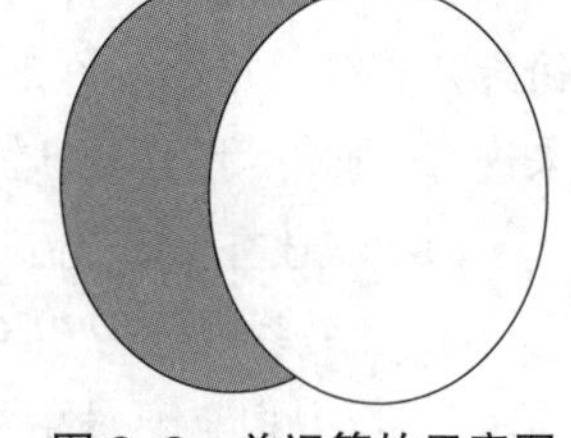
图2-2 差运算的示意图

表2-3 表的差运算

（a）成绩合格者

生号
09000031
09000056
09000170
09000184
09000211

（b）身体不合格者

考生号
09000170
09000211

（c）录取名单

考生号
09000031
09000056
09000184

3. 交

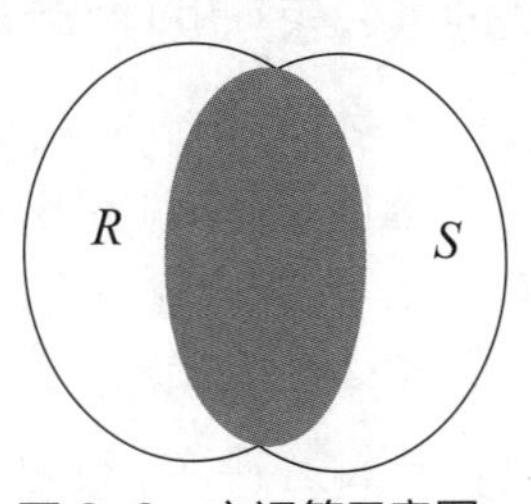

图 2-3　交运算示意图

设关系 R 和关系 S 具有相同的目 n，且相应的属性取自同一个域，则关系 R 与关系 S 的交（Intersection）由既属于 R 又属于 S 的元组组成，其结果关系仍为 n 目关系。记作：

$R \cap S = \{ t | t \in R \wedge t \in S \}$;

关系的交也可以由关系的差来表示，即 $R \cap S = R-(R-S)$，如图 2-3 所示。

【例 2-3】有参加篮球队的学生名单和参加足球队的学生名单两个关系，要找出同时参加两个队的显示名单。这个任务可以用交运算来完成，如表 2-4 所示。

表 2-4　表的交运算

（a）篮球队

学生名单
刘莎莎
李利
赵宏彬
刘涛

（b）足球队

学生名单
刘莎莎
赵宏彬
陈晓春
姚民

（c）同时参加两个队

学生名单
刘莎莎
赵宏彬

4. 广义笛卡儿积

设关系 R 为 n 目关系，关系 S 为 m 目关系，广义笛卡儿积（Extended Cartesian product）$R \times S$ 是一个 $(n+m)$ 元组的集合。元组的前 n 个分量是 R 的一个元组，后 m 个分量是 S 的一个元组。若 R 有 k_1 个元组，S 有 k_2 个元组，则 $R \times S$ 有 $k_1 \times k_2$ 个元组。记作：

$R \times S = \{ <t_r, t_s> | t_r \in R \wedge t_s \in S \}$

【例 2-4】在学生和必修课程两个关系上，产生选修关系：要求每个学生必须选修所有选修课程。这个选修关系可以用两个关系的笛卡儿积运算来实现，如表 2-5 所示。

表 2-5　表的笛卡儿积运算

（a）学生

学号	姓名
0900001	汪宏伟
0900002	李兵
0900003	陈格格
0900004	牛利

（b）必修课程

课程号	课程名
C1	离散数学
C2	计算机原理
C3	高等数学

（c）笛卡儿积

学号	姓名	课程号	课程名
0900001	汪宏伟	C1	离散数学
0900001	汪宏伟	C2	计算机原理
0900001	汪宏伟	C3	高等数学
0900002	李兵	C1	离散数学
0900002	李兵	C2	计算机原理
0900002	李兵	C3	高等数学
0900003	陈格格	C1	离散数学
0900003	陈格格	C2	计算机原理
0900003	陈格格	C3	高等数学
0900004	牛利	C1	离散数学
0900004	牛利	C2	计算机原理
0900004	牛利	C3	高等数学

2.3.2　专门的关系运算

1.选择

选择（Select）也称为限制（Restriction），根据某些条件对关系做水平分解，选择符合条件的元组。条件可用命题公式F表示，F取值为“真”或“假”。某运算对象是常量或元组分量（属性名或列的序号）。运算符有算术比较运算符（$<$、$\leqslant$、$>$、$\geqslant$、$\neq$、$=$）和逻辑运算符（$\wedge$、$\vee$、$\neg$）。

逻辑运算符$\neg$可定义为：如果逻辑表达式P为真，则$\neg P$为假；如果P为假，则$\neg P$为真，即俗称的逻辑非。

$P \wedge Q$定义为：当且仅当P、Q同时为真时，$P \wedge Q$为真；在其他情况下，$P \wedge Q$的值都为假，即俗称的逻辑与。

$P \vee Q$定义为：当且仅当P、Q同时为假时，$P \vee Q$的值为假；否则，$P \vee Q$的值为真，即俗称的逻辑或。

关系R关于公式F的选择运算用$\sigma_F(R)$表示，定义如下：

$\sigma_F(R)=\{t \mid t \in R \wedge F(t)='真'\}$

其中，σ为选择运算符，$\sigma_F(R)$表示从R中挑选满足公式F的元组所构成的关系。

【例2–5】已知学生表S如表2–6（a）所示，对学生表进行选择操作：列出所有女同学的基本情况。选择的条件是：SEX='女'。用关系代数表示为：

$\sigma_{SEX='女'}(S)$

也可以用属性序号表示属性名：$\sigma_{4='女'}(S)$，结果如表2–6（b）所示。

表 2–6　关系代数的选择运算

（a）学生表

SNO	SNAME	AGE	SEX	DEPT
S3	刘莎莎	18	女	通信
S9	王 莉	21	女	计算机
S4	李志鸣	19	男	计算机
S5	吴康	20	男	通信

（b）结果表

SNO	SNAME	AGE	SEX	DEPT
S3	刘莎莎	18	女	通信
S9	王 莉	21	女	计算机

2.投影

投影（Projection）操作是对一个关系做垂直分解，消去关系中某些列，并重新排列次序，删去重复元组。

设关系R是k元关系，R在其分量$A_{i_1},\cdots,A_{i_m}$（$m \leqslant k$，$i_1,\cdots,i_m$为$1\sim k$之间互不相同的整数）上的投影，用$\pi_{i_1,\cdots,i_m}(R)$表示，它是从R中选择若干属性列组成的一个m元组的集合。形式定义如下：

$\pi_{i_1,\cdots,i_m}(R)=\{t \mid t=<t_{i_1},\cdots,t_{i_m}> \wedge <t_1,\cdots,t_k> \in R\}$

投影之后不仅取消了某些列，而且还可能取消某些元组。因为取消了某些属性之后，就可能出现重复行，应该取消这些相同的行。投影操作是从列的角度进行的运算，可以用属性序号，也可以用属性名。

【例2–6】对职工表［见表2–7（a）］进行投影操作。列出职工表中的所有部门，关系代数表示为：$\pi_{3(职工)}$或$\pi_{部门(职工)}$，结果如表2–7（b）所示。

注意：由于投影的结果消除了重复元组，所以，结果只有四个元组。

表 2-7 关系代数的投影运算实例

（a）职工表

职工编号	姓名	部门
2113	程晓清	销售部
2116	刘红英	财务部
2136	李小刚	管理部
2138	蒋 民	采购部
2141	王国洋	销售部

（b）结果表

部门
销售部
财务部
管理部
采购部

3. 连接

连接（Join）又称 θ 连接，是从两个关系的笛卡儿积中选取属性间满足一定条件的元组，形成一个新的关系。连接操作是笛卡儿积、选择和投影操作的组合。记作：$R \underset{I\theta J}{\bowtie} S$，这里$I$和$J$分别是关系$R$和$S$中的$I$和$J$属性组，θ 是算术比较运算符。连接的定义如下：

$R \underset{I\theta J}{\bowtie} S = \{<t_r, t_s> | t_r \in R \land t_s \in S \land t_r[I]\ \theta\ t_s[J]\}$

这里的R是n目关系，S是m目关系，$t_r \in R$，$t_s \in S$，$<t_r, t_s>$称为元组的连接。这是一个（$n+m$）元组，前n个分量为R中的一个n元组，后m个分量是S中的一个m元组。

连接运算从$R \underset{I\theta J}{\bowtie} S$的广义笛卡儿积中选取$R$关系在$I$属性组上的值与$S$关系在$J$属性组上满足比较关系 θ 的元组。当 θ 为“=”时称为等值连接。

自然连接（Natural Join）是一种特殊而常用的等值连接。它要求两个关系中进行比较的分量必须是相同的属性组，并且要在结果中把重复的属性去掉。两个关系的自然连接用$R \bowtie S$表示，具体计算过程如下：

① 计算$R \times S$。

② 设R和S的公共属性是I_1，…，I_k，挑选$R \times S$中满足$R.I_1=S.I_1$，…，$R.I_k=S.I_k$的那些元组。

③ 去掉$S.I_1, \cdots, S.I_k$这些列（保留$R.I_1, \cdots, R.I_k$）。

若R和S具有相同的属性组I，则自然连接定义如下：

$R \bowtie S = \{<t_r, t_s> | t_r \in R \land t_s \in S \land t_r[I] = t_s[I]\}$

自然连接要求两个关系中相等的分量必须是相同属性组，而等值连接不必如此。自然连接要在结果中把重复的属性去掉。自然连接是构造新关系的有效方法，是关系代数中常用的一种运算，在关系数据库理论中起着重要作用。利用投影、选择和自然连接操作可以任意地分解和构造关系。

【例2-7】表2-8中（a）、（b）、（e）、（f）为关系R、S、SC、TC，（c）为$R \underset{B=E}{\bowtie} S$连接结果，（d）为$R \underset{B=E}{\bowtie} S$等值连接结果，（g）为$SC \bowtie TC$自然连接结果。

表 2-8 连接举例

（a）关系R

A	B
1	2
3	4
5	6
2	3

（b）关系S

C	D	E
1	2	3
2	3	4
3	4	5

（c）关系$R \underset{B=E}{\bowtie} S$

A	B	E	C	D
1	2	3	1	2
1	2	4	2	3
1	2	5	3	4
3	4	5	3	4
2	3	4	2	3
2	3	5	3	4

（d）关系$R \underset{B=E}{\bowtie} S$

A	B	E	C	D
3	4	4	2	3
2	3	3	1	2

（e）关系 *SC*

SNum	CNum	GRADE
S3	C3	87
S1	C2	88
S4	C3	79
S9	C4	83

（f）关系 *TC*

CNum	CNAME	CDEPT	TNAME
C2	离散数学	计算机	刘伟
C3	高等数学	通信	陈红
C4	数据结构	计算机	马良兵
C1	计算机原理	计算机	李晓东

（g）$SC \bowtie TC$

SNum	CNum	GRADE	CNAME	CDEPT	TNAME
S3	C3	87	高等数学	通信	陈红
S1	C2	88	离散数学	计算机	刘伟
S4	C3	79	高等数学	通信	陈红
S9	C4	83	数据结构	计算机	马良兵

4. 除（Division）

给定关系$R(X,Y)$和$S(Y,Z)$，其中X、Y、Z为属性组。R中的Y与S中的Y可以有不同的属性名，但必须出自相同的域集。R与S的除运算得到一个新的关系$P(X)$，P是R中满足下列条件的元组在X的属性列上的投影，元组在X上分量值x的像集Y_x包含S在Y上投影的集合。记作：$R \div S=\{t_r[X]|t_r \in R \wedge \pi_y(S) \in Y_x\}$。
其中，Y_x为x在R中的像集，$x=t_r[X]$。除操作是同时从行和列角度进行运算。

【例2-8】表2-9（a）表示学生学习关系*SC*，表2-9（b）表示课程成绩条件关系*CG*，表2-9（c）表示满足课程成绩条件（离散数学为优和数据结构为优）的学生情况关系用（$SC \div CG$）表示。

表2-9　除操作举例

（a）学生学习关系 *SC*

SNAME	SEX	CNAME	CDEPT	GRADE
李志鸣	男	离散数学	通信	优
刘月莹	女	离散数学	计算机	良
吴康	男	离散数学	通信	优
王文晴	女	数据结构	计算机	优
吴康	男	高等数学	通信	良
王文晴	女	离散数学	计算机	优
刘月莹	女	数据结构	计算机	优
李志鸣	男	数据结构	通信	优
李志鸣	男	高等数学	通信	良

（b）课程成绩条件关系 *CG*

CNAME	GRADE
离散数学	优
数据结构	优

（c）$SC \div CG$

SNAME	SEX	CDEPT
李志鸣	男	通信
王文晴	女	计算机

2.3.3　关系代数表达式及其应用实例

在关系代数运算中，把五种基本代数运算经过有限次复合后形成的式子称为关系代数运算表达式（简称代数表达式）。这种表达式的运算结果仍是一个关系，可以用关系代数表达式表示所需要进行的各种数据库查询和更新处理的需求。

查询语句的关系代数表达式的一般形式为

$\pi \ldots(\sigma \ldots(R \times S))$

或者　　$\pi \ldots(\sigma \ldots(R \bowtie S))$

上面的式子表示：首先取得查询涉及的关系，再执行笛卡儿积或自然连接操作得到一张中间表格，然后对该中间表格执行水平分割（选择操作）和垂直分割（投影操作），当查询涉及否定或全部、包含值时，上述形式就不能表达了，就要用到差操作或除法操作。

【例2-9】设教学数据库EDCATION中有三个关系：

学生关系STUDENT(SNO, SNAME, AGE, SEX, SDEPT)

学习关系SC(SNO, CNO, GRADE)

课程关系COURSE(CNO, CNAME, CPNO, CDEPT, TNAME)

试用关系代数表达式表示下面每个查询语句。

① 查询信息系全体学生。

$\sigma_{SDEPT='信息'}(STUDENT)$ 或者 $\sigma_{5='信息'}(STUDENT)$

其中，5是SDEPT的属性序号。

② 查询年龄小于20岁的元组。

$\sigma_{AGE<20}(STUDENT)$ 或者 $\sigma_{3<20}(STUDENT)$

③ 查询学生关系STUDENT在学生姓名和所在系两个属性上的投影。

$\pi_{SNAME,SDEPT}(STUDENT)$ 或者 $\pi_{2,5}(STUDENT)$

④ 查询学生关系STUDENT中都有哪些系，即查询学生关系STUDENT在所在系属性上的投影。

$\pi_{SDEPT}(STUDENT)$

⑤ 检索计算机系全体学生的学号、姓名和性别。

$\pi_{SNO,SNAME,SEX}(\sigma_{SDEPT='计算机'}(STUDENT))$

该式表示先对关系S执行选择操作，然后执行投影操作。表达式中也可以不写属性名，而写属性的序号：

$\pi_{1,2,4}(\sigma_{5='计算机'}(STUDENT))$

⑥ 检索学习课程号为C2的学生学号与姓名。

$\pi_{SNO,SNAME}(\sigma_{CNO='C2'}(STUDENT \bowtie SC))$

这个查询涉及关系STUDENT和SC，因此先要对这两个关系进行自然连接操作，然后再对其执行选择和投影操作。

⑦ 检索选修课程名为'数据结构'的学生学号与姓名。

$\pi_{SNO,SNAME}(\sigma_{CNAME='数据结构'}(STUDENT \bowtie SC \bowtie COURSE))$

⑧ 检索选修课程号为C2或C4的学生学号。

$\pi_{SNO}(\sigma_{CNO='C2' \vee CNO='C4'}(SC))$

⑨ 检索至少选修课程号为C2和C4的学生学号。

$\pi_{SNO}(\sigma_{1=4 \wedge 2='C2' \wedge 5='C4'}(SC \times SC))$

这里$(SC \times SC)$表示关系SC自身相乘的笛卡儿积操作。这里的σ是对关系（$SC \times SC$）进行选择操作，其中的条件（1=4 ∧ 2='C2' ∧ 5='C4'）表示同一个学生，既选修了C2课程又选修了C4课程。

⑩ 检索不学C2课的学生姓名与年龄。

$\pi_{SNAME,AGE}(STUDENT) - \pi_{SNAME,AGE}(\sigma_{CNO='C2'}(STUDENT \bowtie SC))$

这里要用到集合差操作。先求出全体学生的姓名和年龄，再求出学了C2课的学生姓名和年龄，最后执行两个集合的差操作。

⑪ 检索学习全部课程的学生姓名。

编写这个查询语句的关系倒数表达式的过程如下：学生选课情况用操作$\pi_{SNO,CNO}(SC)$表示；全部课程用操作$\pi_{CNO}(COURSE)$表示；学了全部课程的学生学号用除法操作表示，操作结果是学号SNO集：($\pi_{SNO,CNO}(SC \div \pi_{CNO}(COURSE))$；从student求学生姓名SNAME，可以用自然连接和投影操作组合而成：

$\pi_{SNAME}(STUDENT \bowtie (\pi_{SNO,CNO}(SC \div \pi_{CNO}(COURSE)))$

⑫ 检索所学课程包含计算机系所开设的全部课程的学生学号。

学生选课情况用操作$\pi_{SNO,CNO}(SC)$表示；计算机系所开设的全部课程用操作$\pi_{CNO}(\sigma_{CDEPT='计算机'}(COURSE))$表示；所学课程包含计算机系所开设的全部课程的学生学号，可以用除法操作表示：

$\pi_{SNO,CNO}(SC) \div \pi_{CNO}(\sigma_{CDEPT='计算机'}(COURSE))$

⑬ 查询至少选修C2和C5课程的学生学号。

首先建立一个临时关系TEMP，如表2-10所示。

表 2-10 TEMP 关系

CNO
C2
C5

然后求：$\pi_{SNO,CNO}(SC) \div TEMP$。

求解过程与上题类似，先对SC关系在SNO和CNO属性上投影，然后对其中每个元组逐一求出每一学生的像集，并依次检查这些像集是否包含TEMP。

⑭ 查询至少选修了一门其直接先行课为C2课程的学生姓名。

$\pi_{SNAME}(\sigma_{CPNO='C2'}(COURSE) \bowtie SC) \bowtie \pi_{SNO,SNAME}(STUDENT))$

或者

$\pi_{SNAME}(\pi_{SNO}(\sigma_{CPNO='C2'}(COURSE) \bowtie SC) \bowtie \pi_{SNO,SNAME}(STUDENT))$

本节介绍了八种关系代数运算，这些运算经有限次复合后形成的式子称为关系代数表达方式。在八种关系代数运算中，并、差、笛卡儿积、投影和选择五种运算为基本运算。其他三种运算，即交、连接和除，均可以用五种基本运算来表达。引进它们并不增加语言的能力，但可以简化表达。

关系代数语言中比较典型的例子是查询语言ISBL（Information System Base Language）。ISBL由IBM United Kingdom研究中心研制，用于PRTV（Peterlee Relational Test Vehicle）实验系统。

*2.4 关系演算

关系演算运算是以数理逻辑中的谓词演算为基础。关系演算按所用到的变量不同可分为元组关系演算和域关系演算，前者以元组为变量，后者以域为变量，分别简称为元组演算和域演算。

2.4.1　元组关系演算

元组关系演算用表达式 $\{t|P(t)\}$ 表示。其中 t 是元组变量，表示一个定长的元组；P 是公式，由原子公式和运算符组合而成。

1. 原子公式的三种形式

① $R(s)$：其中 R 是关系名，S 是元组变量。$R(s)$ 表示这样一个命题：S 是关系 R 的一个元组。所以，关系 R 可表示为 $\{S|R(s)\}$。

② $S[i]\ \theta\ u[j]$：其中 S 和 u 是元组变量，θ 是算术比较运算符。$S[i]\ \theta\ u[j]$ 表示这样一个命题：元组 S 的第 i 个分量与元组 u 的第 j 个分量满足比较关系 θ。例如，$S[2]>u[1]$ 表示 S 的第二个分量必须大于元组 u 的第一个分量。

③ $S[i]\ \theta\ c$ 或 $c\ \theta\ u[j]$。S 和 u 是元组变量，c 是常量。$S[i]\ \theta\ c$ 或 $c\ \theta\ u[j]$ 表示元组 s(或 u)的第 i 个（或第 j 个）分量与常量 c 满足比较关系 θ。例如，$S[3]$='5' 表示 S 的第三个分量值为 5。

在定义关系演算操作时，要用到“自由”（Free）和“约束”（Bound）变量概念。在一个公式中，如果元组变量的前面没有用到存在量词∃或全称量词∀符号，则称为自由元组变量，否则称为约束元组变量。约束变量类似于程序设计语言中过程内部定义的局部变量，自由变量类似于过程外部定义的外部变量或全局变量。

2. 公式的递归定义

① 每个原子公式是一个公式，其中的元组变量是自由变量。

② 如果 P_1 和 P_2 是公式，则 $P_1 \wedge P_2$，$P_1 \vee P_2$，$\neg P_1$ 和 $P_1 => P_2$ 也是公式，分别表示如下命题：“P_1 和 P_2 同时为真”；“P_1 和 P_2 中的一个为真或同时为真”；“P_1 为假”；“若 P_1 为真，则 P_2 为真”。公式中的变量是自由的还是约束的，和在 P_1 和 P_2 中一样。

③ 如果 P 是公式，那么 $(\exists t)(P)$ 也是公式。所表示的命题为：存在一个元组 t 使得公式 P 为真。元组变量 t 在 P 中是自由的，在 $(\exists t)(P)$ 中是约束的。其他元组是自由的或约束的不发生变化。

④ 如果 P 是公式，则 $(\forall t)(P)$ 也是公式，所表示命题为：对于所有元组 t 使公式 P 为真。元组变量的自由约束性与③相同。

⑤ 在公式中，各种运算符的优先次序为：

- 算术比较运算符最高。
- 量词次之，其中∃高于∀。
- 逻辑运算符最低，且¬的优先级高于∧和∨的优先级。

加括号可以改变优先次序，括号中运算符优先，同一括号内的运算符仍遵循①、②、③的次序。

⑥ 元组关系演算公式只能由上述五种形式构成，其他公式都不是元组关系演算公式。

关系代数的所有操作均可以用元组关系演算表达式来表示，反之亦然。例如，用元组关系演算表示下列基本运算：

- 并 $R \cup S$：可用 $\{t \mid R(t) \vee S(t)\}$ 表示。

- 差$R-S$：可用$\{ t \mid R(t) \wedge \neg S(t)\}$表示。
- 笛卡儿积$R \times S$：可用$\{t|(\exists u)(\exists v)(R(u) \wedge S(v) \wedge t[1]=u[1] \wedge \cdots \wedge t[r]= u[r] \wedge t[r+1]=v[1] \wedge \cdots \wedge t[r+s]=v[s])\}$表示。此处假设$R$是$r$元，$S$是$s$元，$u$、$v$为元组变量。
- 选择：可用$\sigma_F(R)=\{t|R(t) \wedge F'\}$表示。其中$F$是公式。$F$用$t[i]$代替运算对象$i$得到的等价公式。

投影可用$\pi_{i_1,\cdots,i_m}(R)=\{ t(k) |(\exists u)(R(u) \wedge t[1]=u[i_1] \wedge \cdots \wedge t[m]=u[i_m])\}$。

【例2-10】用例2-9中的关系，检索学习课程号为C2的学生学号与姓名。

表达式写为：

$\{t_1t_2|(\exists u)(\exists v)(\text{STUDENT}(u) \wedge \text{SC}(v) \wedge v[2]='C2' \wedge u[1]=v[1] \wedge t_1=u_1 \wedge t_2=u_2)\}$

这里$u[1]=v[1]$是STUDENT和SC进行自然连接操作的条件，在公式中不可缺少，$t_1=u_1 \wedge t_2=u_2$为查找的结果即学生学号与姓名。

2.4.2 域关系演算

原子公式有下列两种形式：

① $R(t_1,\cdots,t_k)$：R是K元关系，每个t_i是域变量或常量。

② $X\theta Y$，其中X、Y是域变量或常量，但至少有一个是域变量，θ是算术比较运算符。

域关系演算的公式中也可使用∧、∨、¬和=>等逻辑运算符。也可用$\exists(X)$和$(\forall X)$形成新的公式，但变量X是域变量，不是元组变量。自由域变量、约束域变量等概念和元组演算中一样，不再重复。

【例2-11】用例2-9中的关系，检索学习课程号为C2的学生学号与姓名，域表达式为：

$\{t_1t_2|(\exists u_1)(\exists u_2)(\exists u_3)(\exists u_4)(\exists v_1)(\exists v_2)(\exists v_3)(\text{STUDENT}(u_1u_2u_3u_4) \wedge \text{SC}(v_1v_2v_3) \wedge v_2='C2' \wedge u_1=v_1 \wedge t_1=u_1 \wedge t_2=u_2)$

关系运算理论是关系数据库查询语言的理论基础，只有掌握了关系运算理论，才能深刻地理解查询语言本质并熟练使用查询语言。

2.4.3 关系运算的安全性和等价性

1. 关系运算的安全性

从关系代数操作的定义可以看出，任何一个有限关系上的关系代数操作结果都不会导致无限关系和无穷验证，所以关系代数系统总是安全的。然而，元组关系演算系统和域关系演算系统可能产生无限关系和无穷验证。例如，$\{t|\neg R(t)\}$表示所有不在关系R中的元组的集合，是一个无限关系。无限关系的演算需要具有无限存储容量的计算机；另外，若判断公式$(\forall u)(w(u))$的真和假，需要对所有元组u进行验证，即要求进行无限次验证，显然这是毫无意义的。因此，对元组关系演算要进行安全约束。安全约束是对关系演算表达式施加限制条件，对表达式中的变量取值规定一个范围，使之不产生无限关系和无穷次验证，这种表达式称为安全表达式。在关系演算中约定，运算只在表达式中所涉及的关系值范围内操作，这样就不会产生无限关系和无穷次验证问题，关系演算才是安全的。

2. 关系运算的等价性

并、差、笛卡儿积、投影和选择是关系代数最基本的操作，并构成了关系代数运算的最完备集。可以证明，在这个基础上，关系代数、安全的元组关系演算、安全的域关系演算在关系的表达和操作能力上是等价的。

关系运算主要有三种：关系代数、元组演算和域演算。关系查询语言的典型代表有ISBL、QUEL、QBE和SQL。

ISBL是IBM公司英格兰底特律科学中心在1976年研制出来的，用在一个实验系统 PRTV上。ISBL与关系代数非常接近，每个查询语句都近似于一个关系代数表达式。

QUEL（Query Language）是美国伯克利加州大学研制的关系数据库系统INGRES的查询语言，1975年投入运行，并由美国关系技术公司制成商品推向市场。QUEL是一种基于元组关系演算的并具有完整的数据定义、检索、更新等功能的数据语言。

QBE（Query By Example，按例查询）是一种特殊的屏幕编辑语言。QBE是M.M.Zloof提出的，在约克镇IBM高级研究室为图形显示终端用户设计的一种域演算语言，1978年在IBM 370上实现。QBE使用起来很方便，属于人机交互语言，用户可以是缺乏计算机知识和数学基础的非程序人员。现在，QBE的思想已渗入许多DBMS中。

SQL是介于关系代数和元组验算之间的一种关系查询语言，现已成为关系数据库的标准语言，将在第5章详细介绍。

2.5 查 询 优 化

2.5.1　关系代数表达式的优化问题

在关系代数表达式中需要指出若干关系的操作步骤。那么，系统应该以什么样的操作顺序才能做到既省时间，又省空间，而且效率也比较高呢？这个问题称为查询优化问题。

在关系代数运算中，笛卡儿积和连接运算是最费时间的。若关系R有m个元组，关系S有n个元组，那么$R\times S$就有$m\times n$个元组。当关系很大时，R和S本身就要占较大的外存空间，由于内存的容量是有限的，只能把R和S的一部分元组读进内存，如何有效地执行笛卡儿积操作，花费较小的时间和空间，就有一个查询优化的策略问题。

【例2-12】设关系R和S都是二元关系，属性名分别为A、B和C、D。设有一个查询可用关系代数表达式表示为

$E_1=\pi_A(\sigma_{B=C\wedge D='C2'}(R\times S))$

也可以把选择条件D='C2'移到笛卡儿积中的关系S前面，C_2为属性D的一个具体值，如下：

$E_2=\pi_A(\sigma_{B=C}(R\times\sigma_{D='C2'}(S))$

还可以把选择条件$B=C$与笛卡儿积结合成等值连接形式，如下：

$E_3=\pi_A(R\underset{B=C}{\bowtie}\sigma_{D='C2'}(S))$

这3个关系代数表达式是等价的，但执行的效率不大一样。显然，求E_1、E_2、E_3的大部分时间是花在连接操作上的。

对于E_1，先做笛卡儿积，把R的每个元组与S的每个元组连接起来。在外存储器中，每个关系以文件形式存储。设关系R和S的元组个数都是10 000，外存的每个物理存储块可存放5个元组，那么关系R有2 000块，S也有2 000块。而内存只给这个操作100块的内存空间。此时，执行笛卡儿积操作较好的方法是先让R的第一组99块数据装入内存，然后关系S逐块转入内存去做元组的连接；再把关系R的第二组99块数据装入内存，然后关系S逐块转入内存去做元组的连接……直到R的所有数据都完成连接。

这样关系R每块只进内存一次，装入块数是2 000；而关系S的每块需要进内存(2 000/99)次，装入内存的块数是(2 000/99)×2 000，因而执行$R \times S$的总装入块数是：2 000+(2 000/99)×2 000≈42 400（块），若每秒装入内存20块，则需要约35分钟，这里还没有考虑连接后产生的元组写入外存时间。

对于E_2和E_3，由于先做选择，所以速度快。设S中D='99'的元组只有几个，因此关系的每块只需要进内存一次，则关系R和S的总装入块数为4 000，约3分钟，相当于求E_1花费时间的1/10。

如果对关系R和S在属性B、C、D上建立索引，那么花费时间还要少得多。

这种差别的原因是计算E_1时S的每个元组进内存多次，而计算E_2和E_3时，S的每个元组只进内存一次。在计算E_3时把笛卡儿积和选择操作合并成等值连接操作。

从此例可以看出，如何安排选择、投影和连接的顺序是个很重要的问题。

2.5.2 关系代数表达式的等价变换规则

两个关系代数表达式等价是指用同样的关系实例代替两个表达式中相应关系时所得到的结果是一样的。也就是得到相同的属性集和相同的元组集，但元组中属性的顺序可能不一致。两个关系代数表达式E_1和E_2的等价写成E_1=E_2，涉及选择、连接和笛卡儿积的等价变换规则如下：

1. 连接和笛卡儿积的交换律

设E_1和E_2是关系代数表达式，F是连接的条件，那么下列式子成立（不考虑属性间顺序）。

$$E_1 \underset{F}{\bowtie} E_2 \equiv E_2 \underset{F}{\bowtie} E_1$$

$$E_1 \bowtie E_2 \equiv E_2 \bowtie E_1$$

$$E_1 \times E_2 \equiv E_2 \times E_1$$

2. 连接和笛卡儿积的结合律

设E_1、E_2和E_3是关系代数表达式，F_1和F_2是连接条件，F_1只涉及E_1和E_2的属性，F_2只涉及E_2和E_3的属性，那么下列式子成立。

$$(E_1 \underset{F_1}{\bowtie} E_2) \underset{F_2}{\bowtie} E_3 \equiv E_1 \underset{F_1}{\bowtie} E(E_2 \underset{F_2}{\bowtie} E_3)$$

$$(E_1 \bowtie E_2) \bowtie E_3 \equiv E_1 \bowtie (E_2 \bowtie E_3)$$

$$(E_1 \times E_2) \times E_3 \equiv E_1 \times (E_2 \times E_3)$$

3. 投影的串接

设L_1，$L_2, \cdots, L_n$为属性集，并且$L_1 \in L_2 \in \cdots \in L_n$，那么下式成立。

$$\pi_{L_1}(\pi_{L_2}(\cdots(\pi_{L_n}(E))\cdots)) \equiv \pi_{L_1}(E)$$

4. 选择的串接

$$\sigma_{F_1}(\sigma_{F_2}(E)) \equiv \sigma_{F_1 \wedge F_2}(E)$$

由于$F_1 \wedge F_2=F_2 \wedge F_1$，因此选择的交换律也成立。

$\sigma_{F_1}(\sigma_{F_2}(E)) \equiv \sigma_{F_2}(\sigma_{F_1}(E))$

5. 选择和投影操作的交换

$\pi_L(\sigma_F(E)) \equiv \sigma_F(\pi_L(E))$

这里要求F只涉及L中的属性，如果条件F还涉及不在L中的属性L_1，那么就有下式成立。

$\pi_L(\sigma_F(E)) \equiv \pi_L(\sigma_F(\pi_{L \cup L_1}(E)))$

6. 选择与笛卡儿积的分配律

$\sigma_F(E_1 \times E_2) \equiv \sigma_F(E_1) \times E_2$

这里要求F只涉及E_1中的属性。

如果F形为$F_1 \wedge F_2$，且F_1只涉及E_1的属性，F_2只涉及E_2的属性，那么使用规则4和规则6可得到下列式子：

$\sigma_F(E_1 \times E_2) \equiv \sigma_{F_1}(E_1) \times \sigma_{F_2}(E_2)$

此外，如果F形为$F_1 \wedge F_2$，且F_1只涉及E_1的属性，F_2涉及E_1和E_2的属性，可得到下列式子：

$\sigma_F(E_1 \times E_2) \equiv \sigma_{F_2}(\sigma_{F_1}(E_1) \times E_2)$

也就是把一部分选择条件放到笛卡儿积中关系的前面。

7. 选择与并的分配律

$\sigma_F(E_1 \cup E_2) \equiv \sigma_F(E_1) \cup \sigma_F(E_2)$

这里要求E_1和E_2具有相同的属性名，或者E_1和E_2表达的关系的属性有对应性。

8. 选择与集合差的分配律

$\sigma_F(E_1 - E_2) \equiv \sigma_F(E_1) - \sigma_F(E_2)$

9. 选择与自然连接的分配律

如果F只涉及E_1和E_2的公共属性，则选择对自然连接的分配律成立，即：

$\sigma_F(E_1 \infty E_2) \equiv \sigma_F(E_1) \infty \sigma_F(E_2)$

10. 投影与笛卡儿积的分配律

$\pi_{L_1 \cup L_2}(E_1 \times E_2) \equiv \pi_{L_1}(E_1) \times \pi_{L_2}(E_2)$

这里要求L_1是E_1中的属性集，L_2是E_2中的属性集。

11. 投影与并的分配律

$\pi_L(E_1 \cup E_2) \equiv \pi_L(E_1) \cup \pi_L(E_2)$

这里要求E_1和E_2的属性有对应性。

12. 选择与连接操作的结合

根据F连接的定义可得

$\sigma_F(E_1 \times E_2) \equiv E_1 \underset{F}{\bowtie} E_2$

13. 并和交的交换律

$E_1 \cup E_2 \equiv E_2 \cup E_1$

$E_1 \cap E_2 \equiv E_2 \cap E_1$

14. 并和交的结合律

$(E_1 \cup E_2) \cup E_3 \equiv E_1 \cap (E_2 \cup E_3)$

$(E_1 \cup E_2) \cap E_3 \equiv E_1 \cap (E_2 \cap E_3)$

2.5.3 优化的一般策略

优化策略主要考虑如何安排操作的顺序与关系的存储技术无关。经过优化后的表达式不一定是所有等价表达式中执行时间最少的，此处不讨论执行时间最少的“最优问题”，只介绍优化的一般技术，主要有以下一些策略：

① 将选择操作尽可能提前执行。有选择运算的表达式，尽量提前执行选择操作，从而得到较小的中间结果，减少运算量和读外存块的次数。

② 把笛卡儿积和其后的选择操作合并成F连接运算。因为两个关系的笛卡儿积是一个元组数较大的关系（中间结果），而做了选择操作后，可能会获得很小的关系。两个操作一起做，可立即对每一个连接后的元组检查是否满足选择条件，决定其取舍，将会减少时间和空间的开销。

③ 将一连串的选择和投影操作合并进行，以免分开运算造成多次扫描文件，从而能节省操作时间。

因为选择和投影都是一元操作符，它们把关系中的元组看成是独立的单位，所以可以对每个元组连续做一串操作（顺序不能随意改动）。如果在一个二元运算后面跟着一串一元运算，也可以结合起来同时操作。

④ 找出公共子表达式，将该子表达式计算结果预先保存起来，以免重复计算。

⑤ 适当地对关系文件进行预处理。

关系以文件形式存储，根据实际需要对文件进行排序或建立索引文件，这样使两个关系在进行连接时，能很快有效地对应起来。但建立永久的排序或索引文件需要占据大量空间，可临时产生文件，这样只花费些时间，以节省空间。

⑥ 计算表达式前先估算，确定怎样计算。

例如，计算$R \times S$，应先查看一下R和S的物理块数，然后再决定哪个关系可以只进内存一次，而另一关系进内存多次，这样效率会更高。

【例2-13】对于例2-9中的关系代数表达式：

$\pi_{SNO,SNAME}(\sigma_{CNAME='数据结构'}(STUDENT \bowtie SC \bowtie COURSE))$

写出比较优化的关系代数表达式。

① 把σ操作移到关系C的前面，得到

$$\pi_{SNO,SNAME}(STUDENT \bowtie (SC \bowtie \sigma_{CNAME='数据结构'}(COURSE)) \tag{2-1}$$

② 在每个操作后，应做个投影操作，挑选后面操作中需要的属性。例如，$\sigma_{CNAME='数据结构'}(COURSE)$后应加个投影操作，以减少中间数据量。

$\pi_{CNO}(\sigma_{CNAME='数据结构'}(COURSE))$

这样，式（2-1）可写成下列形式：

$$\pi_{SNO,SNAME}(STUDENT \infty \pi_{SNO}(SC \infty \pi_{CNO}(\sigma_{CNAME='数据结构'}(COURSE)))) \tag{2-2}$$

③ 在（式2-2）中，由于关系S和关系SC直接参与连接操作，因此应先做个投影操作，去掉不用的属性值，得到下式：

$\pi_{SNO,SNAME}(\pi_{SNO,SNAME}(STUDENT) \bowtie \pi_{SNO}(\pi_{SNO,CNO}(SC) \bowtie \pi_{CNO}(\sigma_{CNAME='数据结构'}(COURSE))))$

这是一个比较优化的关系代数表达式，系统执行起来时间和空间开销较小。

2.5.4　优化算法

关系代数表达式的优化是由DBMS的DML编译器完成的。对一个关系代数表达式进行语法分析，可以得到一棵语法树，叶子是关系，非叶子结点是关系代数操作。利用前面的等价变换规则和优化策略来对关系代数表达式进行优化。

算法：关系代数表达式的优化。

输入：一个关系代数表达式的语法树。

输出：计算表达式的一个优化序列。

方法：依次执行下面每一步。

① 使用等价变换规则4把每个形为$\sigma_{F_1,\cdots,F_n}(E)$的子表达式转换成选择串形式，如下：

$\sigma_{F_1}(\cdots\sigma_{F_n}(E))$

② 对每个选择操作，使用规则4～9，尽可能把选择操作移近树的叶端点。

③ 对每个投影操作，使用规则3、5、10和11，尽可能把投影操作移近树的叶端。规则3可能使某些投影操作消失，而规则5可能会把一个投影分成两个投影操作，其中一个将靠近叶端。如果一个投影是针对被投影的表达式的全部属性，则可消去该投影操作。

④ 使用规则3～5，把选择和投影合并成单个选择、单个投影或一个选择后跟一个投影。使多个选择、投影能同时执行或在一次扫描中同时完成。

⑤ 将上述步骤得到的语法树的内结点分组。每个二元运算（×、∪、－）结点与其直接祖先（不超过别的二元运算结点）的一元运算结点（σ 或 π）分为一组。如果它的子孙结点一直到叶都是一元运算符（σ 或 π），则也并入该组。但是，如果二元运算是笛卡儿积，而且后面不是与它组合成等值连接的选择时，则不能选择与这个二元运算组成同一组。

⑥ 生成一个程序，每一组结点的计算是程序中的一步，各步的顺序是任意的，只要保证任何一组不会在它的子孙之间计算。

【例2-14】考虑关系数据库如下：

学生关系S(SNO,SNAME,AGE,SEX,SDEPT)

学习关系SC(SNO,CNO,GRADE)

课程关系C(CNO,CNAME,CDEPT,TNAME)

检索学LIT老师课程的“女”学生的学号和姓名，该查询语句的关系代数表达式为

$\pi_{SNO,SNAME}(\sigma_{TNAME='LIT' \wedge SEX='女'}(SC \bowtie C \bowtie S)$

对于上述式子中的⋈符号用 π 、σ 、× 操作表示，可得下式：

$\pi_{SNO,SNAME}(\sigma_{TNAME='LIT' \wedge SEX='女'}(\pi_L(\sigma_{SC.CNO=C.CNO \wedge SC.SNO=S.SNO}(SC \times C \times S))))$

此处L是SNO、SNAME、AGE、SEX、SDEPT、CNO、CNAME、CDEPT、TNAME、GRADE。该表达式构成的语法树如图2-4所示，下面使用优化算法对语法树进行优化。

① 将每个选择运算分裂成两个选择运算，共得到四个选择操作。

$\sigma_{TNAME='LIT'}$

$\sigma_{SEX='女'}$

$\sigma_{SC.CNO=C.CNO}$

$\sigma_{SC.SNO=S.SNO}$

② 使用等价变换规则4～8把四个选择运算尽量向树的叶端靠拢。据规则4和5可以把 $\sigma_{TNAME='LIT'}$ 和 $\sigma_{SEX='女'}$ 移到投影和另两个选择操作下面，直接放在笛卡儿积外面得到子表达式：

$$\sigma_{SEX='女'}(\sigma_{TNAME='LIT'}(SC \times C) \times S)$$

其中，内层选择仅涉及关系C，外层选择仅涉及关系S，所以上式又可变换成：

$$\sigma_{TNAME='LIT'}(SC \times C) \times \sigma_{SEX='女'}(S)$$

即 $(SC \times \sigma_{TNAME='LIT'}(C)) \times \sigma_{SEX='女'}(S)$

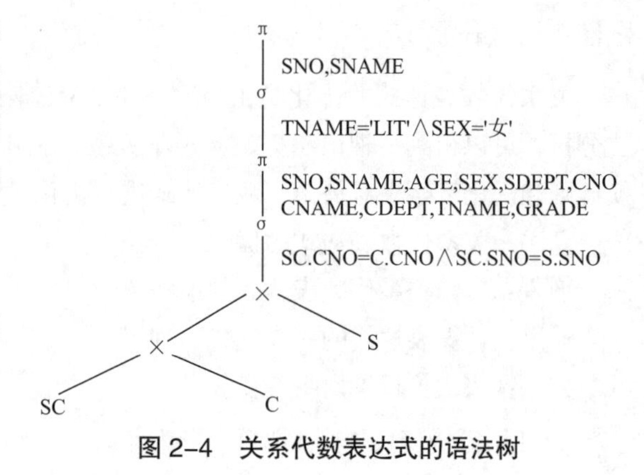

图 2-4　关系代数表达式的语法树

$\sigma_{SC.SNO=S.SNO}$不能再往叶端移动了，因为它的属性涉及两个关系SC和S，但 $\sigma_{SC.CNO=C.CNO}$还可向下移，与笛卡儿积交换位置。

然后根据规则3，再把两个投影合并成一个投影 $\pi_{SNO,SNAME}$。这样，原来的语法树（见图2-4）变成了如图2-5所示的形式。

③ 根据规则5，把投影和选择进行交换，在 σ 前面增加一个 π 操作，如图2-6所示。

用 $\pi_{SC.SNO,\ S.SNO,\ SNAME}$代替 $\pi_{SNO,\ SNAME}$ 和 $\sigma_{SC.SNO=S.SNO}$，再把 $\pi_{SC.SNO,\ S.SNO,\ SNAME}$分成 $\pi_{SC.SNO}$ 和 $\pi_{S.SNO\cdot SNAME}$，使它们分别对 $\sigma_{SC.SNO=S.SNO}(\ldots)$和 $\sigma_{SEX='女'}(\ldots)$做投影操作。再据规则5，将投影 $\pi_{SC.SNO}$和 $\pi_{S.SNO,\ SNAME}$分别与前面的选择运算形成两个串接运算，如图2-7所示。再把SC.SNO，SC.CNO，C.CNO往叶端移，形成如图2-8所示的语法树。

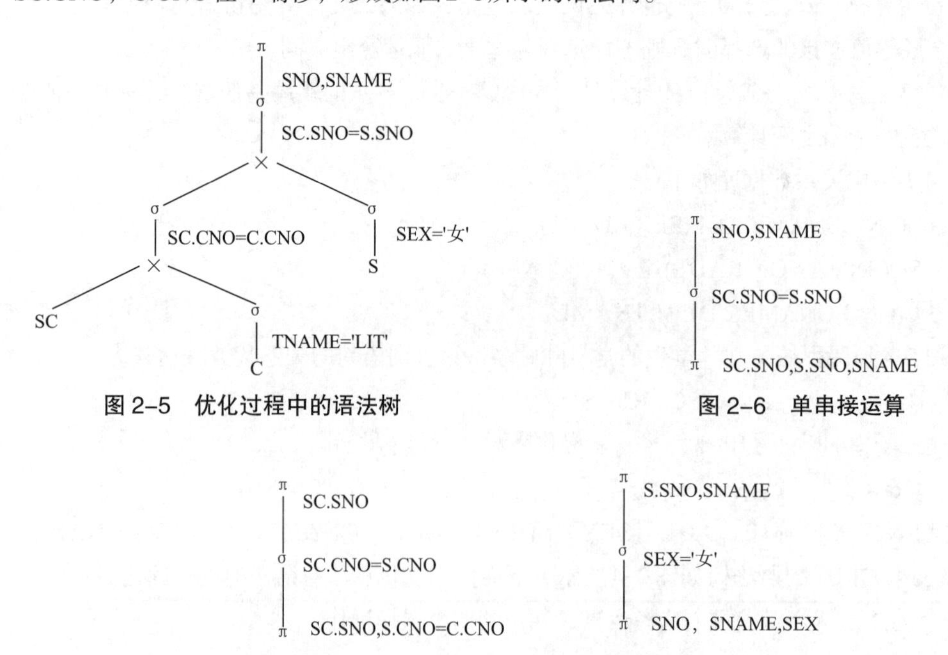

图 2-5　优化过程中的语法树

图 2-6　单串接运算

图 2-7　两个串接运算

④ 执行时从叶端依次向上进行，每组运算只对关系进行一次扫描。

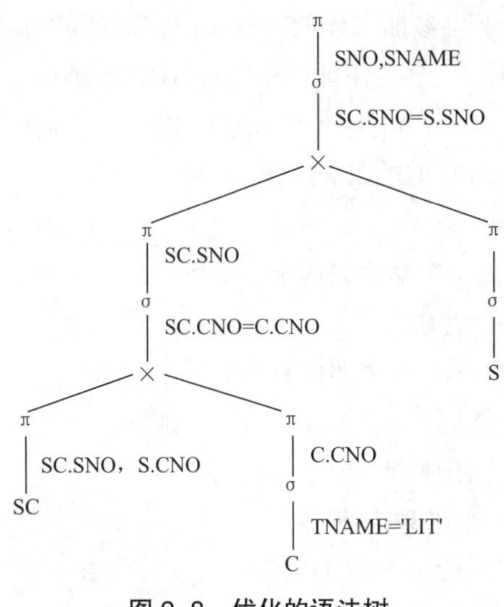

图 2–8　优化的语法树

2.6　函数依赖

2.6.1　问题的提出

前面介绍了数据模型和数据库的一般知识，但针对一个具体问题，应该如何构造一个适合于数据库的数据模式，即应该构造几个关系模式，每个关系由哪些属性组成等，就是关系数据库逻辑设计问题。

下面先讨论一下关系模式的定义，关系的描述称为关系模式。

首先，应该知道关系实质上是一张二维表，表的每一行为一个元组，每一列为一个属性。一个元组就是该关系所涉及的属性集的笛卡儿积的一个元素。关系是元组的集合，因此关系模式必须指出这个元组集合的结构，即它由哪些属性构成，这些属性来自哪些域，以及属性与域之间的映像关系。

其次，一个关系通常是由赋予它的元组语义来确定的。元组语义实质上是一组条件，凡使该条件组为真的元素的全体就构成了该关系模式的关系。

现实世界随着时间在不断地变化，因而在不同的时刻，关系模式的关系也会有所变化。但是，现实世界的许多事实限定了关系模式所有可能的关系必须满足一定的完整性约束条件。这些约束条件或者通过对域的限定，或者通过属性间的相互关联反映出来。关系模式应当刻画出这些完整性约束条件。

因此，一个关系模式应当是一个 5 元组，它可以形式化地表示为：R(U，D，dom，F)，其中 R 为关系名，U 为组成该关系的属性名集合，D 为属性组 U 中属性所来自的域，dom 为属性向域的映像集合，F 为属性间数据的依赖关系集合。

属性间数据的依赖关系普遍地存在于现实生活中，例如，学号只对应一个学生，学号值确定后，学生姓名也就唯一确定了，则称姓名函数依赖于学号，记为：学号→姓名。

建立一个数据库来描述学生参加团体的一些情况，面临的对象有：学生（用学号SNO描述）、系（用系名SDEPT描述）、学生住址（用地址ADDR描述）、团体（用团体名GROUP描述）、负责人（用LEAD描述）、入会时间（用DATE描述）。于是得到一组属性如下：

U={SNO,SDEPT, ADDR ,GROUP ,LEAD,DATE }

由现实世界中的事实可知：

① 一个系有多个学生，但一个学生只属于一个系。

② 一个系的学生只住一个地方。

③ 一个学生可参加多个团体，一个团体有多名学生参加。

④ 一个团体只有一个负责人，一个团体只有一个地址。

⑤ 每一个学生参加每一个团体有一个入会时间。

于是得到属性组U上的一组函数依赖：

F={SNO→SDEPT,SNO→ADDR,SDEPT→ADDR,GROUP→LEAD,(SNO,GROUP)→DATE}

则学生团体关系模式可表示为SG(U,D,dom,F)，U和F如上所示，D和dom对模式设计关系不大，暂不讨论。该关系模式的码为(SNO,GROUP)。

这个模式存在以下问题：

① 插入异常。根据实体完整性，主码的取值不能为空，就是说SNO和GROUP这两列不能没有属性值。如果一个团体刚成立还没有学生，就无法把该团体的地址和负责人的信息存入数据库。

② 删除异常。如果一个团体的学生全部毕业了，在删除该学生团体元组的同时，把该团体的地址和负责人的信息也丢掉了。

③ 数据冗余。一个团体有多少个学生，那么该团体的负责人的信息就会重复多少次。一个学生参加了几个团体，该学生的系名和住址就会重复几次。

④ 更新异常。由于数据冗余，在数据修改时会出现问题。例如，一个团体修改了地址，那么该团体的所有元组的地址都要修改，若有一个元组中的地址没有修改，就会产生错误的信息。

如果把这个单一的模式改造分解为四个模式。

S(SNO,SDEPT);

SD(SDEPT,ADDR);

SG(SNO,GROUP,DATE);

G(GROUP,LEAD);

则这四个模式都不会发生三种异常，数据冗余也得到了控制。由前面的讨论可知，同一个研究对象，不同人可能会设计出不同的数据模式，那么一个模式到底是否是一个好的模式，如何改造成为一个好的模式，就是关系规范化要解决的问题。

人们对关系规范化的认识是有一个过程的，在1970年发现了属性间的函数依赖关系，从而定义了与函数依赖有关的第一、第二、第三及BCNF范式。在1976—1978年间，Fagin等人发现多值依赖关系，从而定义了与多值依赖有关的第四范式。因此，范式的定义与函数依赖有着密切的关系。

2.6.2　函数依赖的定义

1. 函数依赖定义

设有关系模式$R(A_1,A_2,\cdots,A_N)$或简记为$R(U)$，X、Y是U的子集，r是R的任一具体关系，如果在当前值r的任意两个元组t_1、t_2中，若$t_1[X]= t_2[X]$，必然有$t_1[Y]=t_2[Y]$，则称X函数确定Y，或Y函数依赖于X，记为$X\rightarrow Y$。X称为决定因素，$X\rightarrow Y$为模式R的一个函数依赖。或者说，对于X的每一个具体值，都有Y唯一的具体值与之对应，即Y值由X值决定，因而这种数据依赖称为函数依赖。

需要强调的是函数依赖不是指关系模式R的某个或某些关系满足的约束条件，而是指R的一切关系均要满足的条件。不能只看到关系模式R的一个特定关系，就推断哪些函数依赖对R成立。

函数依赖是语义范畴的概念，只能根据语义来确定一个函数依赖。例如，“姓名→年龄”这个函数依赖成立的前提条件是姓名没有相同的。若姓名有同名的，则该函数依赖不成立。

2. 完全函数依赖和部分函数依赖定义

在$R(U)$中，如果Y函数依赖于X，但对于X的任何一个真子集X'，都有Y不函数依赖于X'，则称Y对X完全函数依赖，记为$X\rightarrow Y$。如果$X\rightarrow Y$，但Y不完全函数依赖于X，称Y对X部分函数依赖，记为$X\xrightarrow{p} Y$。

【例2-15】关系SG(SNO,SDEPT,GROUP,ADDR,LEAD,DATE)中，(SNO, GROUP)→DATE，学生参加团体的时间DATE要由学号SNO和组织名称GROUP同时确定；(SNO, GROUP) $\xrightarrow{p}$ LEAD，因为组织的领导者LEAD只由组织名称GROUP确定，不由学生学号SNO确定，所以LEAD部分依赖于(SNO,GROUP)。

3. 传递函数依赖定义

在$R(U)$中，如果$X\rightarrow Y$，Y不包含X，Y不函数决定X，$Y\rightarrow Z$，则称Z对X传递函数依赖。

【例2-16】关系SG(SNO,SDEPT,GROUP,ADDR,LEAD,DATE)中，SNO→SDEPT，SDEPT→ADDR，则ADDR对SNO这种函数依赖就是传递函数依赖。

2.6.3　码

1. 主码定义

设K为关系$R(U,F)$中的属性或属性组合，若$K\rightarrow U$，则K为R的候选码，若候选码有多个，则选定其中一个为主码。

包含在任意一个候选码中的属性，称为主属性；不包含在任意一个候选码中的属性，称为非主属性。若整个属性组是码，称为全码。

2. 外码定义

关系R中的属性或属性组X，并不是R的码，但X是另一关系模式的码，则称X是R的外部码，又称外码。

【例2-17】在关系SG(SNO,SDEPT,GROUP,ADDR,LEAD,DATE)中，(SNO,GROUP)是码，并且是主码，SNO和GROUP是主属性，其他属性都是非主属性。

【例2-18】关系模式SJP(S,J,P)中，S是学生，J是课程，P表示名次。每个学生选修每门课程的成绩有一定的名次，每门课程中的每一名次只有一个学生（没有并列名次）。由语义可得到下面的函数依赖：(S,J)→P；(J,P)→S；所以(S,J)和(J,P)都是候选码，S、J、P都是主属性。

【例2-19】关系模式STJ(S,T,J)中，S是学生，T是教师，J表示课程。每一教师只教一门课，每门课有多位教师来教，某一学生选定某门课，就对应一个固定的教师。由语义可得到下面的函数依赖：(S,J)→T；(S,T)→J；T→J；(S,J)和(S,T)都是候选码，S、T、J都是主属性。

2.7 关系的规范化

范式最早是由E.F.Codd提出来的，满足特定要求的模式称为范式（Normal Form，NF）。所谓第几范式，就是满足特定要求的模式的集合。若某关系模式R满足第一范式的要求，就称该关系为第一范式，记为$R \in$ 1NF；若某关系模式R满足第二范式的要求，就称该关系为第二范式，记为$R \in$ 2NF；依此类推。范式共有六个级别，从低到高依次是1NF、2NF、3NF、BCNF、4NF、5NF，各级范式之间的联系是5NF ⊂ 4NF ⊂ BCNF ⊂ 3NF ⊂ 2NF ⊂ 1NF，从中可以看出，若某关系模式R为第三范式，那么它一定是一个第二范式，但反之不然。

一个低一级范式的关系模式往往存在插入异常等缺点，通过模式分解可以将其转为若干个高一级范式的关系模式的集合，这种过程称为规范化。

2.7.1 第一范式

若关系模式R的所有属性的值都是不可再分解的，则称R属于第一范式。关系至少是第一范式。

第一范式是规范化的最低要求，要求数据表不能存在重复记录，即存在一个主码，主码是码的最小子集。每个字段对应的值都是不可分割的数据项。

【例2-20】关系SG(SNO,SDEPT,GROUP,ADDR,LEAD,DATE)，各字段含义（学号，系，社团，住址，社长，入社日期）中满足下列函数依赖：F={SNO→ SDEPT,SNO→ADDR,SDEPT→ADDR,GROUP→LEAD,(SNO,GROUP)→DATE}，(SNO,GROUP)为码。

【例2-21】在学生选课库中，关系模式如下：

STUDENT(snum,sname,sex,sage,deptnum,deptname,cnum,cname,credit,grade)

各字段含义（学号，姓名，性别，系号，系名，课程号，课程名，学分，成绩）

根据语义得出该关系模式满足下列函数依赖：

F={snum→sname, snum→sex, snum→sage, snum→deptnum,deptnum→deptname, cnum→cname, cnum→credit, (snum, cnum)→grade}，根据函数依赖推出该关系的码为(snum,cnum)。

上述两例关系模式中的每一个属性对应的都是简单值，符合第一范式定义，都是第一范式。

如表2-11和表2-12所示，试分析R1表和R2表是不是第一范式。

表 2-11　R1 表

学号	姓名	英语	数学	数据库
09000001	李明	69	68	86
09000002	张三	78	80	73
10000008	王五	85	63	70

表 2-12　R2 表

学号	姓名	成绩		
		英语	数学	数据库
09000001	李明	69	68	86
09000002	张三	78	80	73
10000008	王五	85	63	70

2.7.2　第二范式

若关系模式*R*是第一范式，且*R*中的每一个非主属性完全函数依赖于*R*的某个候选码，则称*R*是属于第二范式。

【例2-22】在例2-20关系SG中(SNO,GROUP)是码，所以SNO和GROUP是主属性，其他属性都是非主属性。由于存在非主属性LEAD对码(SNO, GROUP)的部分函数依赖，所以SG不是第二范式，只是第一范式。前面已经指出它存在的几种异常，为了取消几种异常，要对其进行规范化。

具体做法是：将码和完全函数依赖于码的非主属性放入一个关系中，将其他非主属性和它所依赖的主属性放入另外一个关系中。

本例中的完全函数依赖于码的非主属性只有DATE，将其与码放入一个关系中；非主属性SDEPT和ADDR函数依赖于主属性SNO，应把这三个属性放入一个关系中；非主属性LEAD函数依赖于主属性GROUP，应把这两个属性放入一个关系中。

关系SG分解为：

SG(SNO,GROUP,DATE)

S(SNO,SDEPT,ADDR)

G(GROUP,LEAD)

【例2-23】分析例2-21中的STUDENT关系模式得知，(snum,cnum)为主属性，其他属性为非主属性。在这些非主属性中只有grade是完全依赖于(snum,cnum)，其他非主属性存在着对码的部分依赖。例如，由码的特性得知，(snum,cnum)→sname，由STUDENT的函数依赖集得知snum→sname，由此可知sname对码(snum,cnum)是部分依赖，所以STUDENT关系模式不是2NF。

将关系STUDENT分解为三个关系。

STUDENT1(snum,sname,sex,sage,deptnum,deptname)

COURSE (cnum,cname,credit)

SC(snum,cnum,grade)

在分解后的每个关系中，非主属性对码是完全函数依赖，所以都是2NF。

2.7.3 第三范式

若关系模式R是第二范式，且R中的每一个非主属性都不传递函数依赖于R的某个候选码，则称R属于第三范式。

【例2-24】在例2-22分解关系S (SNO,SDEPT,ADDR)中，F={SNO→SDEPT，SNO→ADDR，SDEPT→ADDR}，SNO是码，由于存在非主属性ADDR对码SNO的传递函数依赖，所以S不是第三范式，只是第二范式，它仍然存在数据冗余。一个系有多少学生参加了团体，该系学生的住址就会重复多少次，仍需要对其进行规范化。

具体做法是：若关系R中存在$X \to Y$且$Y \to Z$，其中X是码，Y和Z是非主属性，可将其分解为$R_1(X,Y)$和$R_2(Y,Z)$。

本例中，把S分解为SS(SNO,SDEPT)和SA(SDEPT,ADDR)。

对于例2-23中的分解关系STUDENT1(snum,sname,sex,sage,deptnum,deptname)，学生可自己分析解决。

2.7.4 BCNF范式

BCNF是3NF的改进，其定义是：若关系模式R是第一范式，且R中的每一个决定因素都包含码，则称R属于BC范式。

【例2-25】在例2-18中的关系模式SJP(S,J,P)中，F={(S,J)→P,(J,P)→S }；所以(S,J)和(J,P)都是码，S、J、P都是主属性。由于SJP中的每一个决定因素都包含码，所以它是BC范式。

【例2-26】在例2-19的关系模式STJ(S,T,J)中，F={(S,J)→T,(S,T)→J,T→J}；(S,J)和(S,T)都是码，由于决定因素T不包含码，所以它不是BC范式，只是第三范式。它仍然存在插入异常等现象，仍需要对其进行规范化。

具体做法是：去掉主属性对码的传递依赖。将不是码的决定因素与它所决定的属性取出来放到一个关系中，原关系中去掉这个决定因素。

关系模式STJ(S,T,J)可分解为TJ(T,J)和SJ(S,J)。

注意：这种分解不是唯一的，要使分解有意义，原则是分解后新的关系不能丢失原关系中的信息，即分解后形成的关系集与原关系集等价，保持函数依赖性。在属性函数依赖范围内，上述规范化方法都能解决。

随着属性间约束概念的扩充，如多值依赖和连接依赖，关系模式的设计可遵循第四和第五范式。由于一般的情况下，1NF和2NF的关系会有操作异常，关系数据库通常使用3NF以上的关系。但不是范式越高越好，例如，如果应用对象重点是查询操作，很少做插入、更新、删除操作时，可采用较低的范式提高查询速度，因为关系的规范化程度越高，表的连接运算也越多，势必会影响数据库的执行速度。实际设计中，需要综合各种因素，权衡利弊，最后构造出一个比较合适的数据库模式。一个完全规范化的数据库不一定是性能效益最好的。常用的规范化主要是上述四种，第四和第五范式在本书中不再进行讨论。

2.7.5 模式分解

要想设计好的关系，就要将一个较低的关系进行规范化，关系规范化过程实质是对关系不断分解的过程，通过分解使关系逐步达到较高范式。范式分解的方案不是唯一的，应遵循下列基本原则：

① 分解必须是无损的。利用关系投影运算分解，每次分解都要使范式由低一级向高一级范式变换，但分解后必须仍能表达原来的语义（即围绕函数依赖进行），也就是说能通过自然连接恢复原来关系的信息。

② 分解后的关系必须是相互独立的。分解后的关系集合中，不会因为对一个关系的内容修改波及分解出的其他关系的内容。

关系规范化理论是关系数据库设计的理论依据，其基本要点如下：

1. 规范化的过程

规范化的过程可以按照图 2-9 进行。

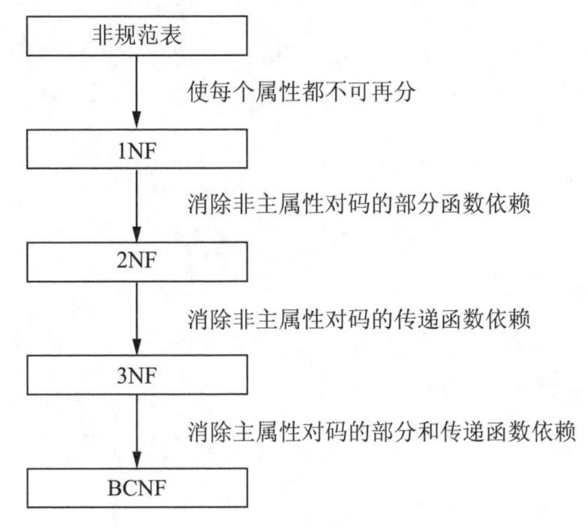

图 2-9 规范化的过程

2. 规范化的过程要注意的问题

① 确定关系中的主属性和非主属性。

② 确定关系中的候选码。

③ 确定关系中的主码。

④ 找出属性间的函数依赖。

⑤ 根据实际应用，确定规范到第几范式。

⑥ 分解必须是无损的，不能丢失信息。

⑦ 分解后的关系必须是独立的。

【例 2-27】设有关系模式 $R(X,Y,Z)$，$F=(X\rightarrow Y,Y\rightarrow Z)$，在关系模式 R 中存在有 Z 对 X 的传递依赖，所以 $R\in$ 2NF。

将 R 分解为 R_1 和 R_2 两个模式，但如果将 R_1 和 R_2 连接起来，结果不等于 R，比原来多了两个元组。

①“有损连接”分解：

关系 R

X	Y	Z
A_1	C_2	B_1
A_2	C_4	B_2
A_3	C_6	B_3
A_4	C_4	B_4

分解 ⇒

R_1

X	Y
A_1	C_2
A_2	C_4
A_3	C_6
A_4	C_4

+

R_2

Y	Z
C_2	B_1
C_4	B_2
C_6	B_3
C_4	B_4

连接 ⇒

$R_1 \bowtie R_2$

X	Y	Z
A_1	C_2	B_1
A_2	C_4	B_2
A_3	C_6	B_3
A_4	C_4	B_4
A_2	C_4	B_4
A_4	C_4	B_2

将R分解为R_3和R_4两个模式，将R_3和R_4连接起来，重新得到R值。

②“无损连接”分解：

关系 R

X	Y	Z
A_1	C_2	B_1
A_2	C_4	B_2
A_3	C_6	B_3
A_4	C_4	B_2

分解 ⇒

R_3

X	Y
A_1	C_2
A_2	C_4
A_3	C_6
A_4	C_4

+

R_4

Y	Z
C_2	B_1
C_4	B_2
C_6	B_3

连接 ⇒

$R_1 \bowtie R_2$

X	Y	Z
A_1	C_2	B_1
A_2	C_4	B_2
A_3	C_6	B_3
A_4	C_4	B_2

小　　结

掌握关系运算理论，是学好SQL的基础，而范式定理又是设计数据库的理论依据，这是学习数据库技术时不可缺少的两个组成部分。本章介绍了关系数据库的结构，归纳了关系代数的八种运算模式，并以实际案例说明各种运算方法及优化策略，最后着重介绍了函数依赖和范式定理，以此来引导构建数据库的理论模型。

本章重点：函数依赖和范式定理，要求掌握部分完全函数依赖、部分函数依赖、传递函数依赖的定义，以及范式1NF、2NF、3NF、BCNF的定义与区别。

思考与练习

1. 给出下列术语的定义,并加以理解。

函数依赖、完全函数依赖、传递函数依赖、候选码、主码、全码、1NF、2NF、3NF、BCNF。

2. 关系查询语言分为哪两大类？二者有何区别？

3. 简述关系模型的完整性规则。

4. 关系代数的基本运算有哪些？

5. 在关系模式选课(学号,课程号,成绩)中，“学号→课程号”正确吗？为什么？

6. 下面的结论哪些是正确的？哪些是错误的？对于错误的请给出一个反例说明。

(1) 任何一个二目关系是属于3NF的。

(2) 任何一个二目关系是属于BCNF的。

(3) 当且仅当函数依赖$A \rightarrow B$在R上成立时，关系$R(A,B,C)$等于投影$R_1(A,B)$和$R_2(A,C)$的连接。

（4）若 $R.A \to R.B$，$R.B \to R.C$，则 $R.A \to R.C$。

（5）若 $R.A \to R.B$，$R.A \to R.C$，则 $R.A \to R.(B,C)$。

（6）若 $R.B \to R.A$，$R.C \to R.A$，则 $R.(B,C) \to R.A$。

（7）若 $R.(B,C) \to R.A$，则 $R.B \to R.A, R.C \to R.A$。

7. 简述查询优化的一般步骤。

8. 请按要求分析下面关系模型属于第几范式，如果将其化为第三范式应该怎样分解？并指出各关系主码及可能存在的外码。

（1）图书(阅览证号,学号,姓名,性别,系部,书号,书名,作者,出版社,借书日期,还书日期)，请分析这属于第几范式，如果将其化为第三范式应该怎样分解？并指出各关系主码及可能存在的外码。

（2）医疗(患者编号,患者姓名,患者性别,医生编号,医生姓名,诊断日期,诊断结果,恢复情况,科室编号,科室名称)，请分析这属于第几范式，如果将其化为第三范式应该怎样分解？并指出各关系主码及可能存在的外码。

（3）仓库(管理员号,管理员姓名,性别,年龄,商品号,商品名,类别,购入日期,库存量,单位,数量,库房编号,库房名称,库房面积)，请分析这属于第几范式，如果将其化为第三范式应该怎样分解？并指出各关系主码及可能存在的外码。

9. 设有 3 个关系如下：

student(snum,sname,sex,age)

sc(snum,cnum,grade)

course(cnum,cname,ccredit,teacher)

分别用关系代数和关系演算的元组表达式表示下列查询。

（1）查询“李”老师所教授课程的课程号和课程名。

（2）查询学号为“2019001112”的学生的学习课程号、课程名、任课教师和成绩。

（3）查询至少选了两门课的学生姓名。

（4）查询选了“李明”老师所教授课程的学生姓名。

（5）查询女生选修课程的课程号、课程名和任课教师。

（6）查询选了全部课程的学生学号和姓名。

第3章 数据库设计

数据库设计是建立本课程领域的核心技术，也是信息系统开发和建设的关键环节。具体来说，数据库设计是指对于一个给定的应用环境，构造最优的数据库模式，建立数据库及其应用系统，使之能够有效地存储数据，满足各种用户的应用需求（信息要求和处理要求）。这个问题是数据库在应用领域的主要研究课题。在数据库领域内，常常把使用数据库的各类系统统称为数据库应用系统。本章主要以培训类学校学生信息管理系统为案例，详细介绍了数据库设计的步骤及各步骤之间的关系，从而指导学生以实际应用程序的角度来理解数据库设计的全过程并能够更深入地掌握数据库设计技术。

【案例分析】

下面以某培训类学校学生信息管理系统为例分析一下数据库的设计过程。该培训类学校主要涉及学生信息管理、学生选课、收费，以及一些维护处理等功能，如图3-1所示。

针对该软件各模块功能，应该如何来设计相应的数据库呢？下面按照数据库的设计步骤完成该软件系统的数据库设计。

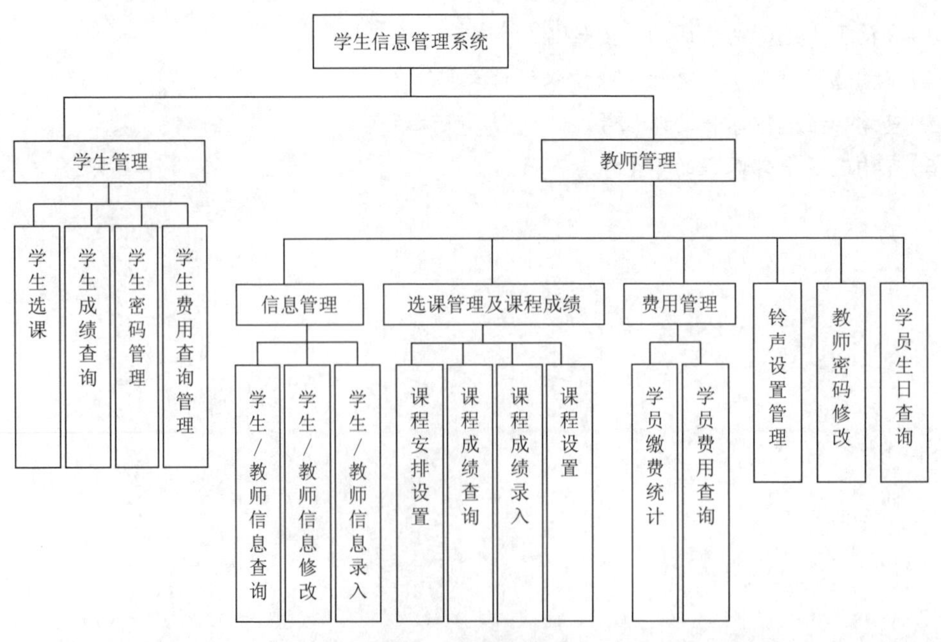

图3-1　系统总功能

3.1　数据库设计的基本步骤

数据库设计过程具有一定的规律和标准。在设计过程中，通常采用"分阶段法"，即"自顶向下，逐步求精"的设计原则。将数据库设计过程分解为若干相互依存的阶段称为步骤。每一阶段采用不同的技术、工具解决不同的问题，从而将一个大的问题局部化，减少局部问题对整体设计的影响及依赖，并利于多人合作。

目前数据库设计主要采用以逻辑数据库设计和物理数据库设计为核心的规范化设计方法。即将数据库设计分为：需求分析、概念结构设计、逻辑结构设计、数据库物理设计、数据库实施、数据库运行和维护六个阶段，如图3-2所示。

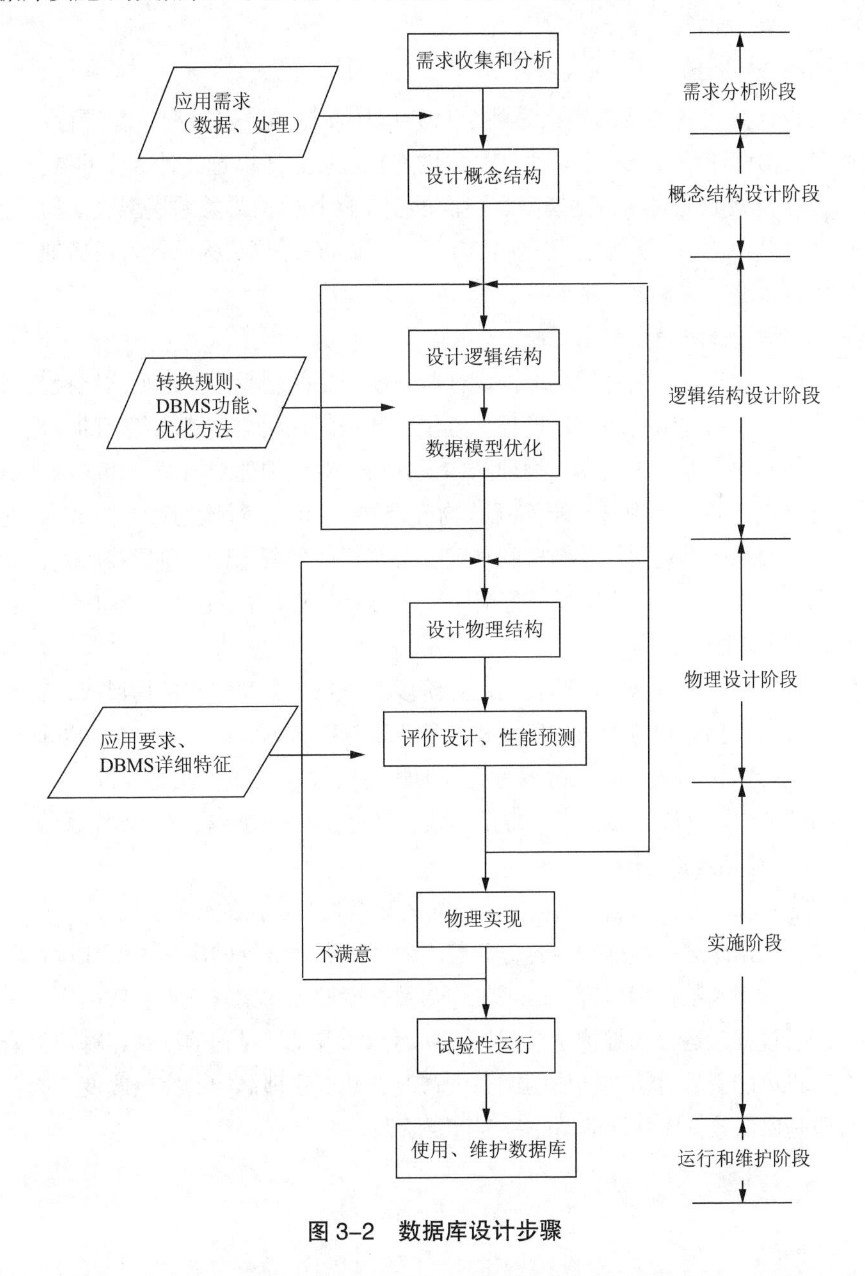

图 3-2　数据库设计步骤

1. 需求分析阶段

需求分析是对用户提出的各种要求加以分析，对各种原始数据加以综合、整理，是形成最终设计目标的首要阶段，也是整个数据库设计过程中最困难的阶段，是以后各阶段任务的基础。因此，对用户的各种需求及数据，能否做出准确无误、充分完备的分析，并在此基础上形成最终目标，是整个数据库设计成败的关键。

2. 概念结构设计阶段

概念结构设计是对用户需求进行进一步抽象、归纳，并形成独立于DBMS和有关软、硬件的概念数据模型的设计过程，这是对现实世界中具体数据的首次抽象，完成从现实世界到信息世界的转化过程。数据库的逻辑结构设计和物理结构设计，都是以概念设计阶段所形成的抽象结构为基础进行的。因此，概念结构设计是数据库设计的一个重要环节。数据库的概念结构通常用E-R模型等来刻画。

3. 逻辑结构设计阶段

逻辑结构设计是将概念结构转化为某个DBMS所支持的数据模型，并进行优化的设计过程。由于逻辑结构设计是一个基于具体DBMS的实现过程，所以选择什么样的数据模型尤为重要，其次是数据模型的优化。数据模型有层次模型、网状模型、关系模型、面向对象模型等，设计人员可选择其中之一，并结合具体的DBMS实现。在逻辑结构设计阶段后期的优化工作，已成为影响数据库设计质量的一项重要工作。

4. 数据库物理设计阶段

数据库物理设计阶段，是将逻辑结构设计阶段所产生的逻辑数据模型，转换为某种计算机系统所支持的数据库物理结构的实现过程。这里，数据库在相关存储设备上的存储结构和存取方法，称为数据库的物理结构。完成物理结构设计后，对该物理结构做出相应的性能评价，若评价结果符合原设计要求，则进一步实现该物理结构。否则，对该物理结构做出相应的修改。若属于最初设计问题所导致的物理结构的缺陷，必须返回到概念设计阶段修改其概念数据模型或重新建立概念数据模型，如此反复，直至评价结构最终满足原设计要求为止。

5. 数据库实施阶段

数据库实施阶段，即数据库调试、试运行阶段。一旦数据库物理结构形成，就可以用已选定的DBMS来定义、描述相应的数据库结构，装入数据库数据，以生成完整的数据库，编制有关应用程序，进行联机调试并转入试运行，同时进行时间、空间等性能分析，若不符合要求，则需要调整物理结构、修改应用程序，直至高效、稳定、正确地运行该数据库系统为止。

6. 数据库运行和维护阶段

数据库实施阶段结束，标志着数据库系统投入正常运行工作的开始。

严格地说，数据库运行和维护内容，随着人们对数据库设计的深刻了解和设计水平的不断提高，已经充分认识到数据库运行和维护工作与数据库设计的紧密联系。数据库是一种动态和不断完善的运行过程，运行和维护阶段开始，并不意味着设计过程的结束，哪怕只有任何轻微的结构改变，也可能引起对物理结构的调整、修改，甚至物理结构的完全改变，因此数据库运行和维护阶段是保证数据库日常活动的一个重要阶段。

3.2 需求分析

需求分析是数据库设计的第一阶段，明确地把它作为数据库设计的第一步十分重要，这一阶段收集到的基础数据和一组数据流图（Data Flow Diagram，DFD）是下一步设计概念结构的基础。

需求分析

3.2.1 需求描述与分析

原始数据库由于比较简单、数据量小，所以设计人员主要将重点放到对数据库物理参数（如物理块大小、访问方法）的优化上。这种情况下，设计一个数据库所需要的信息常由一些简单的统计数据组成（如使用频率、数据量等）。目前，数据库应用越来越普及，而且结构也越来越复杂，整个企业可以在同一个数据库上运行。此时，为了支持所有用户的运行，数据库设计就变得异常复杂。如果没有对信息进行充分的事先分析，这种设计将很难取得成功。因此，需求分析工作就被置于数据库设计过程的前沿。

从数据库设计的角度考虑，要求分析阶段的目标是：对现实世界要处理的对象（组织、部门、企业等）进行全面、详细的调查，确定企业组织的目标，收集支持系统总的设计目标的基础数据和对这些数据的要求，确定用户的需求，确定新系统功能，并把这些要求写成用户和数据库设计者都能够接受的文档。

在需求分析阶段应该对系统的整个应用情况做详细的调查，需求分析中调查分析的方法很多，通常的办法是对不同层次的企业管理人员进行个人访问，内容包括业务处理和企业组织中的各个数据。访问的结果应该包括数据的流程、过程之间的接口，以及访问者和职员两方面对流程和接口语义上的核对说明和结论。某些特殊的目标和数据库的要求，应该从企业组织中的最高层机构得到。

需求分析阶段必须强调用户的参与，本阶段一个重要而困难的任务是设计人员还应该了解系统将来要发生的变化，收集未来应用所涉及的数据，充分考虑系统可能的扩充和变动，使系统设计更符合未来发展的趋向，并且易于改动，以减少系统维护的代价。

3.2.2 需求分析分类

需求分析总体包括两类：信息需求和处理需求，如图 3-3 所示。

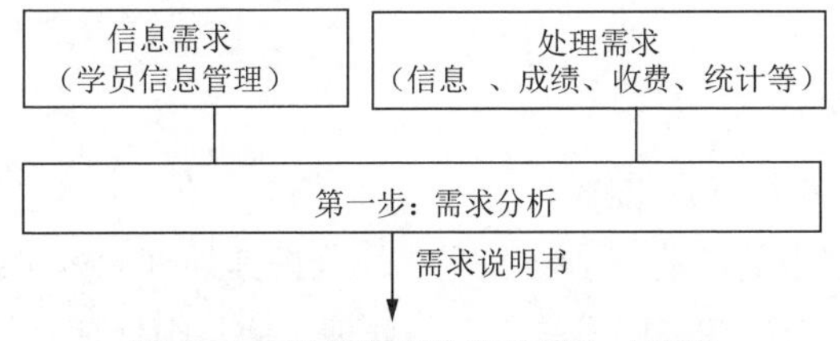

图 3-3　需求分析阶段的输入 / 输出

信息需求定义了未来系统用到的所有信息，描述了数据之间本质上和概念上的联系，描述了实体、属性、组合及联系的性质。

在“学生信息管理系统”开发过程中，首先要做的是要解决该系统所涉及的各类体、属性，以及它们之间的关系，诸如学生、教师、课程等关系。

处理需求中定义了未来系统数据处理的操作，描述了操作的优先次序、操作执行的频率和场合、操作与数据之间的联系。

在信息需求和处理需求定义说明的同时还应定义安全性和完整性约束。

这一阶段的输出是“需求说明书”，其主要内容是系统的数据流图和数据字典。需求说明书应是一份既切合实际，又具有远见的文档，是一个描述新系统的轮廓图。

3.2.3 需求分析的内容与方法

1.需求分析的内容

① 调查组织机构情况。包括了解该组织的部门组成情况、各部门的职责等，为分析信息流程做准备。

② 调查各部门的业务活动情况。包括了解各个部门输入和使用什么数据、如何加工处理这些数据、输出什么数据、输出到什么部门、输出结果的格式等，这是调查的重点。

③ 熟悉业务活动，并协助用户明确对新系统的各种要求，包括信息要求、处理要求、安全性与完整性要求，这是调查的另一重点。

④ 确定新系统的边界。对前面的调查结果进行初步分析，确定哪些功能由计算机完成，哪些功能由人工完成。由计算机完成的功能就是新系统应完成的功能。

2.需求分析的方法

需求分析的方法有多种，下面归纳了六种主要方法。

① 跟班作业。

② 开调查会。

③ 请专人介绍。

④ 找人询问。

⑤ 设计调查表请用户填写。

⑥ 查阅记录。

在本案例中，首先做的是去一所相关的学校做实地调查，咨询校长、教师、学生的一些实际情况，并对学生的场地、上课时间、课程设置、费用等做详尽调查，并依此做好记录，供下一阶段分析使用。

3.2.4 需求分析的步骤

1.分析用户活动，产生用户活动图

这一步主要了解用户当前的业务活动和职能，分析其处理流程（即业务流程）。如果一个业务流程比较复杂，就要把处理分解成若干个子处理，使每个处理功能明确、界面清楚，分析之后画出用户活动图（即用户的业务流程图）。

2.确定系统范围，产生系统范围图

这一步是确定系统的边界。在和用户经过充分讨论的基础上，确定计算机所能进行数据处理的范围，确定哪些工作由人工完成，哪些工作由计算机系统完成，即确定人机界面。

3. 分析用户活动所涉及的数据，产生数据流图

在这一过程中，要深入分析用户的业务处理过程，以数据流图形式表示出数据的流向和对数据所进行的加工。

数据流图（Data Flow Diagram，DFD）是从“数据”和“对数据的加工”两方面表达数据处理系统工作过程的一种图形表达法，具有直观、易于被用户和软件人员双方都能理解的一种表达系统功能的描述方式。

DFD有四个基本成分：数据流（用箭头表示），加工或处理（用圆圈表示），文件（用双线段表示）和外部实体（数据流的源点或终点，用方框表示）。图3-4所示为一个简单的DFD。

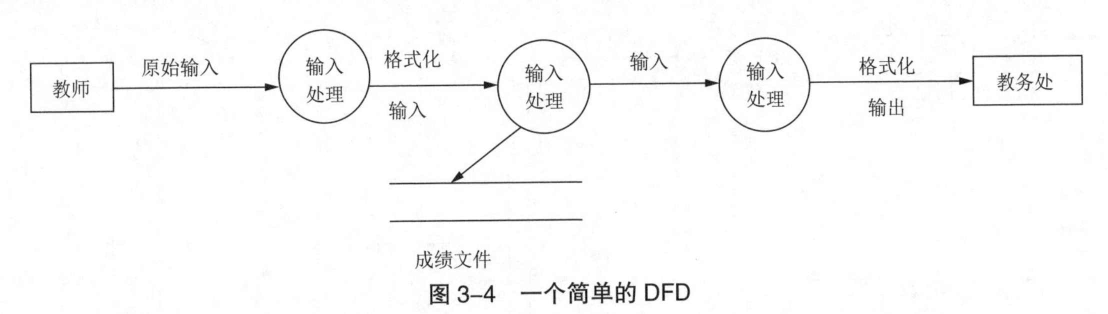

图 3-4　一个简单的 DFD

在众多分析和表达用户需求的方法中，自顶向下逐步细化是一种简单实用的方法。为了将系统的复杂度降低到人们可以掌握的程度，通常把大问题分割成若干小问题，然后分别进行解决，这就是“分解”。分解也可以分层进行，既先考虑问题最本质的属性，暂时把细节略去，以后再逐层添加细节，直到涉及最详细的内容，称为“抽象”。

DFD可作为自顶向下逐步细化时描述对象的工具。顶层的每一个圆圈（加工处理）都可以进一步细化为第二层；第二层的每一个圆圈都可以进一步细化为第三层……直到底层的每一个圆圈已表示一个最基本的处理动作为止。DFD可以形象地表示数据流与各业务活动的关系，它是需求分析的工具和分析结果的描述手段。

图3-5所示为某学校学生课程管理子系统的数据流图。该子系统要处理的工作是学生根据开设课程提出选课送教务部门审批，对已批准的选课单进行上课安排，教师对学生上课情况进行考核，给予平时成绩和允许参加考试资格，对允许参加考试的学生根据考试情况给予考试成绩和总评成绩。

4. 分析系统数据，产生数据字典

仅仅有DFD并不能构成需求说明书，因为DFD只表示出系统由哪几部分组成和各部分之间的关系，并没有说明各个成分的含义。只有对每个成分都给出确切定义后，才能较完整地描述系统。

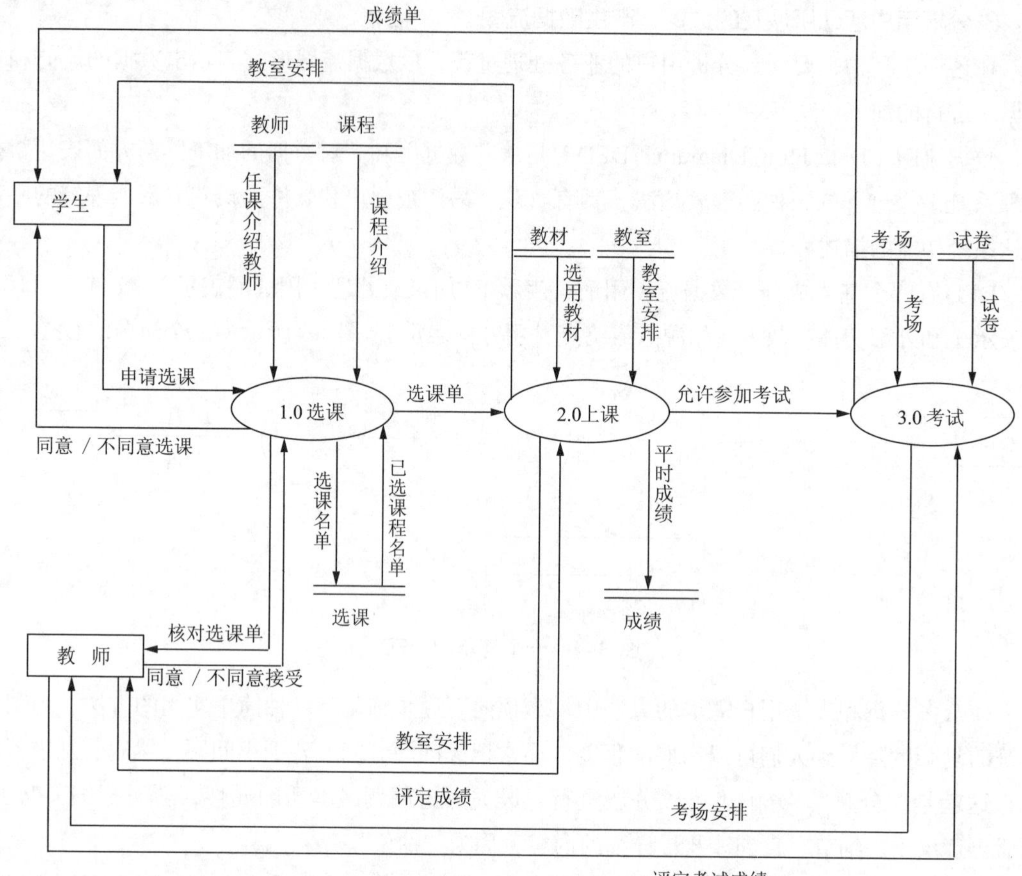

图 3-5 某学校学生课程管理子系统的数据流图

3.2.5 数据字典

数据字典提供对数据库描述的集中管理，它的功能是存储和检索各种数据描述（称为元数据），如叙述性的数据定义等，并且为DBA提供有关的报告。对数据库设计来说，数据字典是进行详细的数据收集和数据分析所获得的主要成果，因此在数据库设计中占有很重要的地位。

数据字典中通常包括数据项、数据结构、数据流、数据存储和处理过程五部分。其中，数据项是数据的最小组成单位，若干个数据项可以组成一个数据结构，数据字典通过对数据项和数据结构的定义来描述数据流及数据存储的逻辑内容。

1. 数据项

数据项是数据的最小单位，对数据项的描述，通常包括数据项名、含义、别名、类型、长度、取值范围，以及其他数据项的逻辑关系等。

【例3-1】在图3-6中有一个数据流选课单，每张选课单有一个数据项为选课单号。在数据字典中可对此数据项做如下描述。

数据项名：选课单号
说　　明：标识每张选课单
类　　型：CHAR(8)
长　　度：8
别　　名：选课单号
取值范围：00000001 ~ 99999999

图 3-6 一个数据流选课单

2. 数据结构

数据结构反映了数据之间的组合关系。一个数据结构可以由若干个数据项组成，也可以由若干个数据结构组成，或由若干个数据项和数据结构混合而成。它包括数据结构名、含义及组成该数据结构的数据项名或数据结构名。

3. 数据流

数据流可以是数据项，也可以是数据结构，表示某一加工处理过程的输入或输出数据。对数据流的描述应包括数据流名、说明、流出的加工名、流入的加工名，以及组成该数据流的数据结构或数据项。

【例 3-2】在图 3-7 中“考场安排”是一个数据流，在数据字典中可对考场安排描述如下。

数据流名：考场安排
说　　明：由各课程所选学生数，选定教室、时间，确定考试安排
来　　源：考试
去　　向：教师
数据结构：考场安排
　　　　　——考试课程
　　　　　——考试时间
　　　　　——教学楼
　　　　　——教室编号

图 3-7 考场安排数据流

【例 3-3】在图 3-8 中描述了数据流“考试课程”的细节，在数据字典中，对于数据结构“考试课程”还有详细说明。

数据结构名：考试课程
说　　明：作为考试安排的组成部分，说明某门课程哪位老师代，以及所选学生人数
组　　成：课程号、教师号
选课人数

图 3-8 考试课程的详细说明

4. 数据存储

数据存储是处理过程中要存储的数据，可以是手工凭证、手工文档或计算机文档。对数据存储的描述应包括：数据存储名、说明、输入数据流、输出数据流、数据量（每次存取多少数据）、存取频率（单位时间内存取次数）和存取方法（是批处理，还是联机处理；是检索，还是更新；是顺序存取，还是随机存取）等。

【例 3-4】图 3-9 中课程是个数据存储，在数据字典中可对其进行描述。

数据存储名：课程
说　　明：对每门课程的名称、学分、先行课程号和摘要的描述
输出数据流：课程介绍
数 据 描 述：课程号
　　　　　　课程名
　　　　　　学分数
　　　　　　先行课程号
　　　　　　摘要
数　　量：每年500种
存 取 方 式：随机存取

图 3-9　课程数据字典的描述信息

5.处理过程

对处理的描述包括加工过程名、说明、输入数据流、并简要说明处理工作、频度要求、数据量及响应时间等。

【例3-5】对图3-10中的“选课”，在数据字典中可对其进行描述。

处理过程：确定选课名单
说　　明：对要选某门课程的每一个学生，根据已选修课程确定其是否可选该课程。
　　　　　再根据学生选课的人数选择适当的教室，制定选课单
输　　入：学生选课
　　　　　可选课程
　　　　　已选课程
输　　出：选课单
程序提要：
　　　　　a.对所选课程在选课表中查找其是否已选此课程
　　　　　b.若未选过此课程，则在选课表中查找是否已选此课程的先行课程
　　　　　c.若a、b都满足，则在选课表中增加一条选课记录
　　　　　d.处理完全部学生的选课处理后，形成选课单

图 3-10　选课数据字典的描述信息

数据字典在需求分析阶段建立，并在数据库设计过程中不断改进、充实和完善。

3.3　概　念　设　计

概念设计的目标是产生反映企业组织信息需求的数据库概念结构，即概念模式。概念模式是独立于计算机硬件结构、独立于支持数据库的DBMS。

3.3.1　概念设计的必要性及要求

在进行数据库设计时，如果将现实世界中的客观对象直接转换为机器世界中的对象，就会感到非常不方便，注意力往往被转移到更多的细节限制方面，而不能集中在最重要的信息的组织结构和处理模式上。因此，通常将现实世界中的客观对象首先抽象为不依赖任何具体机器的信息结构，这种信息结构不是DBMS支持的数据模型，而是概念模型。然后，再把概念模型转换成具体机器

上DBMS支持的数据模型，设计概念模式的过程称为概念设计。

1. 将概念设计独立于数据库设计过程的优点

① 各阶段的任务相对单一化，设计复杂程度大大降低，便于组织管理。

② 不受特定的DBMS的限制，也独立于存储安排和效率方面的考虑，因而比逻辑模式更为稳定。

③ 概念模式不含具体的DBMS所附加的技术细节，更容易为用户所理解，因而才有可能准确地反映用户的信息需求。

2. 概念模型的要求

① 概念模型是对现实世界的抽象和概括，应真实、充分地反映现实世界中事物和事物之间的联系，有丰富的语义表达能力，能表达用户的各种需求，包括描述现实世界中各种对象及其复杂的联系、用户对数据对象的处理要求的手段。

② 概念模型应简洁、清晰、独立于机器、容易理解，方便数据库设计人员与应用人员交换意见，使用户能积极参与数据库的设计工作。

③ 概念模型应易于变动。当应用环境和应用要求改变时，容易对概念模型进行适当的修改和补充。

④ 概念模型应很容易向关系、层次或网状等各种数据模型转换，易于从概念模式导出与DBMS有关的逻辑模式。

选用何种模型完成概念结构设计任务，是进行概念数据库设计前应考虑的首要问题。用于概念设计的模型既要有足够的表达能力，使之可以表示各种类型的数据及其相互间的联系和语义，又要简明易懂，能够为非专业数据库设计人员所接受。这种模型有很多种，如20世纪70年代提出的E-R模型，以及后来提出的语义数据模型、函数数据模型等。其中，E-R模型提供了人们对数据模型描述既标准、规范，又具体、直观的构造手法，从而使得E-R模型成为应用最广泛的数据库概念结构设计工具。

3.3.2　概念设计的方法与步骤

1. 概念设计的方法

① 自顶向下方法。根据用户要求，先定义全局概念结构的框架，然后分层展开，逐步细化。

② 自底向上方法。根据用户的每一个具体需求，先定义各局部应用的概念结构，然后将它们集成，逐步抽象化，最终产生全局概念结构。

③ 逐步扩张方法。先定义最重要的核心概念结构，然后向外扩充以滚雪球的方式逐步生成其他概念结构，直至全局概念结构。

④ 混合方式方法。将自顶向下和自底向上相结合，先用自顶向下方式设计一个全局概念结构框架，再以它为基础，采用自底向上法集成各局部概念结构。

在需求分析的实现方法中，比较普遍的是采用自顶向下法描述数据的层次结构化联系。但在概念结构的设计过程中却截然相反，自底向上法是普遍采用的一种设计策略。因此，在对数据库的具体设计过程中，通常先采用自顶向下法进行需求分析，得到每一个集体的应用需求，然后反过来根据每一个子需求，采用自底向上法分步设计产生每一个局部的E-R模型，综合各局部E-R模型，逐层向上回到顶端，最终产生全局E-R模型。

2.概念设计的步骤

（1）进行数据抽象，设计局部概念模式

局部用户的信息需求，是构造全局概念模式的基础。因此，需要先从个别用户的需求出发，为每个用户建立一个相应的局部概念结构。在建立局部概念结构时，常常要对需求分析的结果进行细化、补充和修改，如有的数据项要分为若干子项，有的数据的定义要重新核实等。

（2）将局部概念模式综合成全局概念模式

综合各局部概念结构就可得到反映所有用户需求的全局概念结构。在综合过程中，主要处理各局部模式对各种对象定义的不一致问题，包括同名异义、异名同义和同一事物在不同模式中被抽象为不同类型的对象（例如，有的作为实体，有的又作为属性）等问题。把各个局部结构连接、合并，还会产生冗余问题，有可能导致对信息需求的再调整与分析，以确定准确的含义。

（3）评审

消除了所有冲突后，就可把全局结构提交评审。评审分为用户评审与DBA及应用开发人员评审两部分。用户评审的重点放在确认全局概念模式是否准确完整地反映了用户的信息需求和现实世界事物的属性间的固有联系；DBA和应用开发人员评审则侧重于确认全局结构是否完整，各种成分划分是否合理，是否存在不一致性，以及各种文档是否齐全等。文档应包括局部概念结构描述、全局概念结构描述、修改后的数据清单和业务活动清单等。

3.3.3 E-R模型的操作

在利用E-R模型进行数据库概念设计的过程中，常常需要对E-R图进行种种变换。这些变换又称对E-R模型的操作，包括实体类型、联系类型和实体属性的分裂、合并、增加和删除等。

1.实体类型的分裂

一个实体类型可以根据需要分裂成若干个实体类型。分裂方式有垂直分割和水平分割两种。

（1）垂直分割

垂直分割是指把一个实体类型的属性分成若干组，然后按组形成若干实体类型。例如，图3-11中，可以把教师实体类型中经常变动的一些属性组成一个新的实体类型，而把固定不变的属性组成另一个实体类型。但应注意，在垂直分割中，码必须在分割后的各实体类型中都出现。

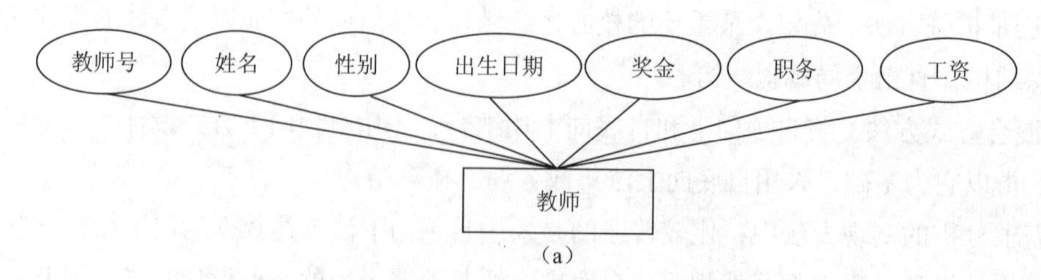

（a）

图3-11　实体类型的垂直分割

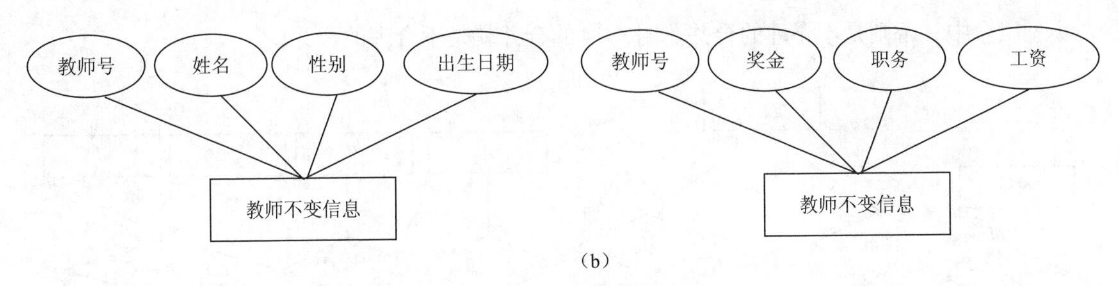

图 3-11　实体类型的垂直分割（续）

（2）水平分割

水平分割是指把一个实体类型分裂为互不相交的子类（即得到原实体类型的一个分割）。例如，对于有些数据库，不同的应用关心不同的内容，可以将记录型水平分割成两个记录型。

这样可减少应用存取的逻辑记录数。例如，可把教师实体类型水平分割为男教师与女教师两个实体类型，如图3-12所示。

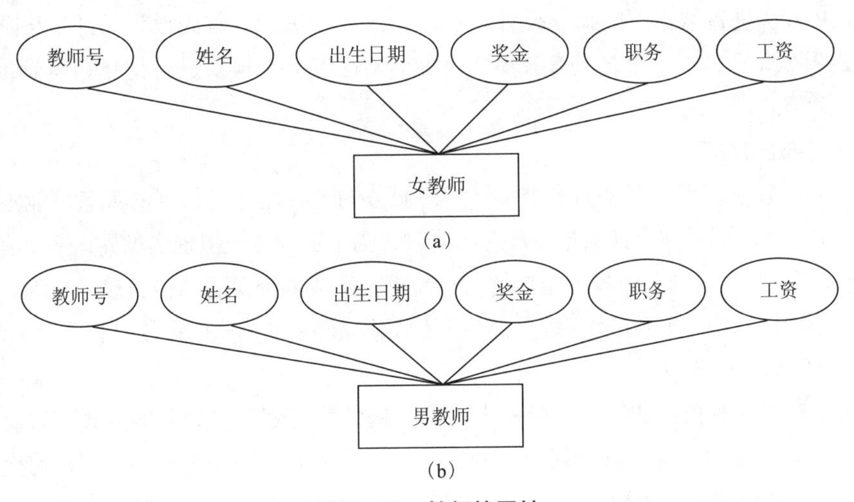

图 3-12　教师的属性

2. 实体类型的合并

实体类型合并是实体类型分裂的逆过程，相应地，也有水平合并和垂直合并两种（一般要求被合并者应具有相同的码）。

在实体类型水平分裂时，原有的联系类型也要相应分裂；反之，在水平合并时，联系类型是否改变或合并要视合并实际情况而定。

相应地，垂直合并时，也可能导致新联系类型的产生。

3. 联系类型的分裂

一个联系类型可分裂成几个新联系类型。新联系类型可能和原联系类型不同。例如，图3-13（a）是教师担任某门课程的教学任务的E-R图，而“担任”联系类型可以分裂为“主讲”和“辅导”两个新的类型，如图3-13（b）所示。

4. 联系类型的合并

联系类型的合并是分裂操作的逆过程。必须注意，合并的联系类型必须是定义在相同的实体类型组合中，否则是不合理的合并。图3-14的合并就是不合理的合并。

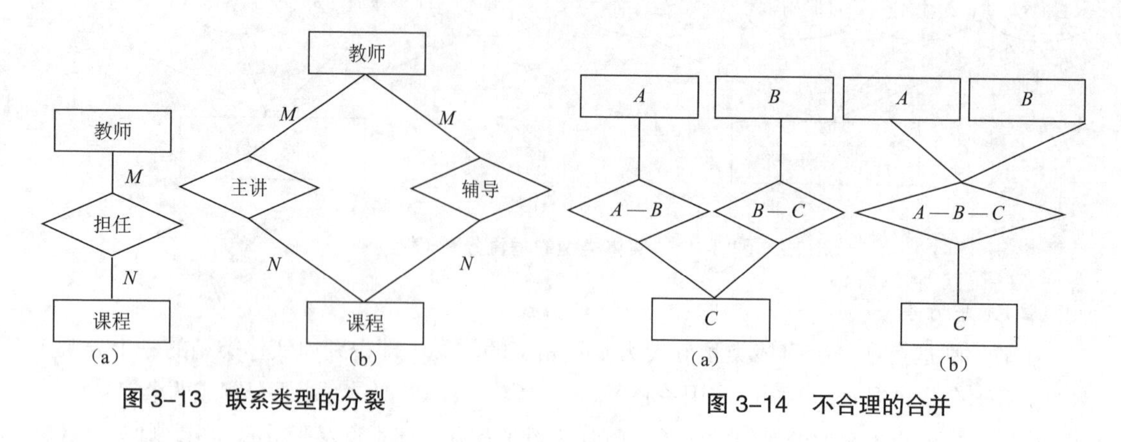

图 3-13　联系类型的分裂

图 3-14　不合理的合并

3.3.4　采用E-R方法的数据库概念设计

利用E-R方法进行数据库的概念设计，可以分成三步进行：首先设计局部E-R模式，然后把各局部E-R模式综合成一个全局E-R模式，最后对全局E-R模式进行优化，得到最终的E-R模式，即概念模式。

1. 设计局部E-R模式

通常，一个数据库系统都是为多个不同用户服务的。各用户对数据的观点可能不一样，信息处理需求也可能不同。在设计数据库概念结构时，为了更好地模拟现实世界，一个有效的策略是“分而治之”，即先分别考虑各个用户的信息需求，形成局部概念结构，然后再综合成全局结构。在E-R方法中，局部概念结构又称局部E-R模式，局部E–R模式的设计过程有以下几个步骤。

(1)确定局部结构范围

设计各个局部E-R模式的第一步是确定局部结构的范围划分。划分的方式一般有两种：一种是依据系统的当前用户进行自然划分，例如，对一个企业的综合数据库，用户有企业决策集团、销售部门、生产部门、技术部门和供应部门等，各部门对信息内容和处理的要求明显不同，因此，应为它们分别设计各自的局部E-R模式；另一种是按用户要求数据库提供的服务归纳成几类，使每一类应用访问的数据显著地不同于其他类，然后为每类应用设计一个局部E-R模式，例如，学校的教师数据库可以按提供的服务分为以下几类：

① 教师的档案信息（如姓名、年龄、性别和民族等）的查询。

② 对教师的专业结构（如毕业专业、现在从事的专业及科研方向等）进行分析。

③ 对教师的职称、工资变化的历史分析。

④ 对教师的学术成果（如著译、发表论文和科研项目获奖情况）查询分析。

这样做的目的是更准确地模仿现实世界，以减少统一考虑一个大系统所带来的复杂性，局部结构范围的确定要考虑下述几个因素。

① 范围的划分要自然，易于管理。

② 范围之间的界面要清晰，互相影响要小。

③ 范围的大小要适度。太小了，会造成局部结构过多，设计过程烦琐，综合困难；太大

了，则容易造成内部结构复杂，不便分析。

（2）实体定义

每一个局部结构都包括一些实体类型，实体定义的任务就是从信息需求和局部范围定义出发，确定每一个实体类型的属性和码。

事实上，实体、属性和联系之间并无形式上可以截然区分的界限，划分为属性的条件上：作为属性，不能再具有需要描述的性质，属性必须是不可分的数据项，不能包含其他属性，属性也不能与其他实体具有联系。如果满足该条件，一般均可作为属性对待。

实体类型确定之后，它的属性也随之确定。为一个实体类型命名并确定其码也是很重要的工作。命名应反映实体的语义性质，在一个局部结构中应是唯一的。码可以是单个属性，也可以是属性的组合。

（3）联系定义

E-R模型的“联系”用于刻画实体之间的关联。一种完整的方式是对局部结构中任意两个实体类型，依据需求分析的结果，考虑局部结构中任意两个实体类型之间是否存在联系。

若有联系，进一步确定是1∶N、M∶N，还是1∶1等。还要考察一个实体类型内部是否存在联系，两个实体类型之间是否存在联系，多个实体类型之间是否存在联系，等等。

在确定联系类型时，应注意防止出现冗余的联系（即可从其他联系导出的联系），如果存在，要尽可能地识别并消除这些冗余联系，以免将这些问题遗留给综合全局的E-R模式阶段。图3-15所示的“教师与学生之间的授课联系”就是一个冗余联系的例子。

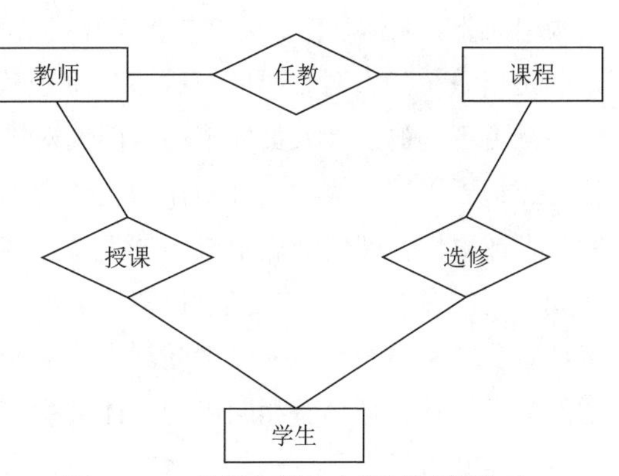

图3-15　教师与学生之间的授课联系

联系类型确定后，也需要命名和确认码。命名应反映联系的语义性质，通常采用某个动词名，如“选修”“讲授”“辅导”等。联系类型的码通常是它涉及的各实体类型的码的并集或某个子集。

（4）属性分配

实体与联系都确定下来后，局部结构中的其他语义信息大部分可用属性描述。这一步的工作有两类：一是确定属性；二是把属性分配到有关实体和联系中。

确定属性的原则：属性应该是不可再分解的语义单位；实体与属性之间的关系只能是1∶N的；不同实体类型的属性之间应无直接关联关系。

属性不可分解的要求是为了使模型结构简单化，不出现嵌套结构。例如，在教师管理系统中，教师工资和职务作为表示当前工资和职务的属性，都是不可分解的，符合用户的要求。但若用户关心的是教师工资和职务变动的历史，则不能再把它们处理为属性，而可能抽象为实体。

当多个实体类型用到同一属性时，将导致数据冗余，从而可能影响存储效率和完整性约束，因而需要确定把它分配给哪个实体类型。一般把属性分配给那些使用频率最高的实体类型，或分配给实体值少的实体类型。

有些属性不宜归属于任一实体类型，只说明实体之间联系的特性。例如，某个学生选修某门课的成绩，既不能归为学生实体类型的属性，也不能归为课程实体类型的属性，应作为“选修”联系类型的属性。

2.设计全局E-R模式

所有局部E-R模式都设计好后，接下来就是把它们综合成单一的全局概念结构。全局概念结构不仅要支持所有局部E-R模式，而且必须合理地表示一个完整、一致的数据库概念结构（有的书上称此步工作为“视图集成”，这里的“视图”特指本书所说的局部概念结构）。全局E-R模式的设计过程如图3-16所示。

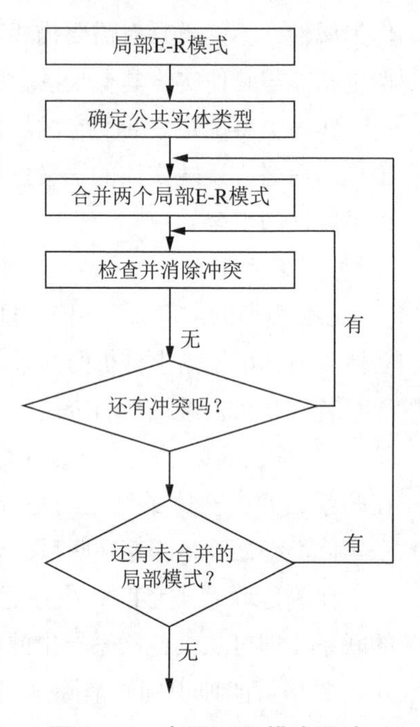

图3-16 全局E-R模式设计

（1）确定公共实体类型

为了实现多个局部E-R模式的合并，首先要确定各局部结构中的公共实体类型。公共实体类型的确定并非一目了然。特别是当系统较大时，可能有很多局部模式，这些局部E-R模式是由不同的设计人员确定的，因而对同一现实世界的对象可能给予不同的描述。有的作为实体类型，有的又作为联系类型或属性。即使都表示成实体类型，实体类型名和码也可能不同。在这一步中，仅根据实体类型、实体类型名和码来认定公共实体类型。一般把同名实体类型作为公共实体类型的一类候选，把具有相同码的实体类型作为公共实体类型的另一类候选。

（2）局部E-R模式的合并

合并的顺序有时影响处理效果和结果。建议的合并原则是：首先进行两两合并；其次合并那些现实世界中有联系的局部结构；再合并从公共实体类型开始，最后再加入独立的局部结构。进行二元合并是为了减少合并工作的复杂性。后两项原则是为了使合并结果的规模尽可能小。

（3）消除冲突

由于各类应用不同，不同的应用通常又由不同的设计人员设计成局部E-R模式，因此局部E-R模式之间不可避免地会有不一致的地方，称为冲突。通常，把冲突分成3种类型：

① 属性冲突：包括属性域的冲突，即属性值的类型、取值范围或取值集合不同，例如，某些部门用出生日期表示职工的年龄，而另一部门用整数表示职工的年龄；还包括属性取值单位冲突，例如，质量单位有的用千克，有的用克。

② 结构冲突：包括同一对象在不同应用中的不同抽象。例如，性别在某个应用中为实体，而在另一应用中为属性。同一实体在不同局部E-R图中属性组成不同，包括属性个数、次序。实体之间的联系在不同的局部E-R图中呈现不同的类型。例如，E_1、E_2在某一应用中是多对多联系，而在另一应用中是一对多联系；在某一应用中E_1和E_2发生联系，而在另一应用中，E_1、

E_2、E_3三者之间有联系。

③ 命名冲突：包括属性名、实体名、联系名之间的冲突：同名异义，即不同意义的对象具有相同的名字；异名同义，即同一意义的对象具有不同的名字。

设计全局E-R模式的目的不在于把若干局部E-R模式形式上合并为一个E-R模式，而在于消除冲突，使之成为能够被全系统中所有用户公共理解和接受的统一的概念模型。

3. 全局E-R模式的优化

在得到全局E-R模式后，为了提高数据库系统的效率，还应进一步依据处理需求对E-R模式进行优化。一个好的全局E-R模式，除能准确、全面地反映用户功能需求外，还应满足下列条件：实体类型的个数尽可能少；实体类型所含属性个数尽可能少；实体类型间的联系无冗余。但是，这些条件不是绝对的，要视具体的信息需求与处理需求而定，全局E-R模式的优化原则主要有以下几种：

（1）实体类型的合并

这里的合并不是前面的“公共实体类型”的合并，而是相关实体类型的合并。在公共模型中，实体类型最终转换成关系模式，涉及多个实体类型的信息要通过连接操作获得。因此，减少实体类型个数，可减少连接的开销，提高处理效率。一般可以把1:1联系的两个类型合并。具有相同码的实体类型常常是从不同角度刻画现实世界，如果经常需要同时处理这些实体类型，那么有必要合并成一个实体类型。但这时可能产生大量空值，因此，要对存储代价、查询效率进行权衡。

（2）冗余属性的消除

通常在各个局部结构中是不允许冗余属性存在的，但在综合成全局E-R模式后，可能产生全局范围内的冗余属性。例如，在教育统计数据库的设计中，一个局部结构含有高校毕业生数、招生数、在校学生数和预计毕业生数，另一局部结构中含有高校毕业生数、招生数、分年级在校学生数和预计毕业生数。各局部结构自身都无冗余，但综合成一个全局E-R模式时，在校学生数即成为冗余属性，应予消除。

一般同一非码的属性出现在几个实体模型中，或者一个属性值可从其他属性的值导出，此时应把冗余的属性从全局模式中去掉。

冗余属性消除与否，也取决于它对存储空间、访问效率和维护代价的影响。有时为了兼顾访问效率，有意保留冗余属性。这当然会造成存储空间的浪费和维护代价的提高。如果人为地保留了一些冗余数据，应把数据字典中数据关联的说明作为完整性约束条件。

（3）冗余联系的消除

在全局模式中可能存在冗余的联系，通常利用规范化理论中函数依赖的概念消除冗余联系。下面以一个稍大一点的例子看一下如何消除冗余。

【例3-6】图3-17所示为某大学学籍管理局部应用的分E-R图，图3-18所示为课程管理局部应用分E-R图，图3-19所示为教师管理子系统局部应用分E-R图，要求将几个局部E-R图综合成基本E-R图。

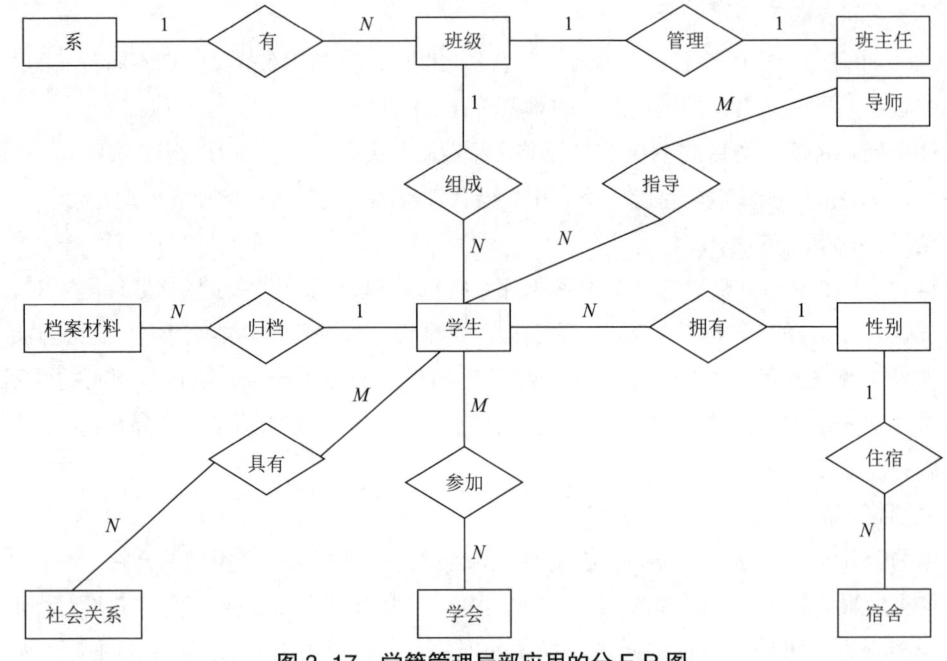

图 3–17　学籍管理局部应用的分 E-R 图

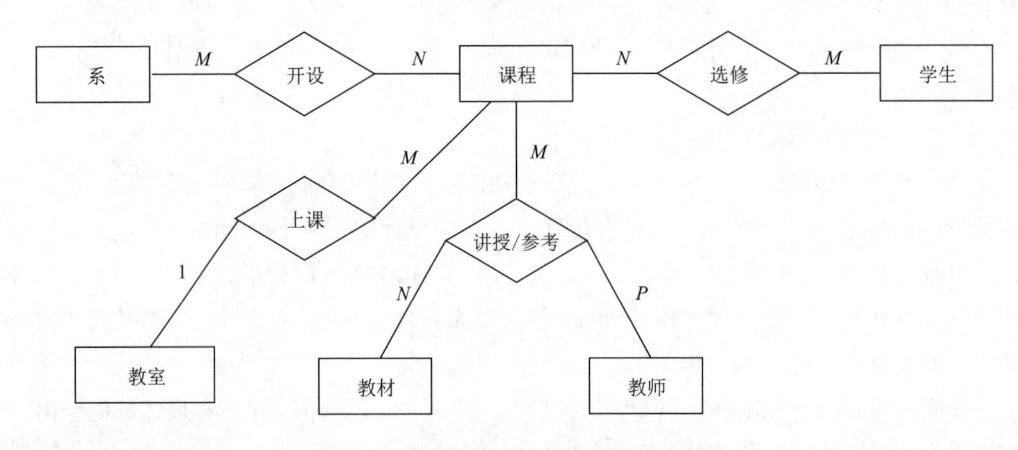

图 3–18　课程管理局部应用分 E-R 图

在综合过程中，学籍管理中的实体“性别”，在课程管理中为“学生”实体的属性，在合并后的E-R图中“性别”只能为实体；学籍管理中的班主任和导师实际上也属于教师，我们可以将其与课程管理中的“教师”实体合并；教师管理子系统中的实体项目“负责人”也属于“教师”，所以也可以合并。这里实体可以合并，但联系依然存在。合并后的E-R图如图3–20所示。

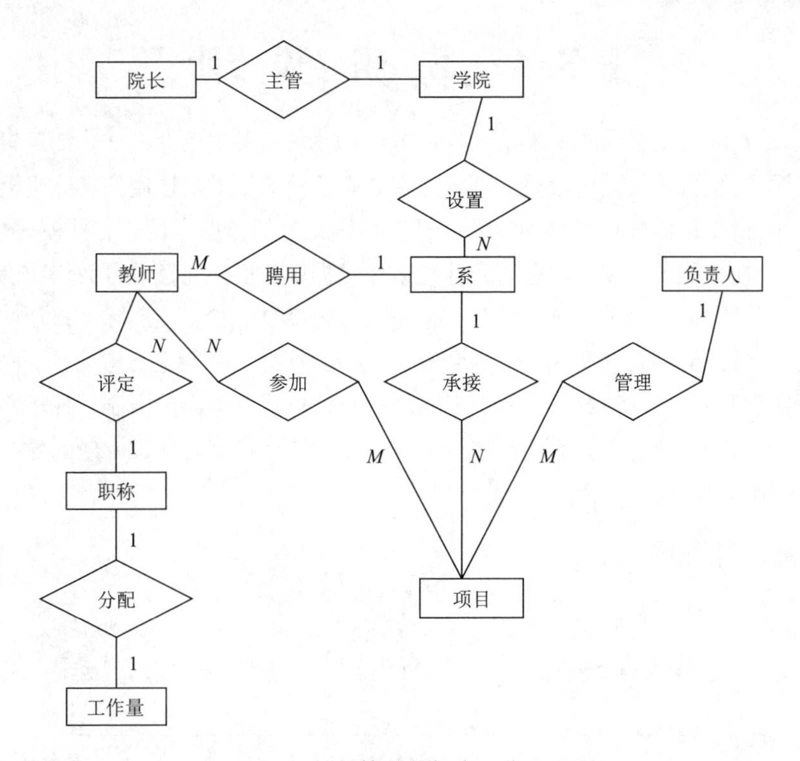

图 3–19　教师管理局部应用分 E-R 图

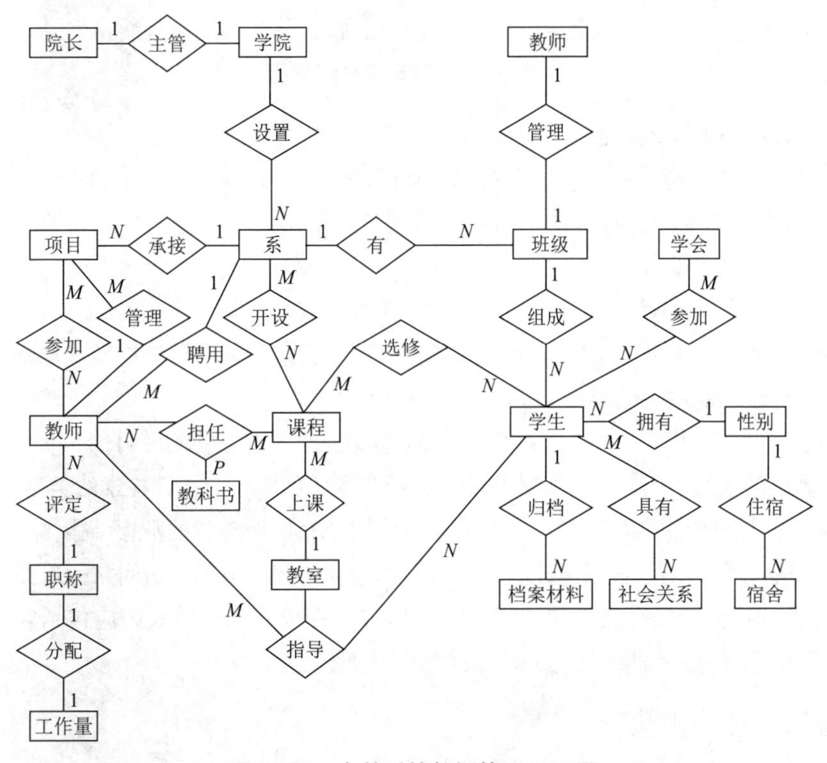

图 3–20　合并后的数据管理 E-R 图

3.4 逻辑设计

概念设计的结果是得到一个与DBMS无关的概念模式。而逻辑设计的目的是把概念设计阶段设计好的全局E-R模式转换成与选用的具体机器上的DBMS所支持的数据模型相符合的逻辑结构（包括数据库模式和外模式）。这些模式在功能上、完整性和一致性约束及数据库的可扩充性等方面均应满足用户的各种要求。对于逻辑设计而言，应首先选择DBMS，但实际上，往往是先给定了某台计算机，设计人员并无选择DBMS的余地。现行的DBMS一般也支持关系、网状或层次模型中的某一种，即使是同一种数据模型，不同的DBMS也有其不同的限制，提供不同的环境和工具，因此，通常把转换过程分为两步进行。首先，把概念模型转换成一般的数据模型，然后转换成特定的DBMS所支持的模型。

3.4.1 逻辑设计环境

逻辑设计环境可用图3-21说明。

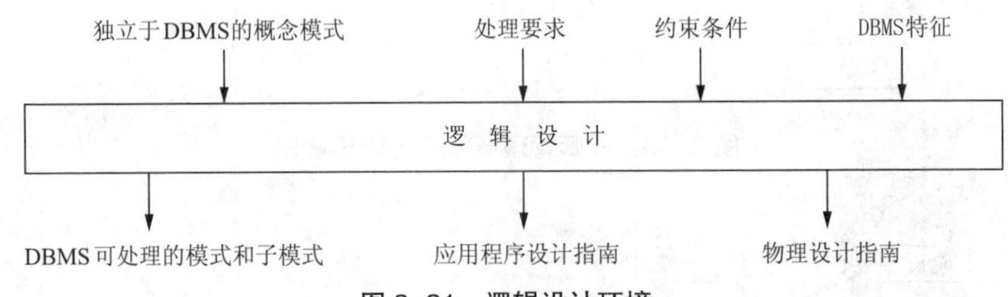

图 3-21 逻辑设计环境

1.逻辑设计阶段的输入信息

① 独立于DBMS的概念模式。这是概念设计阶段产生的所有局部和全局概念模式。

② 处理需求。需求分析阶段产生的业务活动分析结果，这里包括数据库的规模和应用频率，用户或用户集团的需求。

③ 约束条件。即完整性、一致性、安全性要求及响应时间要求等。

④ DBMS特性。即特定的DBMS所支持的模式、子模式和程序语法的形式规则。

2.逻辑设计阶段的输出信息

① DBMS可处理的模式。一个能用特定DBMS实现的数据库结构的说明，不包括记录的集合、块的大小等物理参数的说明，但要对某些访问路径参数（如顺序、指针检索的类型）进行说明。

② 子模式。与单个用户观点和完整性约束一致的DBMS所支持的数据结构。

③ 应用程序设计指南。根据设计的数据库结构为应用程序员提供访问路径选择。

④ 物理设计指南。完全文档化的模式和子模式。在模式和子模式中应包括容量、使用频率、软硬件等信息。这些信息将要在物理设计阶段使用。

3.4.2 逻辑设计的步骤

逻辑设计主要是把概念模式转换成DBMS能处理的模式。转换过程中要对模式进行评价和优化，以便获得较好的模式设计。

1. 将E-R模型转成一般的关系、网状、层次模型

根据概念模式和DBMS的记录类型特点，将E-R模式的实体类型或联系类型转换成记录类型。在比较复杂的情况下，实体可能分裂或合并成新的记录类型。

2. 设计用户子模式

子模式是模式的逻辑子集。子模式是应用程序和数据库系统的接口，它能允许应用程序有效地访问数据库中的数据，而不破坏数据库的安全性。

3. 应用程序设计梗概

在设计完整的应用程序之前，先设计出应用程序的草图，对每个应用程序应设计出数据存取功能的梗概，提供程序上的逻辑接口。

4. 模式评价

这一步的工作就是对数据库模式进行评价。评价数据库结构的方法通常有定量分析和性能测量等方法。

定量分析有两个参数：处理频率和数据容量。处理频率是在数据库运行期间应用程序的使用次数；数据容量是数据库中记录的个数。数据库增长过程的具体表现就是这两个参数值的增加。

性能测试是指逻辑记录的访问数目、一个应用程序传输的总字节数、数据库的总字节数，这些参数应该尽可能预先知道，它能预测物理数据库的性能。

5. 数据模型的优化

数据库逻辑设计的结果不是唯一的。为了进一步提高数据库应用系统的性能，还应该根据应用需要适当地修改、调整数据模型的结构，这就是优化。

3.4.3　从E-R图向关系模型转换

关系模型是由一组关系组成。因此，把概念模型转换成关系模型，就是把E-R图转换成一组关系模型。

由于E-R图仅是现实世界的纯粹反映。与数据库具体实现毫无关系，但它却是建立数据模型的基础，从E-R图出发导出具体DBMS所能接收数据模型是数据库设计的重要步骤。这部分工作是把E-R图转换为一个个关系框架，使之相互联系构成一个整体结构化了的数据模型，这里的关键问题是怎么实现不同关系之间的联系。具体原则和方法如下：

1. 从E-R图向关系模型转换的原则

① E-R图中的每一个实体，都相应地转换为一个关系，该关系应包括对应实体的全部属性，并应根据该关系表达的语义确定码，因为关系中的码属性是实现不同关系联系的主要手段。

② 对于E-R图中的联系，要根据联系方式的不同，采用不同手段以使被它联系的实体所对应的关系彼此之间实现某种联系。

2. 从E-R图向关系模型转换的具体方法

① 如果两个实体之间是1∶1联系，分别将它们转为关系，并在一个关系中加入另一关系的码及联系的属性。

② 如果两个实体之间是1∶*n*联系，就将“1”的一方码纳入“*n*”方实体对应的关系中作为外部码，同时把联系的属性也一并纳入“*n*”方对应的关系中。例如，班级与学生之间是

1∶n联系。班级和学生两个实体应分别转换为关系，而为了实现两者之间的联系，可把“1”方（班级）码“班号”纳入“n”方（学生）作为外部码，对应的关系数据模型为：

学生（学号，姓名，性别，班号）

班级（班号，班级名，地址，人数）

③ 如果同一实体内部存在1:n联系，可在这个实体所对应的关系中多设一个属性，用来表示与该个体相联系的上级个体的码。图3-22所示的E-R图表示该实体内部个体间存在着级别关系，其逻辑关系是：作为领导者的职工，他可以领导多个被领导者；而作为被领导的职工，只能由一个领导者领导。对于一个具体职工而言，既可能是其他职工的领导者，又可能被别的职工所领导，于是就在逻辑上形成级别关系。这样的E-R图转换的关系数据模型为：

职工（职工号，姓名，年龄，性别，职称，工资，领导者工号，民意测验）

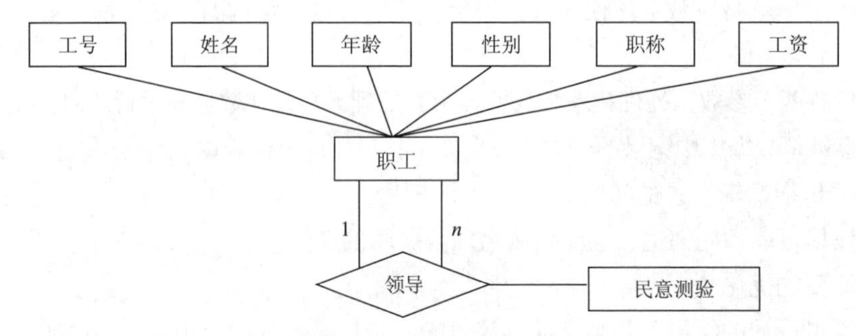

图3-22　实体内部个体间级别关系

④ 如果两个实体间是m∶n联系，则需为联系单独建立一个关系，用来联系双方实体。该关系的属性中至少要包括被它所联系的双方实体的码，并且应该联系上有属性，也要并入这个关系中。例如，“学生”与“课程”两实体之间是M∶N联系，根据上述转换原则，对应的关系数据模型为：

学生（学号，姓名，年龄，性别，助学金）

课程（课程号，课程名，学时数）

选修（学号，课程名，成绩）

【例3-7】本案例中的实体“教师”（超类）的成员实体也可以分为教授、副教授、讲师和助教四个子实体集合（子类），如图3-23所示。转换成的关系模型如下：

教师关系模式（教师编号，姓名，年龄，性别）

教授关系模式（教师编号，是否博导）

副教授关系模式（教师编号，是否硕导）

讲师关系模式（教师编号，学历，是否班导师）

助教关系模式（教师编号，导师姓名）

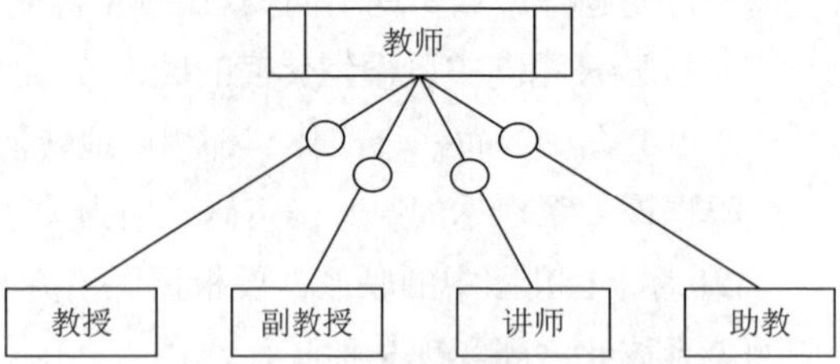

图3-23　带有子类的E-R图

3.4.4　设计用户子模式

由于用户子模式与模式是相对独立的，因此在定义用户子模式时可以注重考虑用户的习惯与方便。

1. 使用更符合用户习惯的别名

用视图机制可以在设计用户视图时重新定义某些属性名，使其与用户习惯一致，以方便使用。

2. 对不同级别的用户定义不同的视图，以保证系统的安全性

假设有关系模式图书（书号，书名，作者，单价，进价，负责人，库存量，折扣）可以在图书关系上建立两个视图。

① 为一般顾客建立视图：图书 1（书号，书名，作者，单价）

② 为销售部门建立视图：图书 2（书号，书名，作者，单价，进价，负责人，库存量）

顾客视图中只包含允许顾客查询的属性；销售部门视图中只包含允许销售部门查询的属性；领导部门可查询全部数据。这样就可以防止用户非法访问本来不允许他们查询的数据，保证了系统的安全性。

3. 简化用户系统的使用

如果某些局部应用中经常要使用某些很复杂的查询，为了方便用户，可以将这些复杂的查询定义为视图，用户每次只对定义好的视图进行查询，大大简化了用户的使用。

3.4.5　对数据模型进行优化

前面已讲到，规范化理论是数据库逻辑设计的指南和工具，具体说可应用在下面几个具体的方面。

第一，在数据分析阶段用数据依赖的概念分析和表示各数据项之间的联系。

第二，在设计概念结构阶段，以规范化理论为工具消除初步 E-R 图中冗余的联系。

第三，由 E-R 图向数据模型转换的过程中用模式分解的概念和算法指导设计。

应用规范化理论进行数据库设计，不管选用的 DBMS 支持哪种数据模型，均先把概念结构向关系模型转换，然后，若选用的 DBMS 是支持格式化模型的，再把关系模型向格式化模型映像。这种设计过程可以充分运用规范化理论的成果优化关系数据库模式的设计，设计办法如下：

① 确定数据依赖，把 E-R 图中每个实体内的各个属性按数据分析阶段所得到的语义写出其数据依赖，实体之间的联系用实体主码之间的联系来表示。例如，学生与班级实体的联系可以表示为学号→班级号。学生与课程之间 $n:m$ 的联系可以表示为（学号，课程号）→成绩。另外，还应仔细考虑不同实体的属性之间是否还存在某种数据依赖，把它们一一列出，于是得到了一组数据依赖，记作∑，这组数据依赖∑和诸实体所包含的全部属性 U 就是关系模式设计的输入。

② 用关系来表示 E-R 图中的每一个实体。每个实体对应一个关系模式 $R_j(U_i,\sum j)$，其中 U_i 就是该实体所包含的属性，$\sum j$ 就是∑在 U_i 上的投影。

③ 对应实体之间的那些数据依赖进行极小化处理。例如，对函数依赖集可借助 2.6 节中的方法求得最小覆盖。设函数依赖集为 F，求 F 是最小覆盖 G，差集 $D=F-G$，逐一考察 D 中的函数依赖，确定是否应该去掉。

④ 用关系表示实体之间的联系。每个联系对应一个关系模式 $R_j(U_j,\sum j)$。U_j 由相互联系的诸

实体（两个或多个实体）的主码属性以及描述该联系的性质的属性组成。$\sum j$是$\sum$在U_j上的投影。对于不同实体非主码属性之间的联系同样也要形成一个关系模式。这样就形成了一个关系模式。

按照数据依赖的理论，逐一分析这组关系模式，考察是否存在部分函数依赖、传递依赖、多值依赖等，确定它们分别属于第几范式。

然后按照数据分析阶段得到的各种应用对数据处理的要求，分析对于这样的应用环境这些模式是否适合，确定是否要对它们进行合并或分解。例如，对两个关系模式，若主码相同则可以合并。对非BCNF的关系模式虽然从理论上分析存在不同程度的更新异常或冗余，但实际应用中这些问题不一定产生实际影响，如对此关系模式只是查询，不执行更新操作。有时分解带来的消除更新异常的好处与经常查询需要频繁进行自然连接所带来的效率的降低相比是得不偿失的，对于这些情况就不必进行分解。并不是规范化程度越高的关系模式越好。

⑤ 关系模式的分解。对于需要进行分解的关系模式进行分解，对产生的各种模式进行评价，选出较合适的模式。

规范化理论给出了判断关系模式优劣的理论标准，对于预测模式可能出现的问题，提供了自动生成各种模式的算法工具，因此是设计人员的有力工具，也使数据库设计工作有了严格的理论基础。

必须指出的是，在进行数据模型的改进时，决不能修改数据库的信息内容。如果不修改信息内容，数据模型就没法改进，则终止数据模型的设计，而回到概念模型设计。

3.5 物 理 设 计

数据库在物理设备上的存储结构与存取方法称为物理数据库。所以，数据库物理设计通常包括两方面的内容：一是为一个给定的逻辑结构模型选取一个最适合应用环境的物理结构；二是对选取的数据库物理结构进行性能评价，评价的主要指标是时间和空间效率。如果性能评价满足要求，则可进入下一个数据库设计阶段——数据库实施阶段；否则，就要重新修改物理结构，有时甚至要返回到逻辑结构设计阶段进行修改。

3.5.1 数据库设计人员需要掌握的物理设计知识

数据库物理设计不仅依赖于用户的应用要求，而且与DBMS 的功能、计算机系统所支持的存储结构、存取方法和数据库的具体运行环境都有密切关系。因此，为了设计一个较好的物理存储结构，设计人员必须对特定的设备和DBMS有充分的了解，掌握如下物理设计知识。有关具体DBMS的知识，包括DBMS的功能，所提供的物理环境、存储结构、存取方法和可利用手段等。由此可见，数据库物理设计比逻辑设计更加依赖于DBMS。数据库设计人员需要掌握下面的知识。

1. 有关存放数据的物理设备（外存）的特征

数据库是存放在物理存储设备上的，因此，必须了解物理存储区划分的原则、物理块的大小等有关规定和I/O特性等。

2. 有关表的静态及动态特性

一个关系数据库包含若干个关系表，表的静态特性主要指表的容量（元组数及元组的长度）及组成表的各个属性的特性，如属性的类型、长度、是否为码、属性值的约束范围、不同值的数量、分布特点等。表的动态特性主要指表中元组的易挥发程度，若易挥发程度高，则表明表上存在频繁的更新操作，不宜在该表上建立索引结构。

3. 有关应用需求信息

掌握各种应用对信息的使用情况，例如各种应用的处理频率及响应时间等。

3.5.2　数据库物理设计的主要内容

物理设计的主要内容是确定数据库在物理设备上的存储结构和存取方法。由于不同的系统其DBMS所支持的物理环境、存储结构和存取方法是不相同的，不同DBMS提供的设计变量、参数的取值范围也各不相同，因此没有通用的物理设计方法可遵循。设计人员只能根据具体的DMBS确定适合特定环境的物理设计方案，这里给出的是关系数据库系统物理设计的基本设计内容和设计原则。

1. 确定数据库的存储结构

确定数据库存储结构主要指确定数据的存放位置和存储结构，包括确定关系、索引、聚簇、日志、备份等的存储安排及存储结构；确定系统存储参数的配置。确定数据的存放位置和存储结构时要综合考虑存取时间、空间利用率和维护代价三方面的因素，而这三方面经常是相互矛盾的。例如，消除一切冗余数据虽然能够节约存储空间，但往往会导致检索代价的增加，因此需要进行权衡，从而选择一个适宜的存储结构。

（1）确定数据的存放位置

按照数据应用的不同将数据库的数据划分为若干类，并确定各类数据的大小和存放位置。数据的分类可依据数据的稳定性、存取响应速度、存取频度、数据共享程度、数据保密程度、数据生命周期长短、数据使用的频度等因素加以区别。例如，数据库数据备份、日志文件备份等，由于只在故障恢复时才使用，而且数据量很大，可以考虑存放在磁带上。目前，许多计算机都有多个磁盘，因此进行物理设计时可以考虑将表和索引分别放在不同的磁盘上。在查询时，由于两个磁盘驱动器分别在工作，因而可以保证物理读/写速度比较快，也可以将比较大的表分别放在两个磁盘上，以加快存取速度，这在多用户环境下特别有效。此外，还可以将日志文件与数据库对象（表、索引等）放在不同的磁盘中以改进系统的性能。

（2）数据库的分区设计

目前，大型数据库系统一般有多个磁盘驱动器或磁盘阵列，数据如何存储在多个磁盘组上也是数据库物理设计的内容之一，这就是数据库的分区设计。分区设计的原则包括：

① 减少访问磁盘冲突操作，提高I/O的并行性。

② 分散访问频度高的数据，均衡I/O负荷。

③ 保证主码数据的快速访问，提高系统的处理能力。

（3）确定系统存储参数的配置

DBMS产品为适应不同的运行环境和应用需求，一般都提供一些系统配置变量和存储配置参数，供设计人员和DBA对数据库物理设计进行优化。初始情况下系统设置为默认值，在进行物理设计时需对这些变量和参数加以确认或赋新值，以改善系统性能。这些变量和参数通常包括：

最大的数据空间、最大的目录空间、缓冲区的长度和个数、同时使用数据库的用户数、最多允许并发操作事务的个数、同时允许打开数据库文件的个数、最多允许建立临时关系的个数、数据库的大小、物理块的大小、物理装载因子、时间片大小、锁的数目等。这些参数值将影响物理设计的性能，可以通过数据库的运行加以调整，以使系统性能最佳。

2. 确定数据库的存取方法

确定数据库的存取方法，就是确定建立哪些存取路径以实现快速存取数据库中的数据。DBMS一般都提供多种存取方法，常用的存取方法有索引、聚簇、HASH法等。

（1）索引存取方法的选择

索引存取方法的选择是指根据应用需求确定关系的哪些属性列建立索引、哪些属性列建立组合索引、哪些索引定义为唯一索引等。通常在下列情况下可考虑在有关属性列上建立索引。

① 如果一个属性（或属性组）为主码和外码属性，则考虑在这个属性（或属性组）上建立索引。

② 如果一个属性（或属性组）经常出现在查询条件中，则考虑在这个属性（或属性组）上建立索引。

③ 有些查询可以从索引直接得到结果，不必访问数据块。这种查询可在有关属性上建立索引以提高查询效率。例如，查询某属性的MIN、MAX、AVG、SUM、COUNT等聚集函数值（无GROUP BY子句）可沿该属性索引的顺序集扫描，直接求得结果。

索引是在节省空间的情况下，用于提高查询速度所普遍采用的一种方法，建立索引通常是通过DBMS提供的有关命令来实现的。设计人员只要给出索引关键字、索引表的名称，以及与主文件的联系等参数，具体的建立过程将由系统自动完成。建立索引的方式通常有静态方式和动态方式两种。静态建立索引是指设计人员预先建立索引，一旦建立好，后续的程序或用户均可直接使用该索引存取数据。该方式多适合于用户较多且使用周期较长、使用方式相对较稳定的数据。动态建立索引是指设计人员在程序内临时建立索引，一旦脱离该程序或运行结束，该索引关系将不存在，多适合于单独用户或临时性使用要求的情况。

（2）聚簇存取方法的选择

聚簇（Cluster）就是把在某个属性（或属性组）上有相同值的元组集中存放在一个物理块内或物理上相邻的区域，借以提高I/O的数据命中率，从而提高有关数据的查询速度。

现代的DBMS一般允许按某一聚簇关键字集中存放数据，这种聚簇关键字可以是复合的。聚簇以元组的存放作为最小数据单位，具有相同聚簇关键字的元组，尽可能地放在物理块中。如果放不下，可以向预留的空白区发展，或链接多个物理块，聚簇后的元组好像葡萄一样按串存放，聚簇之名由此而来。

聚簇是提高查询速度、节省存取时间的一种有效的物理设计途径。例如，有一教师关系已按出生年月建立了索引，现若要查询1967年出生的教师，而1967年出生的教师共有120人，在极端的情况下，这120人所对应的元组分布在120个不同的物理块上，由于每访问一个物理块需要执行一次I/O操作，因此该查询即使不考虑访问索引的I/O次数，也要执行120次I/O操作，如果按照出生年月集中存放，则每读一个物理块可得到多个满足条件的元组，从而显著地减少了访问磁盘的次数。

聚簇以后，聚簇关键字相同的元组集中在一起，因而聚簇关键字不必在每个元组中重复存储，只要在一组中存一次即可，因此可以节省空间。

聚簇功能不仅适合于单个关系，也适合于多个关系。例如，对学生和课程两个关系的查询操作中，经常需要按学生姓名查找该学生所学课程情况，这一查询操作涉及学生关系和课程关系的连接操作，即需要按学号连接这两个关系，为提高连接操作的效率，可以把具有相同学号值的学生元组和课程元组在物理上聚簇在一起。

但必须注意的是，聚簇只能提高某些特定应用性能，而且建立与维护聚簇的开销是相当大的，对于已建立聚簇的关系，将会导致关系中的元组移动其物理存储位置，并使此关系上原有的索引无效，必须重建。当一个元组聚簇关键字改变时，该元组存储位置也要做相应的移动。因此，当用户应用要求满足下列条件时，可考虑建立聚簇：

① 通过聚簇关键字进行访问或执行连接操作是该关系的主要操作，而与该聚簇关键字无关的其他访问则很少或处于次要地位。

② 对应每个聚簇关键字的平均元组既不能太少，也不能太多。太少了，聚簇效益不明显，甚至浪费物理块的空间；太多了，就要采用多个链接块，同样对提高性能不利。

③ 聚簇关键字值应相对稳定，以减少修改聚簇关键字值所引起的维护开销。

（3）HASH存取方法的选择

有些DBMS（如INGRES）提供了HASH存取方法。当DBMS提供动态HASH存取方法时，如果一个关系的属性主要出现在等值连接条件或相等比较连接条件中，则此关系可以选择HASH存取方法：

① 如果一个关系的大小可预知，而且不变。

② 如果关系的大小动态可变，而且数据管理系统提供了动态HASH存取方法。

3.5.3　物理设计的性能评价

在数据库物理设计中，代价的估算是为了选择方案，而不是追求其本身的精确度。一个代价模型只要能比较出各种不同方案的相对优劣就达到目的了。就目前的计算机技术而言，即使耗时较多的排序操作，在数据库中也主要采用外排序，I/O仍然是主要矛盾。因此在代价的估算中，以I/O次数，作为衡量方案优劣的尺度。建立索引后的数据库访问的代价，可从下面三个方面估算。

1. 索引访问代价估算

索引访问代价可以分为两部分估算：一部分是从根到叶的访问代价，即索引树的搜索代价；另一部分是沿顺序集扫描的代价，对动态索引还应考虑结点合并或分裂的代价。如果一般的访问中，结点合并或分裂的概率不大，也可不予考虑。

2. 数据访问代价的估算

如果顺序访问整个关系数据库，则所需的I/O次数是关系的记录数除以每块中含记录数所得的商。对于随机访问的情况，如果一次随机存取若干个元组，即批量访问，当批量很大时，几乎要访问数据库中每一块，这时则以访问整个库的I/O次数估算。若批量极少时，则访问的I/O次数最大为该批中记录的个数。如果数据不是成批访问，而是给一个索引关键字访问一次，这样访问数据的I/O次数应为访问的元组数。

3. 排序归并连接代价的估算

因为数据库的数据都存在外存储器上，且数据量一般都较大，所以通常都采用外排序，外排序通常采用归并排序算法，归并排序时所用的I/O时间与内存缓冲区的大小有关。在估算排序归并连接代价时，应考虑建初始顺串的时间、在归并过程中该数据归并处理，以及把数据写回磁盘的时间，另外还要考虑排序后进行连接的时间。

3.5.4 系统数据库的部分数据表物理设计

学生信息管理系统，涉及多张数据表，这些数据表最终都要实现由逻辑到物理的设计过程，其中几张主要的数据表的物理设计结构表述如下：

系统数据库（mange.mdb）
- 课程表（course）
- 管理员信息表（mm）
- 教师表（teacher）
- 选课交费表（sc）
- 教材信息表（book）
- 学生信息表（student）
- 退学表（tuixue）

3.5.5 数据表结构

学生信息管理系统的数据表结构如表3-1~表3-7所示。

表3-1 课程表：course

字段名	字段中文名	数据类型	字段大小	小数位数	能否为空
class_id	课程编号	varchar	5		否
class_name	课程名称	varchar	30		是
class_date	上课日期	date			是
class_time	上课时间	time			是
class_fee	课程费	decimal	8	2	是
book_no	教材编号	varchar	5		是
classs_room	教室编号	varchar	5		是
teacher_no	教师编号	varchar	5		是

表3-2 管理员信息表：mm

字段名	字段中文名	数据类型	字段大小	小数位数	能否为空
user_name	用户名	varchar	20		否
cuser_pass	密码	varchar	30		是
user_grade	用户权限	varchar	1		是
user_bz	备注	varchar	30		是

表 3-3　教师信息表：teacher

字　段　名	字段中文名	数 据 类 型	字 段 大 小	小 数 位 数	能 否 为 空
teacher_no	教师编号	varchar	5		否
teacher_name	教师姓名	varchar	8		是
teacher_sex	教师性别	varchar	2		是
teacher_grade	教师职称	varchar	12		是
teacher_bdate	教师生日	date			是
teacher_tele	教师电话	varchar	15		是
teacher_Email	教师邮件	varchar	30		是

表 3-4　学生信息表：student

字　段　名	字段中文名	数 据 类 型	字 段 大 小	小 数 位 数	能 否 为 空
student_no	学生编号	varchar	10		否
student_name	学生姓名	varchar	8		是
student_sex	学生性别	varchar	2		是
student_grade	学生学历	varchar	12		是
student_bdate	学生生日	date			是
student_tele	学生电话	varchar	15		是
student_Email	学生邮件	varchar	30		是
bz	备注	varchar	30		是

表 3-5　选课交费表：sc

字　段　名	字段中文名	数 据 类 型	字 段 大 小	小 数 位 数	能 否 为 空
student_no	学生编号	varchar	10		否
class_id	课程编号	varchar	5		否
student_fee	学费	decimal	8	2	是
book_YN	是否订教材	varchar	2		是
sele_time	选课日期	date			否
bz	备注	varchar	30		是

表 3-6　教材信息表：book

字　段　名	字段中文名	数 据 类 型	字 段 大 小	小 数 位 数	能 否 为 空
book_no	教材编号	varchar	5		否
book_name	教材名称	varchar	50		是
book_fee	教材费	decimal	6	2	是
book_date	出版日期	date			是
book_author	作者	varchar	8		是
ISBN	ISBN号	varchar	20		是
publish	出版社	varchar	50		是
bz	备注	varchar	30		是

表 3-7 退学表：tuixue

字 段 名	字段中文名	数 据 类 型	字 段 大 小	小 数 位 数	能 否 为 空
student_no	学生编号	varchar	10		否
class_id	课程编号	varchar	5		否
study_refund	退还学费	decimal	8	2	是
book_refund	退还书费	varchar	5		是
refund_time	退费日期	date			否
refund_name	退费人	varchar	8		是
bz	备注	varchar	30		是

3.6 数据库的实施

数据库的实施是将逻辑设计与物理设计的结果，在计算机上建立起实际的结构并装入数据，进行测试并接入相关软件进行试运行的整个过程。

1. 建立实际的数据库结构

研究了数据库逻辑结构与物理结构后，就可以用所选用的DBMS提供的数据定义语言（DDL）来严格描述数据库结构，具体实施可以使用SQL定义语句CREATE TABLE来建立基本数据表，用CREATE VIEW语句来建立视图。

2. 数据库测试用例生成

数据库测试用例生成又称数据库加载（Loading），是数据库实施阶段的主要工作。在数据库结构建立好之后，就可以向数据库加载数据。

由于数据库的数据量一般都比较大，它们分散于某个应用企业（或组织）的各个部门中的数据文件、报表或多种形式的单据中，存在着大量的重复数据，并且格式和结构不一定符合数据库结构的要求，需要将这些数据收集并加以整理，去掉冗余并转换成数据库规定的格式，这样经过处理后的数据才可以加载到数据库中。因此，这需要耗费大量的人力、物力，是一种非常单调乏味而又意义重大的工作。

由于应用环境和数据来源的差异，不可能存在普遍通用的转换规则，现有的DBMS并不提供通用的数据转换软件来完成这一工作。

对于一般的小型软件系统，因载入的数据量较少，可以采用人工方法来完成。具体步骤如下：

（1）筛选数据

需要载入数据库的数据通常都分散在各个部门的数据文件或凭证中，所以首先必须把需要入库的数据筛选出来。

（2）转换数据模式

筛选出来的需要入库的数据，其格式一般与数据库要求不符，还需要进行转换。这种转换有时可能比较复杂。

（3）载入数据

将转换好的数据手工输入到计算机中。

（4）校验数据

检查输入的数据是否有误。

一般人工方法效率比较低，并且容易产生差错。对于数据量较大的软件系统，应该由计算机来完成这一工作。通常是设计一个数据库用例自动生成软件，其主要功能是从大量的数据文件中筛选、分类、综合和转换数据库所需要的数据，将它们加工成数据库所要求的结构形式，最后载入到数据库中同时还要采用多种检验技术检查输入数据的正确性。

3.7　数据库的运行和维护

数据库试运行结果符合预期设计目标后，则数据库就可以真正投入运行。数据库投入运行标志着开发任务的基本完成和维护工作的开始，并不意味着设计过程的终结。由于应用环境在不断变化，数据库运行过程中物理存储也会不断变化，对数据库设计进行评价、调整、修改等维护工作是一个长期的任务，也是设计工作的继续和提高。

数据库的运行和维护

1. 数据库的备份和恢复

定期对数据库和日志文件进行备份，以保证一旦发生故障，能利用数据库备份及日志文件备份，尽快将数据库恢复到某种一致性状态，从而减少对数据的破坏。

2. 数据库的安全性、完整性控制

DBA必须对数据库安全性和完整性控制负起责任。根据用户的实际需要授予不同的操作权限。另外，由于应用环境的变化，数据库的完整性约束条件也会变化，也需要DBA不断修正，以满足用户要求。

按照设计阶段提供的安全规范和故障恢复规范，DBA需要根据用户的不同的操作权限，经常检查系统的安全是否受到侵犯。

数据库在运行过程中，由于应用环境发生变化，对安全性的要求可能发生变化，DBA要根据实际情况及时调整相应的授权和密码，以保证数据库的安全性。

同样，数据库的完整性约束条件也可能会随应用环境的改变而改变，这时DBA也要对其进行调整，以满足用户的要求。

另外，为了确保系统在发生故障时能够及时地进行恢复，DBA要针对不同的应用要求制订不同的转储计划，定期对数据库和日志文件进行备份，以使数据库在发生故障后恢复到某种一致性状态，保证数据库的完整性。

3. 数据库性能的监督、分析和改进

目前许多DBMS产品都提供了监测系统性能参数的工具，DBA可以利用这些工具方便地得到系统运行过程中一系列性能参数的值。DBA应该仔细分析这些数据，通过其中某些参数来进一步改进数据库性能。经常对数据库的存储空间状况及响应时间进行分析评价；结合用户的反应情况确定改进措施；及时改正运行中发现的错误；按用户的要求对数据库的现有功能进行适当的扩充。

4. 重新组织数据库

数据库运行一段时间后，由于记录的不断增加、删除和修改，会改变数据库的物理存储结构，使数据库的物理特性受到破坏，从而降低数据库存储空间的利用率和数据的存取效率，使数据库的性能下降，因此，需要对数据库进行重新组织，即重新安排数据的存储位置，回收垃圾，减少指针链，改进数据库的响应时间和空间利用率，以提高系统性能。这与操作系统对“磁盘碎片”的处理的概念相类似。

数据库的重组只是使数据库的物理存储结构发生变化，而数据中逻辑结构不变，所以根据数据库的三级模式，可以知道数据库重组对系统功能没有影响，只是为了提高系统的性能。

数据库应用环境的变化可能导致数据库的逻辑结构发生变化，例如要增加新的实体，增加某些实体的属性，这样实体之间的联系发生了变化，使原有的数据库设计不满足新的要求，必须对原来的数据库重新构造，适当调整数据库的模式和内模式。例如，要增加新的数据项，增加或删除索引，修改完整性约束条件等。

DBMS一般都提供了重新组织和构造数据库的应用程序，以帮助DBA完成数据库的重组和重构工作。

只要数据库系统在运行，就需要不断进行修改、调整和维护。一旦应用变化太大，数据库重新组织也无济于事，这就表明数据库应用系统的生命周期结束，应该建立新系统，重新设计数据库。从头开始进行数据库设计工作，标志着一个新数据应用系统生成周期的开始。

小　结

本章以一个应用案例——学生信息管理系统阐述了数据库设计的六大步骤：需求分析阶段、概念结构设计阶段、逻辑结构设计阶段、数据库物理设计阶段、数据库实施阶段、数据库运行和维护阶段。对各个阶段均给出了详尽的分析和说明。本章是本书的核心部分，也是整个数据库技术的核心部分，其给出了数据库设计的完整过程。

本章重点：概念结构设计，即E-R模型的构建。要求掌握局部E-R模型的构建与整体E-R模型的集成，这为逻辑模型设计打下基础。

思考与练习

1. 试述数据库的设计过程。
2. 需求分析阶段的设计目标是什么？调查内容是什么？
3. 数据字典的内容和作用是什么？
4. 什么是数据库的概念结构？试述其特点和设计策略。
5. 什么是数据库的逻辑结构设计？试述其设计步骤。
6. 试述数据库物理设计的内容和步骤。
7. 现有一个局部应用，包括两个实体：“出版社”和“作者”，这两个实体是多对多的联系，请设计适当的属性，画出E-R图，再将其转换为关系模型（包括关系名、属性名、码和完整性约束条件）。

8. 图3–24所示为一个销售业务管理的E-R图，请把它转换成关系模型。

9. 设有一家百货商店，已知信息有：

（1）每个职工的数据是职工号、姓名、地址和他所在的商品部。

（2）每一商品部的数据有：职工、经理和经销的商品。

（3）每种经销的商品数有：商品名、生产厂家、价格、型号（厂家定的）和内部商品代号（商店规定的）。

（4）关于每个生产厂家的数据有：厂名、地址、向商店提供的商品价格。

请设计该百货商店的概念模型，再将概念模型转换为关系模型。注意某些信息可用属性表示，其他信息可用联系表示。

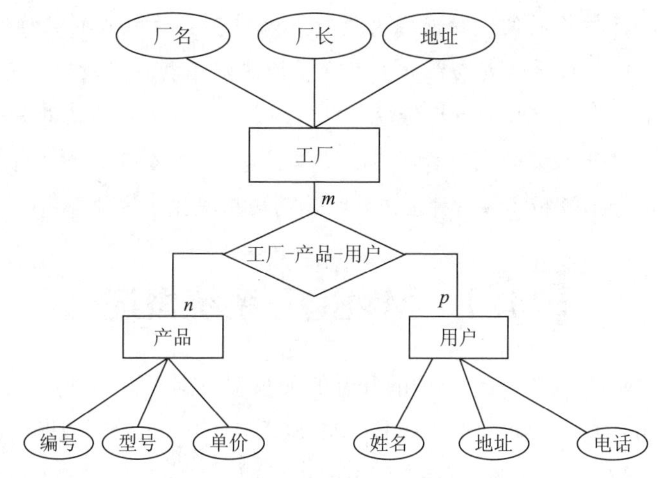

图 3–24　第 8 题图示

10. 下列有关E-R模型向关系模型转换的叙述中，不正确的是（　　）。

A. 一个实体模型转换为一个关系模式

B. 一个1∶1联系可以转换为一个独立的关系模式，也可以与联系的任意一端实体所对应的关系模式合并

C. 一个1∶n联系可以转换为一个独立的关系模式，也可以与联系的任意一端实体所对应的关系模式合并

D. 一个m∶n联系转换为一个关系模式

第4章

MySQL 数据库系统概述及安装配置

MySQL数据库是目前市场上比较流行的数据库之一，它以安全、稳定、开源、操作简便、功能强大等特点著称。其开放式的架构使得用户选择性很强，同时社区开发与维护人数众多，决定了其在市场上拥有越来越多的用户，目前已占到25%的市场份额，应用到大中小企业及政府机构等诸多的领域，成为一种开源型的主流数据库。本章主要介绍MySQL的安装配置及使用环境，为读者了解和掌握一种主流数据库的应用提供了方便。

4.1 MySQL系统概述

MySQL是一个小型的开源的关系型数据库管理系统，由瑞典MySQL AB公司开发。2008年1月16日，MySQL AB被Sun公司收购；而2009年，Sun公司又被Oracle收购。这样，MySQL就成了Oracle公司的另一个数据库项目。

4.1.1 MySQL简介

MySQL是一种关系型数据库管理系统，关系型数据库的特点是将数据保存在不同的表中，再将这些表放入不同的数据库中，而不是将所有数据统一放在一个大仓库里。这样的设计增加了MySQL的读取速度，而且灵活性和可管理性也得到了很大提高。访问及管理MySQL数据库的最常用标准化语言为SQL（结构化查询语言）。

MySQL在遵守GPL协议的前提下，可以免费使用与修改，也为MySQL的推广与使用带来了更多的利好。在MySQL成长与发展过程中，支持的功能逐渐增多，性能也不断提高，对平台的支持也越来越多。

MySQL在世界范围内得到了广泛的应用，是使用人数最多的数据库软件之一，因为它具有以下特性：

① 成本：MySQL是开源软件，可以免费使用和修改。

② 性能：MySQL性能很好，处理速度很快。

③ 简单：MySQL很容易安装和使用，对新手友好。

MySQL的特点有：

① 使用C和C++编写，并使用了多种编译器进行测试，保证源代码的可移植性。

② 支持多种操作系统，如Linux、Windows、AIX、FreeBSD、HP-UXMacOS、NovellNetWare、OpenBSD、OS/2 Wrap、Solaris等。

③ 为多种编程语言提供了API，如C、C++、Python、Java、Perl、PHP、Eiffel、Ruby等。

④ 支持多线程，充分利用CPU资源。

⑤ 优化的SQL查询算法，有效地提高查询速度。

⑥ 提供多语言支持，常用的编码有GB2312、BIG5、UTF8等。

⑦ 提供TCP/IP、ODBC和JDBC等多种数据库连接途径。

⑧ 提供用于管理、检查、优化数据库操作的管理工具。

⑨ 大型的数据库，可以处理拥有上千万条记录的大型数据库。

⑩ 支持多种存储引擎。

⑪ MySQL使用标准的SQL数据语言形式。

⑫ MySQL是可以定制的，采用了GPL协议，可以修改源码来开发自己的MySQL系统。

⑬ 在线DDL更改功能。

⑭ 复制全局事务标识。

⑮ 复制无崩溃从机。

⑯ 复制多线程。

MySQL软件采用了双授权政策，它分为社区版和商业版，由于其体积小、速度快、总体拥有成本低，尤其是开放源码这一特点，一般中小型网站的开发都选择MySQL作为网站数据库。

4.1.2　MySQL数据类型

MySQL常用的数据类型有数值类型、字符串类型及日期类型等。表4-1所示为MySQL常用的数据类型及其描述。

表4-1　MySQL常用数据类型

数据类型	描　述	字　节
TINYINT	微整型，取值范围：-128~+127	1
SAMLLINT	短整型，取值范围：-32 768~+32 767	2
MEDIUMINT	中整型，取值范围：-8 388 608~8 388 607	3
INT	整型，取值范围：-2^31~+2^31-1	4
BIGINT	长整型，取值-2^63~+2^63-1	8
FLOAT	单精度浮点型数据,8位精度	4
DOUBLE	双精度浮点型数据,16位精度	8
DECIMAL	定点型小数，DECIMAL(m.d),d为小数位数m<65,d<30,如DECIMAL(6.3)6位长度3位小数	取决于精度与长度

续表

数据类型	描　述	字　节
CHAR	固定长度的字符串，如char(10)	特定字符串长度
VARCHAR	具有最大限制的可变长度的字符串	特定字符串长度
TEXT	没有最大长度限制的可变长度的字符串	
BLOB	二进制字符串	
TIME	时间型数据 hh:mm:ss	3
DATETIME	日期时间型的数据 yyyy-nn-ddhh:mm:ss	8
TIMESTAMP	日期时间型的数据 yyyy-nn-ddhh:mm:ss	4
YEAR	年份的日期数据	1
ENUM	枚举型数据	1~2

表4-1给出的是MySQL数据库的常用类型，其中CHAR型与VARCHAR型的主要区别是数据在磁盘中的存储容量，如CHAR(8)与VARCHAR(8)都表示最大字符长度允许8个字节，但是如果实际存入的字段值是“abcd”4个字符，则CHAR(8)型也要在占8个字节空间，而VARCHAR(8)型则只占4个字节空间，即VARCHAR型可根据实际存入的字符个数来决定占用的空间容量。

TIMESTAMP和DATETIME都是日期时间型数据格式，但二者有些相同与不同点。

TIMESTAMP和DATETIME的相同点是：

两者都可用来表示YYYY-MM-DD HH:MM:SS[.fraction]类型的日期。

TIMESTAMP和DATETIME的不同点是：

两者的存储方式不一样。对于TIMESTAMP，它把客户端插入的时间从当前时区转化为UTC（世界标准时间）进行存储。查询时，将其又转化为客户端当前时区进行返回。而对于DATETIME，不做任何改变，基本上是原样输入和输出。

两者所能存储的时间范围不一样。TIMESTAMP所能存储的时间范围为：'1970-01-01 00:00:01.000000' ~ '2038-01-19 03:14:07.999999'。

DATETIME所能存储的时间范围为：'1000-01-01 00:00:00.000000' ~ '9999-12-31 23:59:59.999999'。

4.2　MySQL数据库系统的安装与配置

MySQL数据库系统的安装与配置

MySQL目前在市场上流行的有多个版本，用户既可以选择最新版本下载安装，也可以选择历史版本安装，新版本的优势是能给用户带来一些最新的技术，但也可能存在稳定性不佳的情况，而历史版本经过长时间的验证相对稳定性比较高。本书给出用户最新版本8.0.20以及使用的比较成熟的历史版本5.7安装配置方法，并提供下载地址，供用户选择安装使用。

4.2.1　MySQL 8.0安装与配置

MySQL 8.0数据库的安装软件下载地址为https://MySQL.com，如图4–1所示。

1.MySQL 8.0的安装

① 单击DOWNLOADS下面的MySQL Community(GPL) DOWNLOADS。

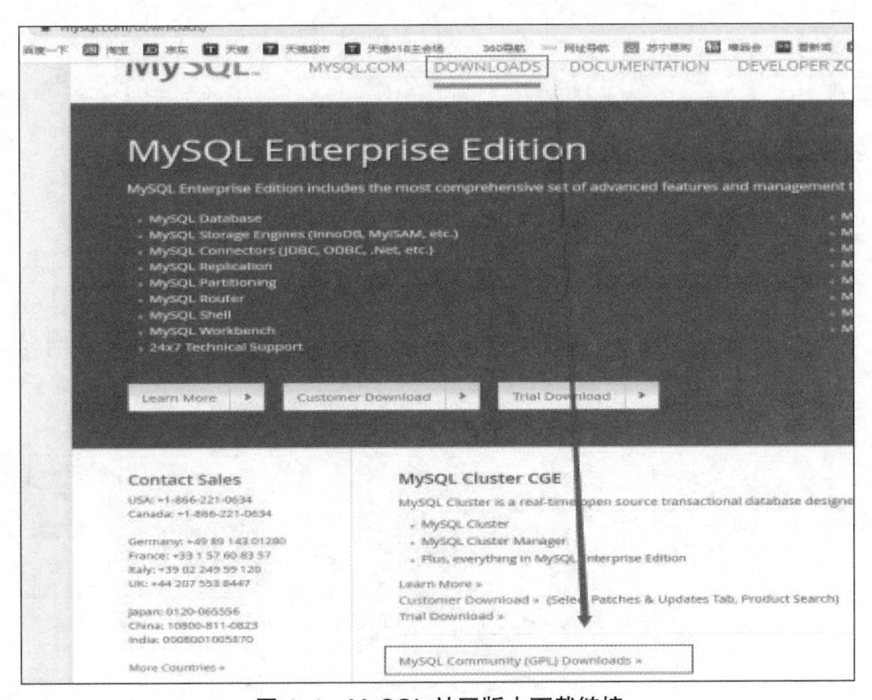

图 4–1　MySQL 社区版本下载链接

② 选择MySQL Community Server［社区服务器（免费版）］如图4–2所示。

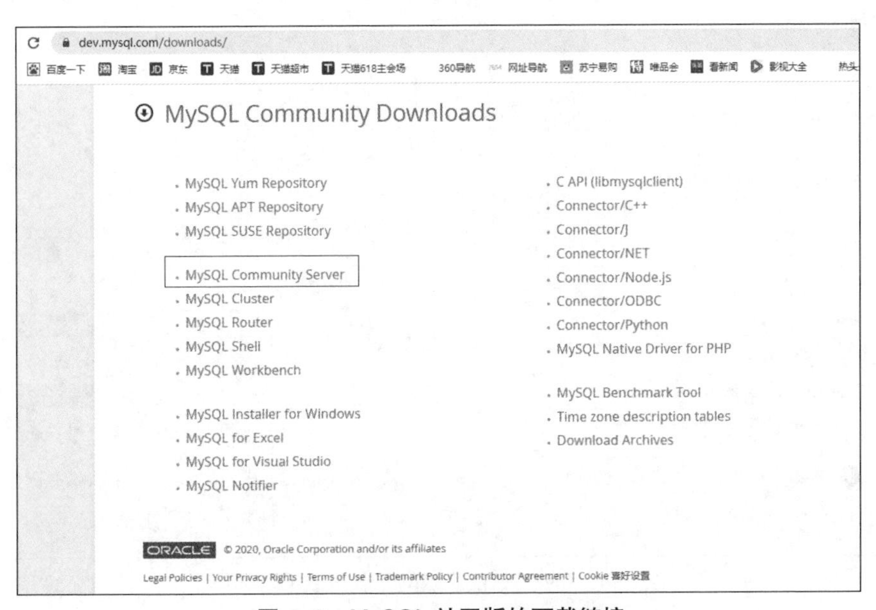

图 4–2　MySQL 社区版的下载链接

MySQL Communit Edition为Windows平台下的安装提供了MSI的安装包和ZIP格式解压包，用户可根据需要自行选择。用户在下载前要确认MySQL运行的操作系统以及操作系统的位数，以便选择最匹配的MySQL软件。在ZIP格式的自解压安装包中，MySQL还提供了正式版和调试版供用户下载，如图4-3、图4-4所示。

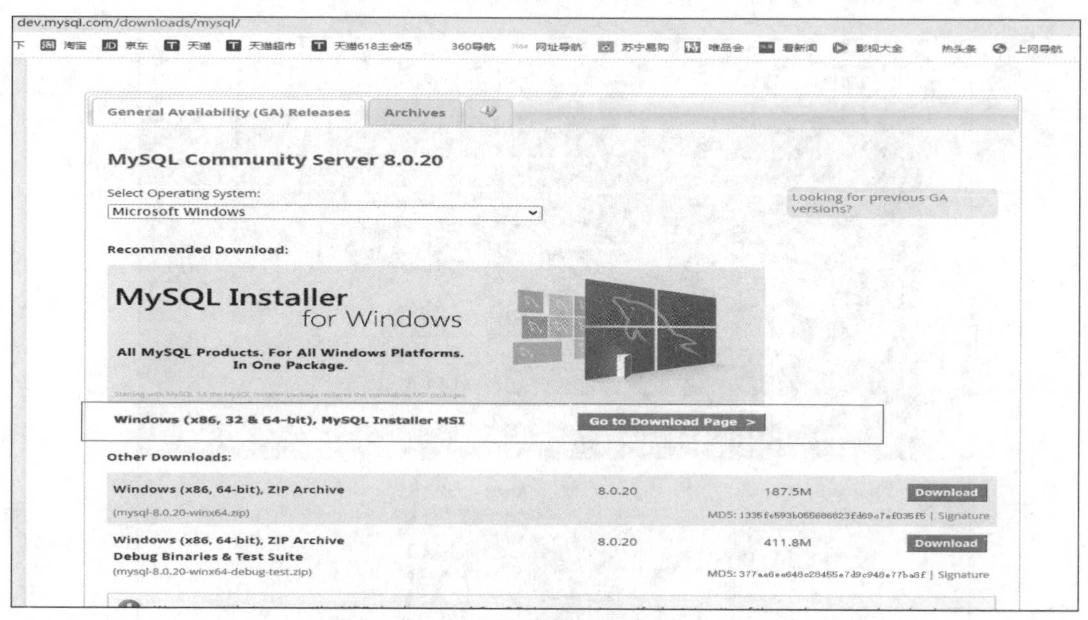

图4-3　MySQL社区版的下载链接（一）

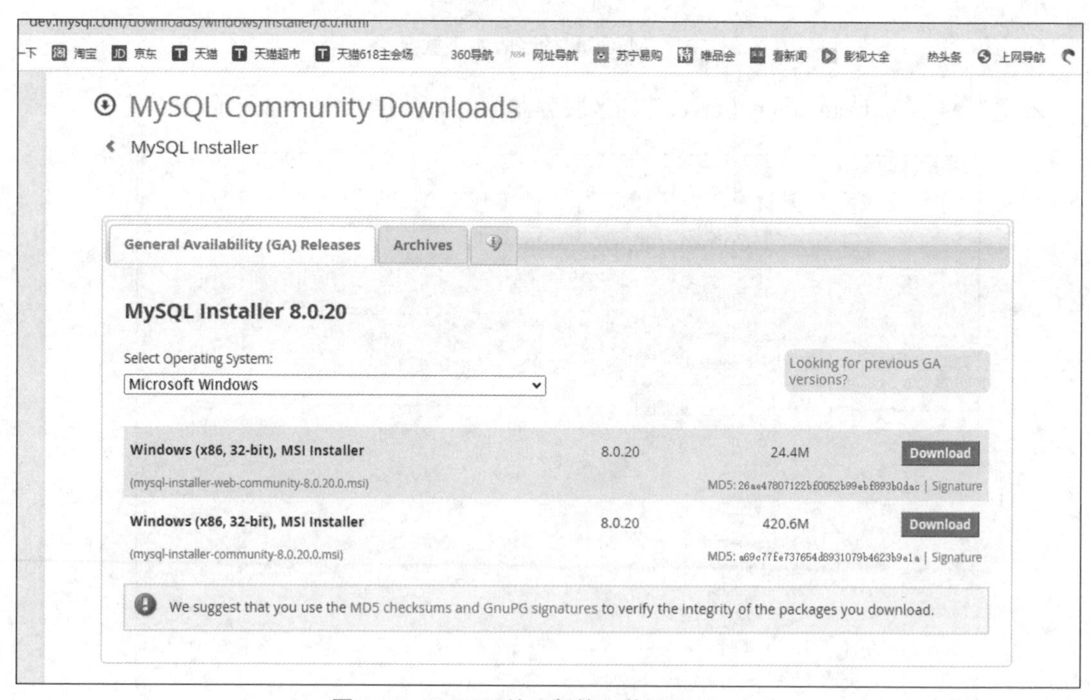

图4-4　MySQL社区版的下载链接（二）

注意：在下载页面中，用户可以选择注册或登录系统进行下载，只需要单击页面最下方的No thanks,just start my download即可，如图4-5所示。

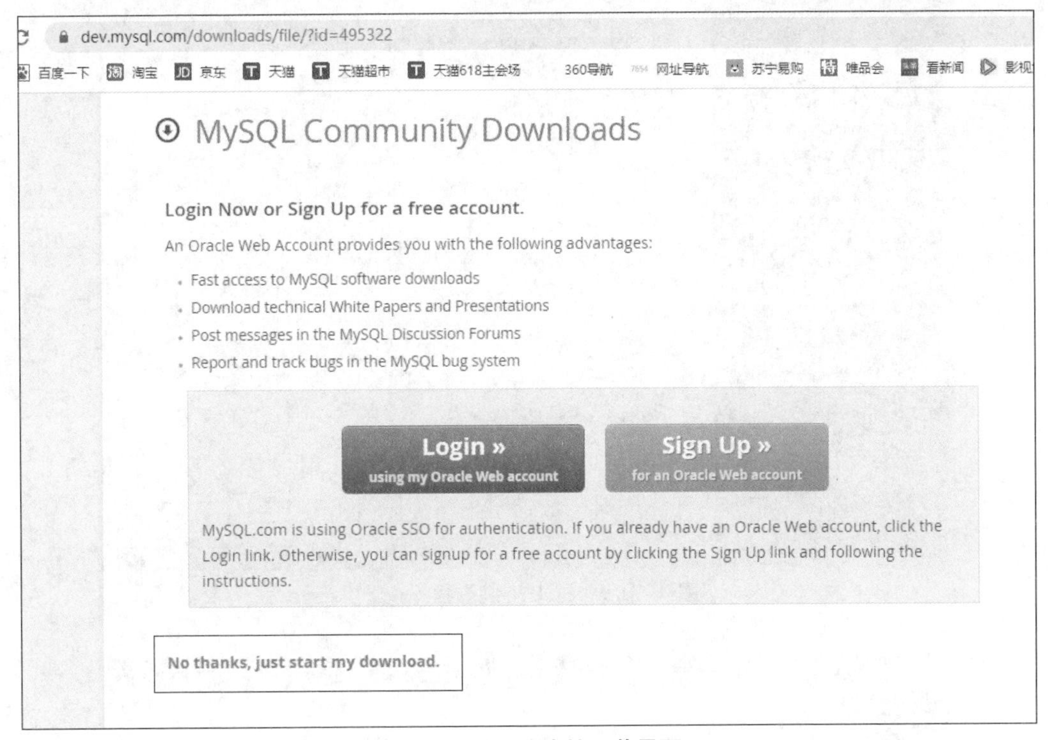

图 4-5　注册或直接下载界面

③ 下载文件，保存到指定的文件夹下（见图4-6），双击开始安装。

图 4-6　MySQL 下载文件

④ 执行了MySQL的MSI安装文件后，按照提示逐步安装即可，在安装出现如图4-7所示的画面时，选择安装类型时保持默认，即选择第一个Developer Default即可，这里包含开发者所需要的必备组件。用户也可以选择Custom客户安装模式，有选择地进行安装。安装后系统会自动装入各组件，如图4-8所示。

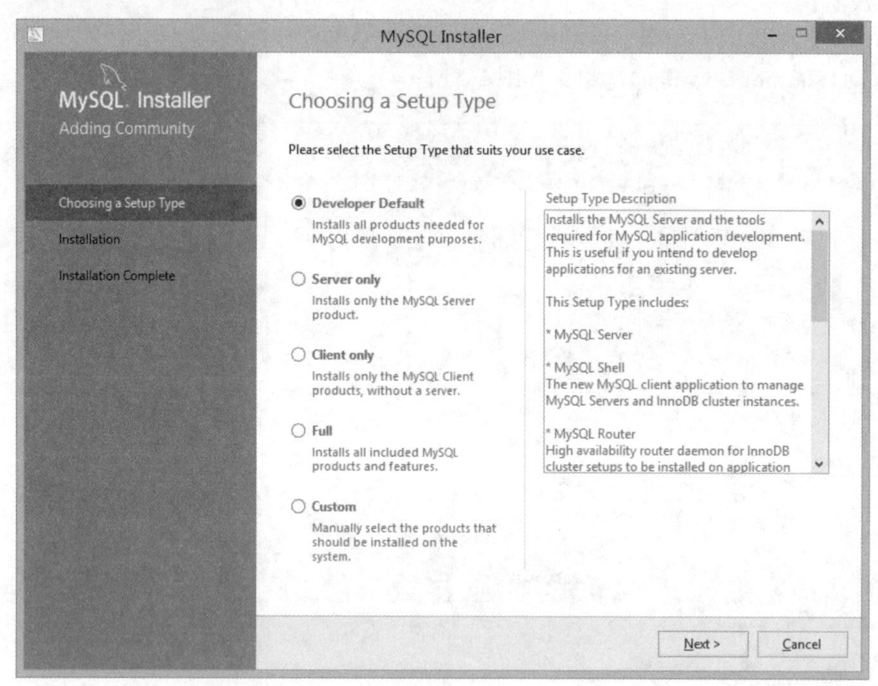

图 4-7　MySQL 安装进程（一）

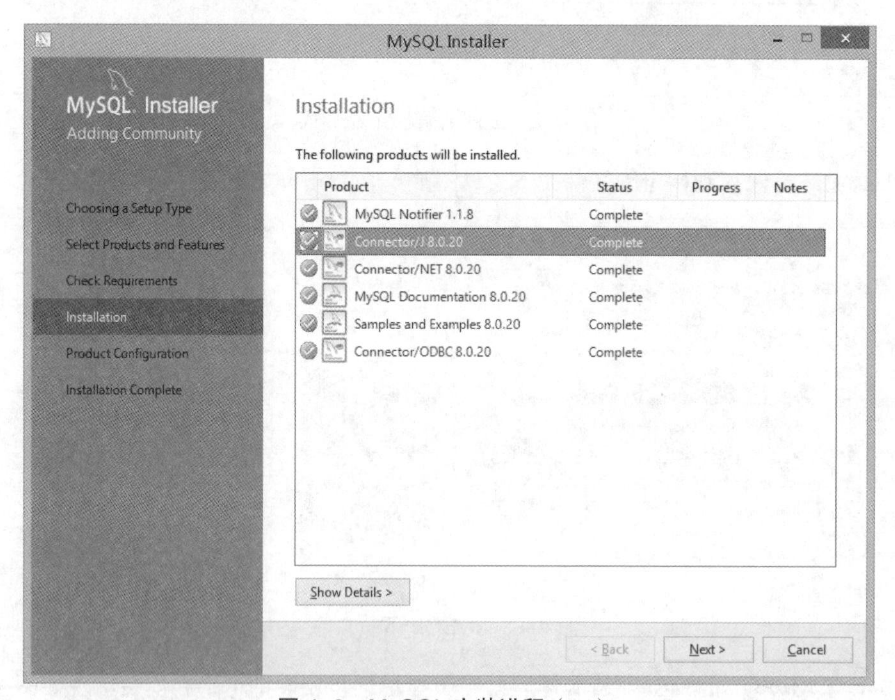

图 4-8　MySQL 安装进程（二）

⑤ 安装完成后，就进入MySQL的配置界面，如图4-9所示。

2.MySQL 8.0的配置

相关配置工作，包括High Availability、Type and Networkint、Authentication Method、Account and Roles、Windows Service、Apply Configuration等配置项均应该在此配置，配置工作

比较重要，这关系到以后MySQL的运行效率。

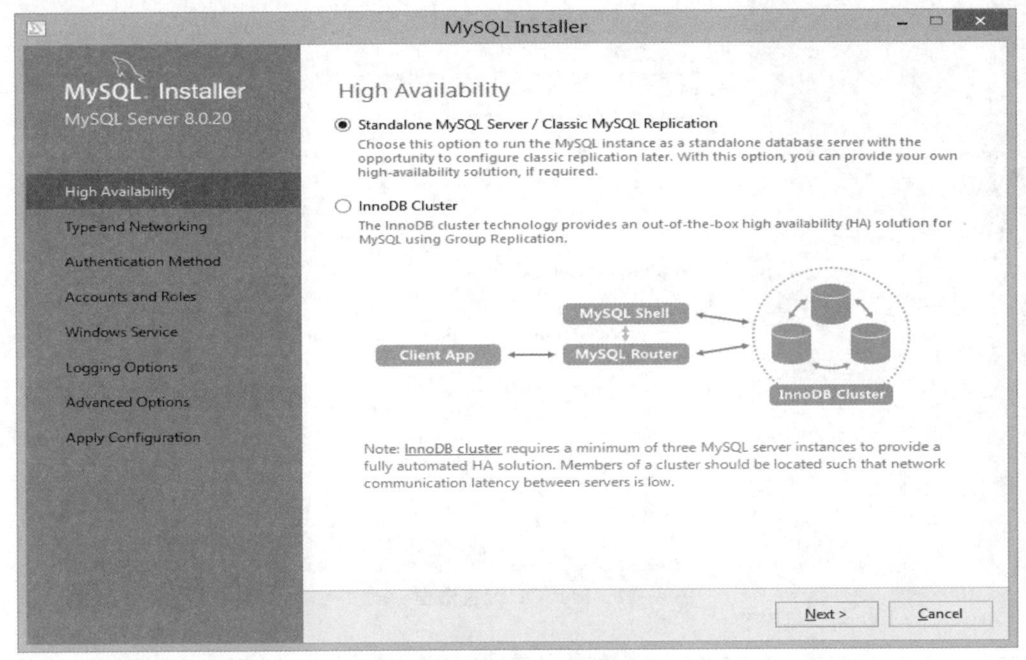

图 4–9　MySQL 配置进程（一）

Type and Networkint、Authentication Method的配置如图4–10所示，按系统默认步骤进行即可；Account and Roles设置root密码，如图4–11所示；Windows Service按默认配置，如图4–12所示；Apply Configuration按默认配置，如图4–13 所示。配置成功后如图4–14所示。

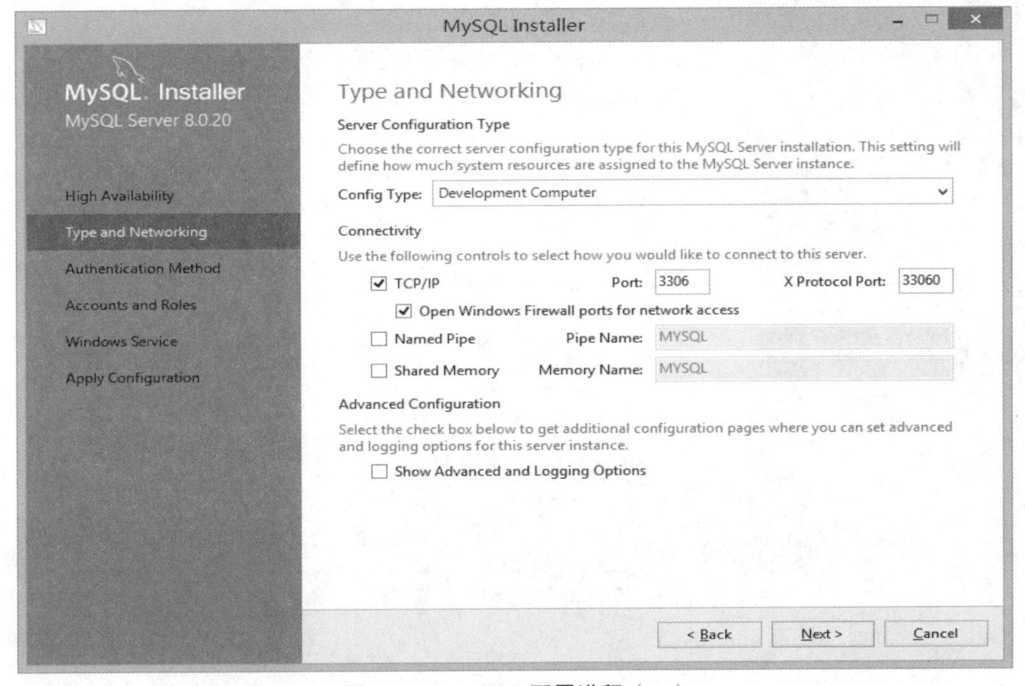

图 4–10　MySQL 配置进程（二）

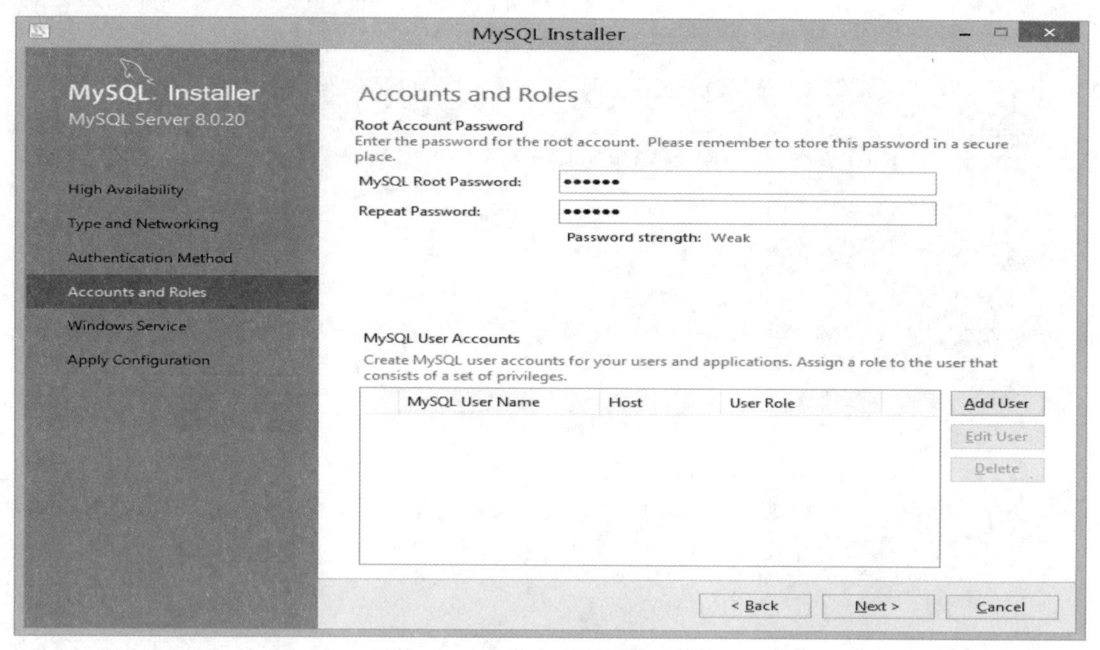

图 4-11　MySQL 配置进程（三）

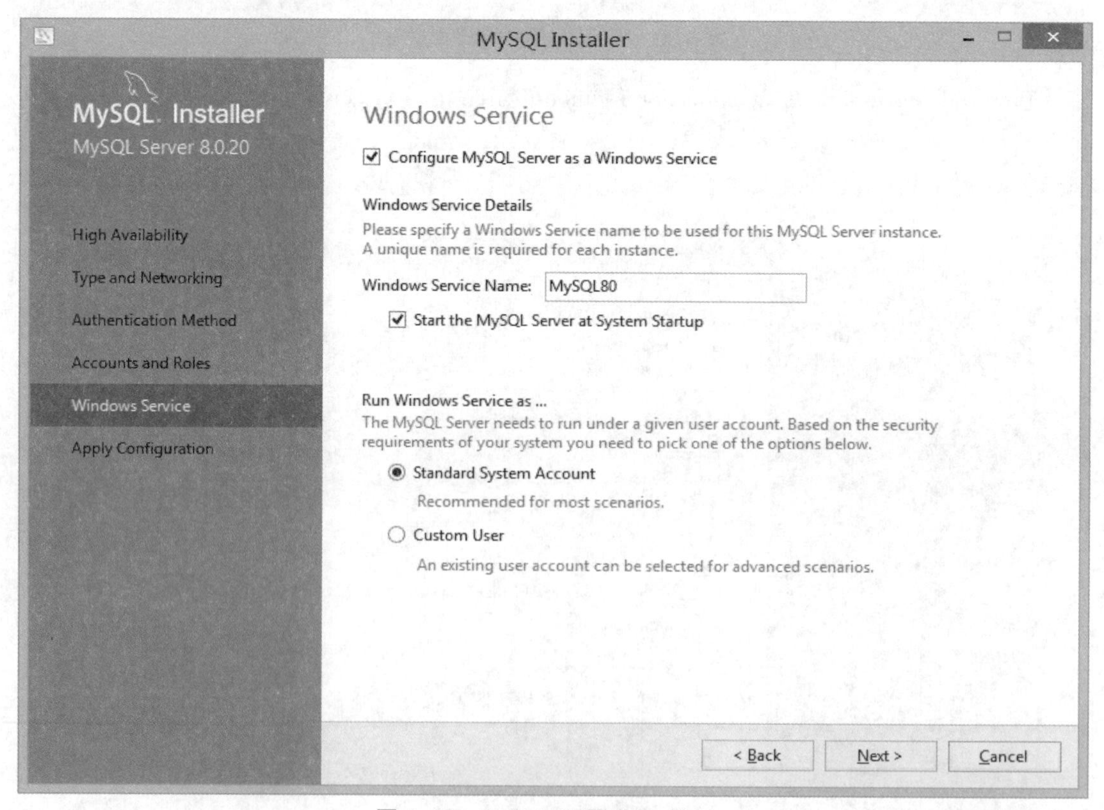

图 4-12　MySQL 配置进程（四）

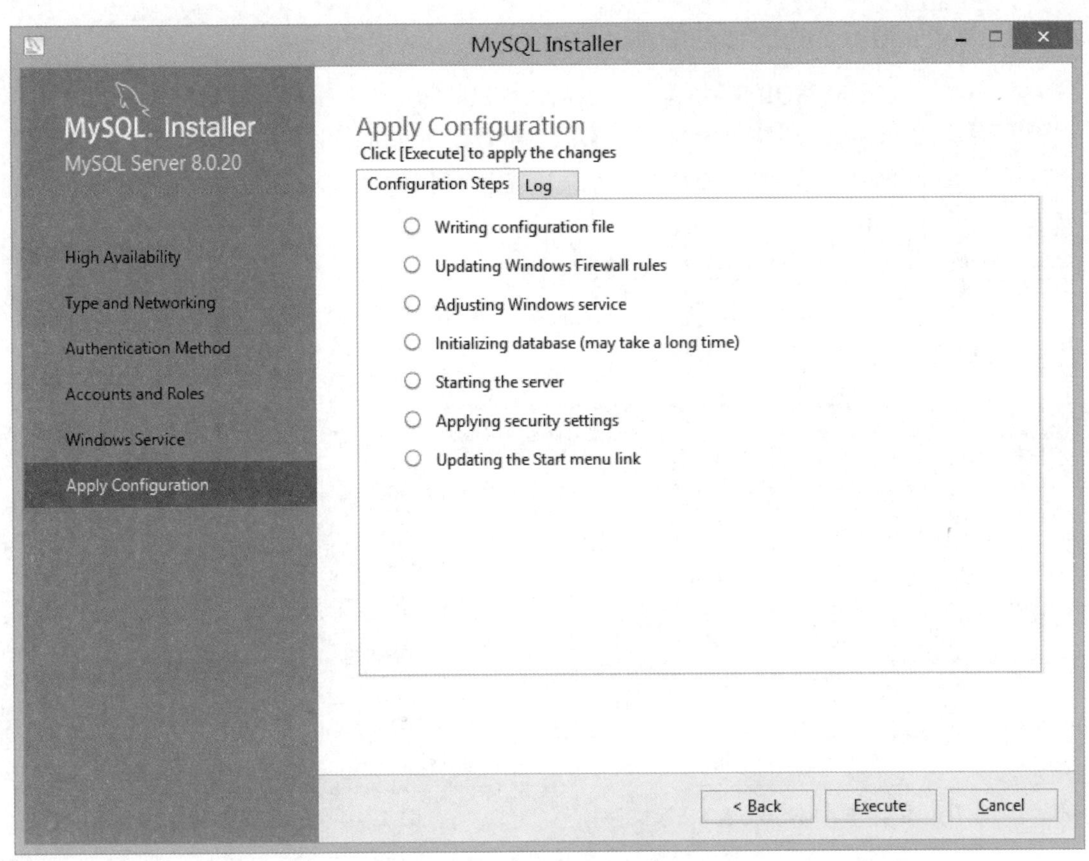

图 4–13　MySQL 配置进程（五）

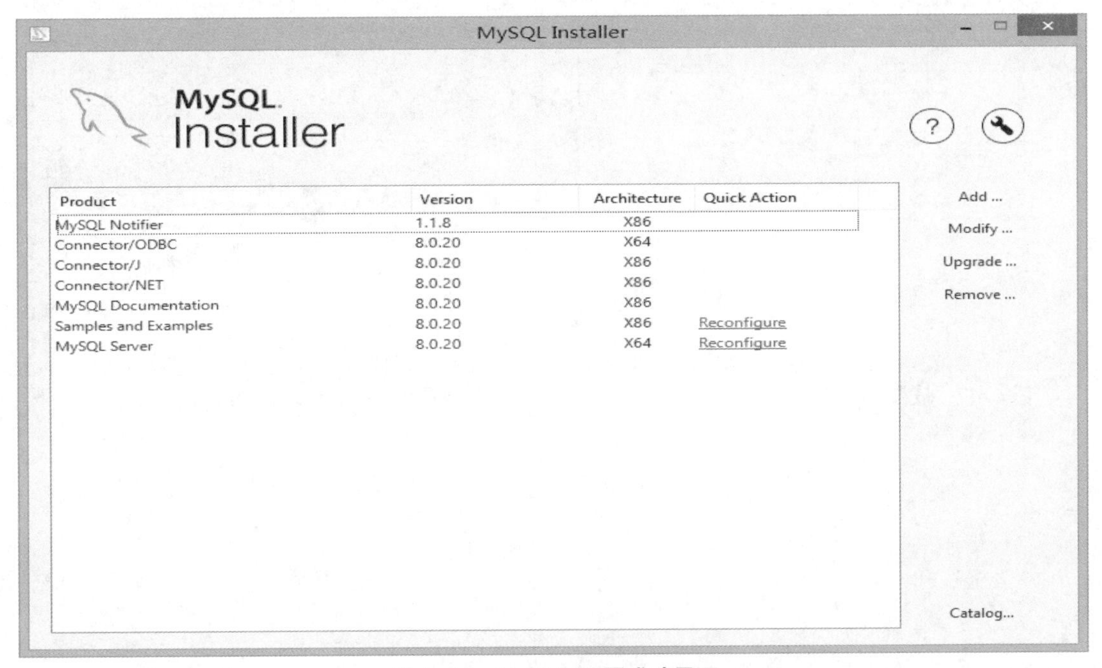

图 4–14　MySQL 配置成功界面

4.2.2　MySQL 5.7的安装与配置

MySQL 5.7的
安装与配置

MySQL 5.7版本是一个比较成熟的版本，目前拥有的用户非常多，市场大多数应用软件也是以它来做后台数据库支持，用户在下载MySQL 5.7版的同时，需要再下载它的一个接口程序（即ODBC接口程序），为后期软件开发所用。

1.MySQL 5.7的安装

下载后的软件如图4-15所示，双击执行MySQL 5.7安装文件，后面按照默认安装即可，如图4-15~图4-20所示。

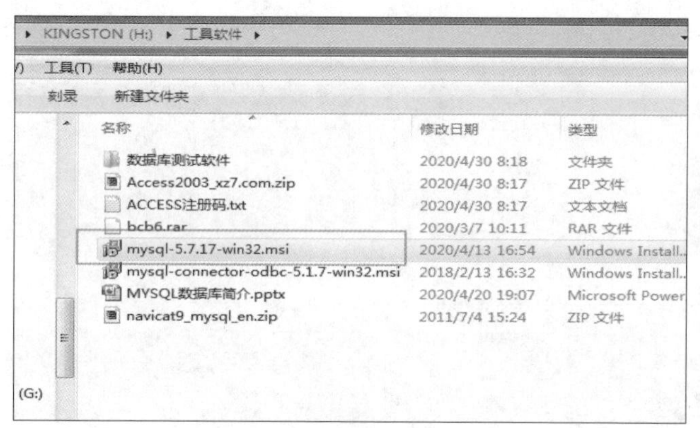

图4-15　MySQL 5.7 安装文件

图4-16　安装 MySQL 5.7 界面（一）

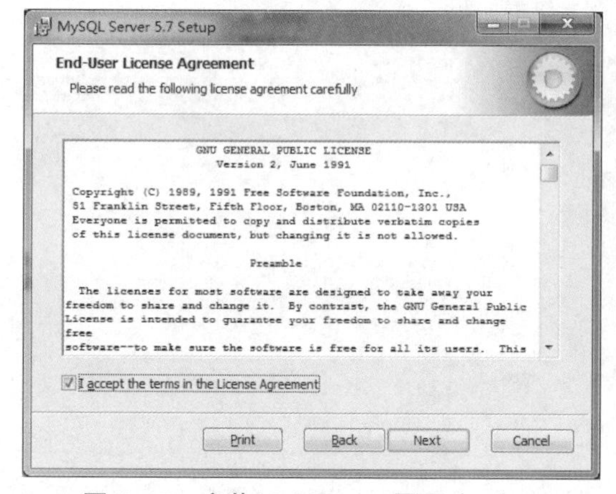

图4-17　安装 MySQL 5.7 界面（二）

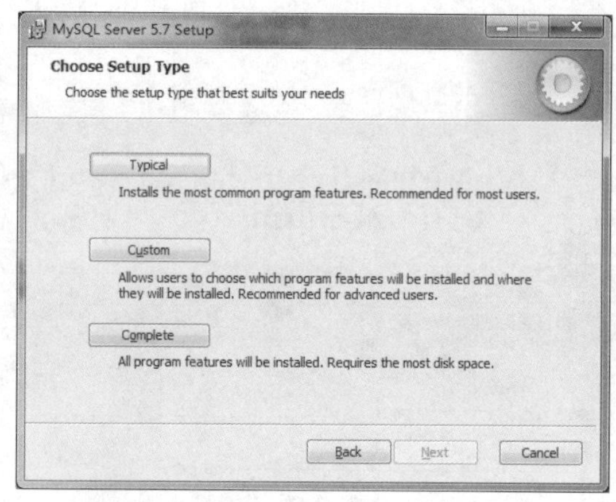

图4-18　安装 MySQL 5.7 界面（三）

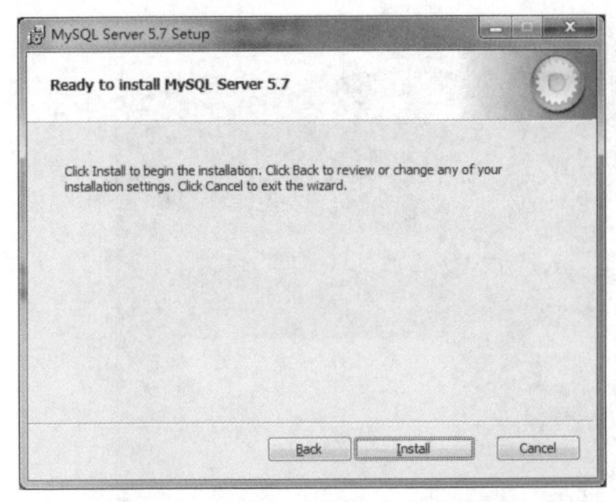

图 4-19　安装 MySQL 5.7 界面（四）

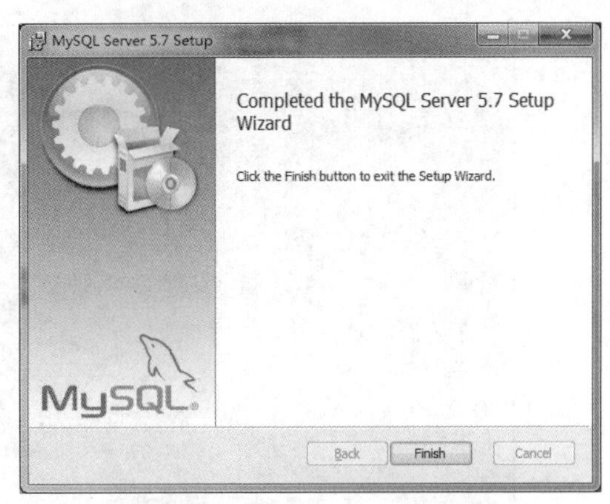

图 4-20　安装 MySQL 5.7 界面（五）

2.MySQL 5.7的配置

① 在MySQL的安装目录即根目录下（C:\Program Files\MySQL\MySQL Server 5.7\）找到配置文件my.ini（如果是my.default.ini，则修改为my.ini），然后将my.ini移至bin文件夹的根目录下，C:\Program Files\MySQL\MySQL Server 5.7\ bin。

② 按【Win+R】组合键，输入cmd进入命令行模式（见图4-21），输入命令cd C:\Program Files\MySQL\MySQL Server 5.7\bin进入MySQL的bin根目录；

注意：如果这条命令不能成功执行，那就按下面方式分步执行。

```
CD\
cd  Program Files
cd  MySQL
cd  MySQL Serve5.7
cd  bin
```

如图4-22、图4-23所示，这一步对于刚安装MySQL5.7来说比较重要。

图 4-21　配置 MySQL 5.7 界面（一）　图 4-22　配置 MySQL 5.7 界面（二）　图 4-23　配置 MySQL 5.7 界面（三）

③ 成功进入bin目录后，执行 MySQL初始化命令mysqld --initialize --user=mysqld --console，如图4-24所示。

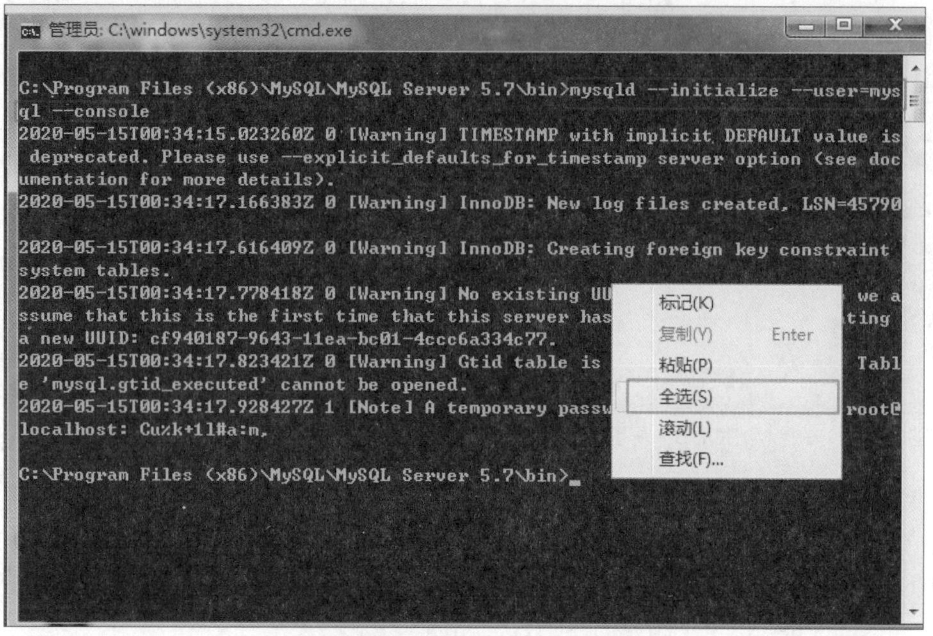

图 4-24　配置 MySQL 5.7 界面（四）

④ 将步骤③执行结果生成的随机临时密码保存下来，(如果复制不到，可以右击界面，选择“全选”命令，然后在随机临时密码附近单击，拖动鼠标选中随机临时密码，按【Ctrl+C】组合键,在文本框按【Ctrl+V】组合键复制下来，如图 4-25 所示。

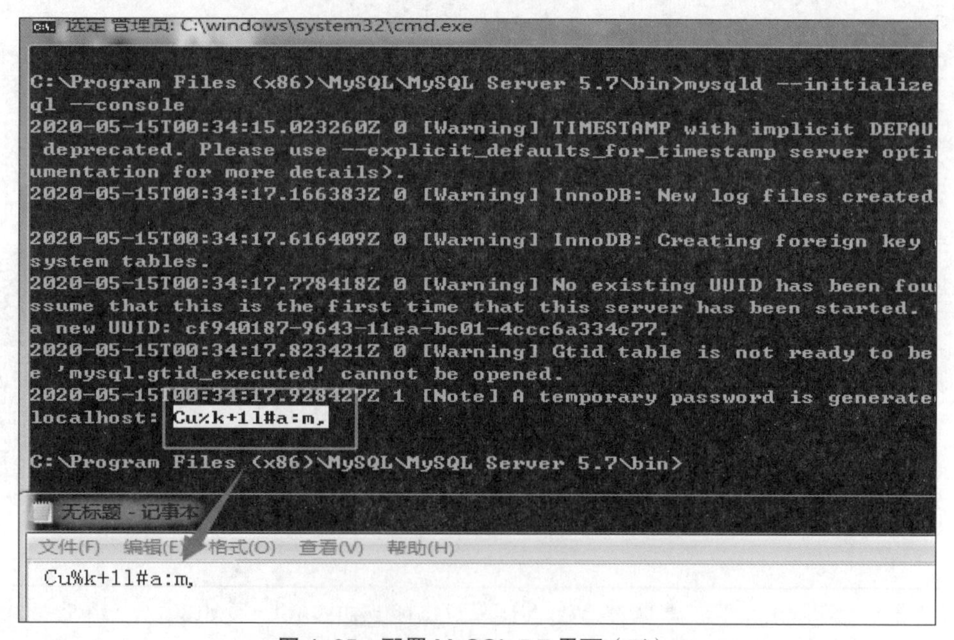

图 4-25　配置 MySQL 5.7 界面（五）

⑤ 执行 mysqld--install 命令即可装载 MySQL 服务，如图 4-26 所示。

```
管理员: C:\windows\system32\cmd.exe
C:\Program Files (x86)\MySQL\MySQL Server 5.7\bin>mysqld --install
Service successfully installed.

C:\Program Files (x86)\MySQL\MySQL Server 5.7\bin>
```

图 4-26　配置 MySQL 5.7 界面（六）

⑥ 输入net start mysql 命令启动MySQL服务，如图4-27所示（也可以到管理工具中的服务里直接启动）。

```
管理员: C:\windows\system32\cmd.exe
C:\Program Files (x86)\MySQL\MySQL Server 5.7\bin>net start mysql
MySQL 服务正在启动 .
MySQL 服务已经启动成功。

C:\Program Files (x86)\MySQL\MySQL Server 5.7\bin>
```

图 4-27　配置 MySQL 5.7 界面（七）

⑦ 输入指令 mysql -u root -p 并按【Enter】键，输入刚刚复制的临时随机密码 *********，即可登录MySQL数据库，如图4-28所示。

```
管理员: C:\windows\system32\cmd.exe - mysql -u root -p
C:\Program Files (x86)\MySQL\MySQL Server 5.7\bin>mysql -u root -p
Enter password: *************
Welcome to the MySQL monitor.  Commands end with ; or \g.
Your MySQL connection id is 4
Server version: 5.7.17

Copyright (c) 2000, 2016, Oracle and/or its affiliates. All rights reserved.

Oracle is a registered trademark of Oracle Corporation and/or its
affiliates. Other names may be trademarks of their respective
owners.

Type 'help;' or '\h' for help. Type '\c' to clear the current input statement.

mysql>

无标题 - 记事本
文件(F)  编辑(E)  格式(O)  查看(V)  帮助(H)
Cu%k+1l#a:m,
```

图 4-28　配置 MySQL 5.7 界面（八）

⑧ 正常登录MySQL后执行下面语句，修改登录密码，如改为123456，如图4-29所示。

```
set password for root@localhost = password('123456');
```

```
mysql> set password for root@localhost = password('123456');
Query OK, 0 rows affected, 1 warning (0.00 sec)

mysql>
```

图 4-29　MySQL5.7 配置

4.3 MySQL数据库的常用命令

MySQL数据库的常用命令

本节主要介绍MySQL的一些专用内部命令，而对于访问数据表等常规SQL命令，将在第5章进行介绍。

4.3.1 登录与退出MySQL数据库

登录MySQL数据库的方法有两种：菜单方式、命令行方式。

1.菜单方式登录

当MySQL安装好后，在Windows菜单中有一项MySQLX.X Command Line Cient，选择后进入MySQL菜单登录方式，这时只需要输入登录密码即可，如图4-30所示。

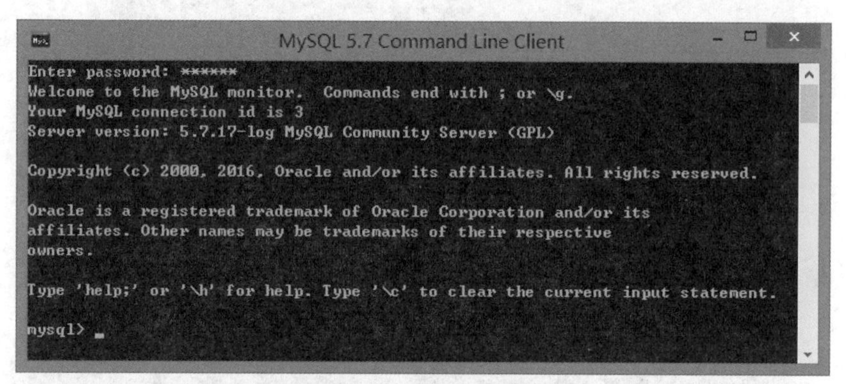

图4-30　MySQL5.7登录

2.命令行方式登录

在Windows界面，按【Win+R】组合键，在打开的“运行”界面输入CMD命令，在DOS命令模式下输入mysql -h localhost -u root -p，即相当于在本地以root用户身份、密码为123456登录，注意这里本地用localhost登录，如图4-31所示。

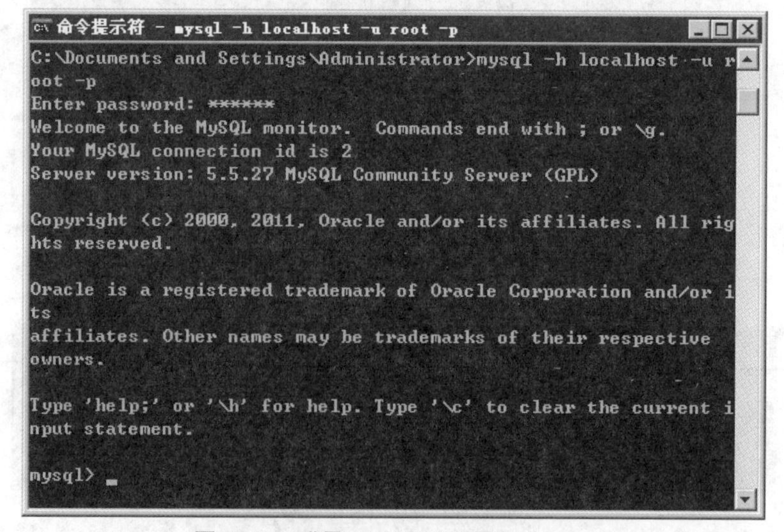

图4-31　登录MySQL 5.7界面（一）

3. 退出MySQL数据库系统

在MySQL状态下，只需要在命令提示符下输入quit或exit或\q均可退出MySQL数据库系统，如图4-32所示。

```
C:\WINDOWS\system32\cmd.exe - mysql -h localhost -uroot -p123456
affiliates. Other names may be trademarks of their respective
owners.

Type 'help;' or '\h' for help. Type '\c' to clear the current input statement.

mysql> exit
Bye

C:\Users\yyh>mysql -h localhost -uroot -p123456
mysql: [Warning] Using a password on the command line interface can be insecure.

Welcome to the MySQL monitor.  Commands end with ; or \g.
Your MySQL connection id is 16
Server version: 5.7.17-log MySQL Community Server (GPL)

Copyright (c) 2000, 2016, Oracle and/or its affiliates. All rights reserved.

Oracle is a registered trademark of Oracle Corporation and/or its
affiliates. Other names may be trademarks of their respective
owners.

Type 'help;' or '\h' for help. Type '\c' to clear the current input statement.

mysql> exit
```

图 4-32　登录 MySQL 5.7 界面（二）

4.3.2　MySQL内部常用命令

1. 帮助显示命令

在MySQL命令提示符下输入“help;”或者“\h”命令，此时就会显示MySQL的帮助信息，如图4-33所示。

```
C:\WINDOWS\system32\cmd.exe - mysql -h localhost -uroot -p123456
Type 'help;' or '\h' for help. Type '\c' to clear the current input statement.

mysql> help;

For information about MySQL products and services, visit:
   http://www.mysql.com/
For developer information, including the MySQL Reference Manual, visit:
   http://dev.mysql.com/
To buy MySQL Enterprise support, training, or other products, visit:
   https://shop.mysql.com/

List of all MySQL commands:
Note that all text commands must be first on line and end with ';'
?         (\?) Synonym for `help'.
clear     (\c) Clear the current input statement.
connect   (\r) Reconnect to the server. Optional arguments are db and host.
delimiter (\d) Set statement delimiter.
ego       (\G) Send command to mysql server, display result vertically.
exit      (\q) Exit mysql. Same as quit.
go        (\g) Send command to mysql server.
help      (\h) Display this help.
notee     (\t) Don't write into outfile.
print     (\p) Print current command.
prompt    (\R) Change your mysql prompt.
quit      (\q) Quit mysql.
rehash    (\#) Rebuild completion hash.
source    (\.) Execute an SQL script file. Takes a file name as an argument.
status    (\s) Get status information from the server.
tee       (\T) Set outfile [to_outfile]. Append everything into given outfile.
use       (\u) Use another database. Takes database name as argument.
charset   (\C) Switch to another charset. Might be needed for processing binlog
with multi-byte charsets.
warnings  (\W) Show warnings after every statement.
nowarning (\w) Don't show warnings after every statement.
resetconnection(\x) Clean session context.

For server side help, type 'help contents'

mysql>
```

图 4-33　MySQL 5.7 帮助显示命令

MySQL提供了许多以"\"连接的内部命令，如"\h"表示的就是显示帮助信息，具体命令功能如表4-2所示。

表4-2 MySQL5.7帮助显示命令列表

命 令	简 写	具体含义
?	(\?)	显示帮助信息
clear	(\c)	清除当前输入语句
connect	(\r)	连接到服务器，可选参数数据库和主机
delimiter	(\d)	设置语句分隔符
ego	(\G)	发送命令到MySQL服务器，并显示结果
exit	(\q)	退出MySQL
go	(\g)	发送命令到MySQL服务器
help	(\h)	显示帮助信息
notee	(\t)	不写输出文件
print	(\p)	打印当前命令
prompt	(\R)	改变MySQL提示信息
quit	(\q)	退出MySQL
rehash	(\#)	重建完成散列
source	(\.)	执行一个SQL脚本文件，以一个文件名作为参数
status	(\s)	从服务器获取MySQL的状态信息
tee	(\T)	设置输出文件（输出文件），并将信息添加到所有给定的输出文件
use	(\u)	用另一个数据库，数据库名称作为参数
charset	(\C)	切换到另一个字符集
warnings	(\W)	每一个语句之后显示警告
nowarning	(\w)	每一个语句之后不显示警告

2.配置MySQL当前显示字符集的命令

MySQL数据库默认的数据集为Latin，这会影响有些中文信息的显示，需要将其设置成为支持中文信息的字符集gbk形式或通用字符集utf8的形式。

在MySQL窗口中使用如下命令：

```
set character_set_client=gbk;
```

将当前显示的字符集设置成为国标码的形式，如图4-34所示。

```
C:\WINDOWS\system32\cmd.exe - mysql  -h localhost -uroot -p123456
mysql>
mysql> set character_set_client = gbk;
Query OK, 0 rows affected (0.00 sec)

mysql>
      半:
```

图 4-34　设置 MySQL 5.7 的字符集

3. 创建数据库

在 MySQL 环境下，创建新数据库的格式如下：

```
CREATE DATABASE 数据库名;
```

例如：

```
CREATE DATABASE xsxx;
```

即在当前 MySQL 环境中创建一个名为 xsxx 的数据库，如图 4-35 所示。

```
C:\WINDOWS\system32\cmd.exe - mysql  -h localhost -uroot -p123456

mysql> create database xsxx;
Query OK, 1 row affected (0.01 sec)

mysql>
      半:
```

图 4-35　创建数据库

4. 显示当前 MySQL 环境下已建好的数据库

如果想要显示一下当前 MySQL 环境下已有的数据库有哪些，可以执行以下命令：

```
SHOW DATABASES;
```

则显示所有已有的数据库名字，如图 4-36 所示。

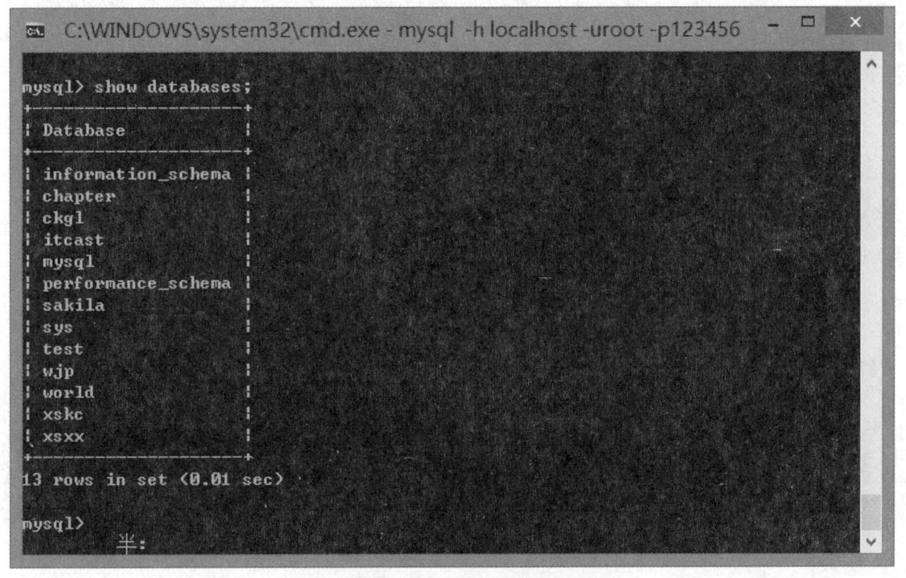

图 4-36　显示已有数据库的名字

5. 选定当前数据库

由于MySQL环境下会存在多个数据库，如何确定当前要操作的数据库需要执行以下命令：

```
use 数据库名;
```

例如：

```
USE xsxx;
```

将xsxx作为当前操作的数据库，如图4-37所示。

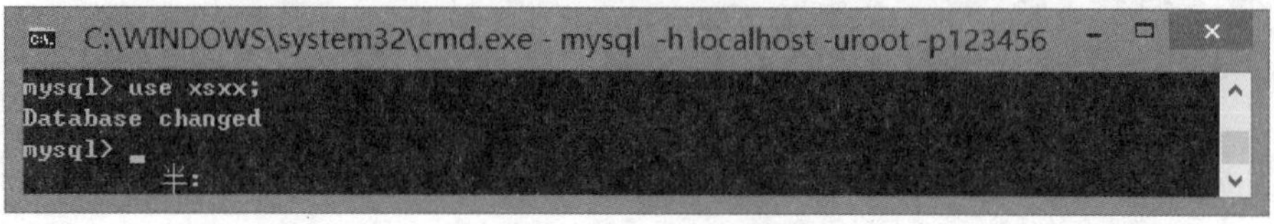

```
C:\WINDOWS\system32\cmd.exe - mysql -h localhost -uroot -p123456
mysql> use xsxx;
Database changed
mysql>
```

图4-37　选定当前数据库

6. 查看当前数据库的信息

如果要查看当前的数据库信息，可执行以下命令：

```
SHOW CREATE DATABASE 数据库名;
```

例如：

```
SHOW CREATE DATABASE xsxx;
```

则将xsxx数据库的相关信息显示出来，如图4-38所示。

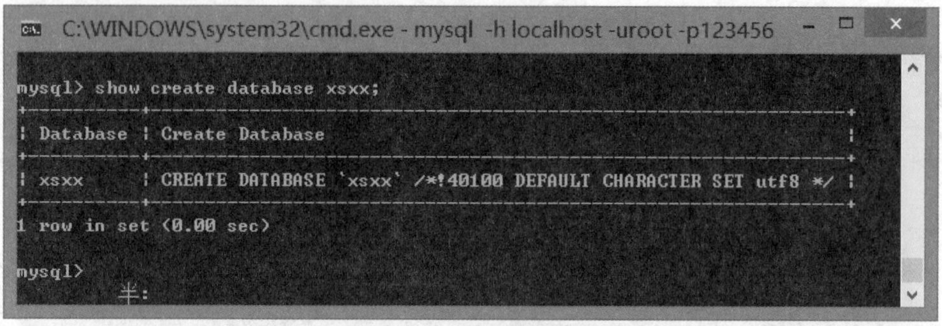

```
C:\WINDOWS\system32\cmd.exe - mysql -h localhost -uroot -p123456
mysql> show create database xsxx;
+----------+-----------------------------------------------------------------+
| Database | Create Database                                                 |
+----------+-----------------------------------------------------------------+
| xsxx     | CREATE DATABASE `xsxx` /*!40100 DEFAULT CHARACTER SET utf8 */ |
+----------+-----------------------------------------------------------------+
1 row in set (0.00 sec)

mysql>
```

图4-38　显示当前数据库信息

7. 修改数据库编码方式

MySQL数据库一旦安装成功，创建的数据库编码也就确定了，如果想修改数据库的编码，可以使用ALTER DATABASE语句实现。

修改数据库的语法如下：

```
ALTER DATABASE 数据库名称 DEFAULT CHARACTER SET 编码方式 COLLATE 编码方式_bin
```

例如，将xsxx数据库编码方式修改为gbk形式（见图4-39）。

```
ALTER DATABASE xsxx DEFAULT CHARACTER SET gbk COLLATE gbk_bin;
```

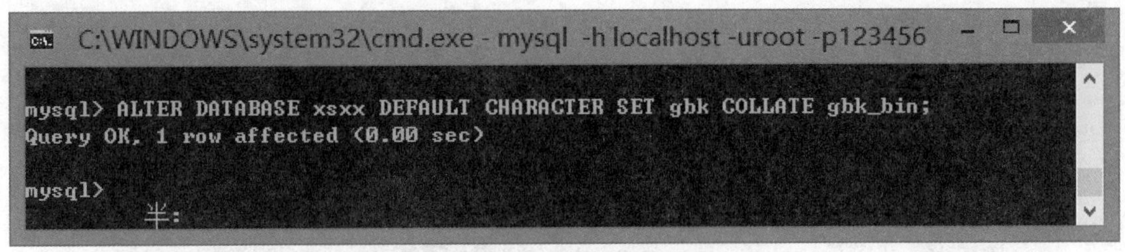

图 4–39　显示当前数据库信息

8. 删除数据库

如果要将已建好的数据库删除，可执行命令如下：

```
Drop  database 数据库名;
```

例如，删除xsxx数据库：

```
Drop database xsxx;
```

9. 查看当前数据库中有哪些数据表

如果想看一下当前的数据库存在哪些张数据表，可执行以下命令：

```
select table_name from information_schema.tables where table_schema='当前数据库'
```

例如，显示xskc数据库下的表，如图4-40所示。

```
select table_name from information_schema.tables where table_schema='xskc';
```

当前xskc库中，有4张数据表：student、mm、course、sc；也可以用 show tables 查看当前的数据库已存在的表名，结果同上。

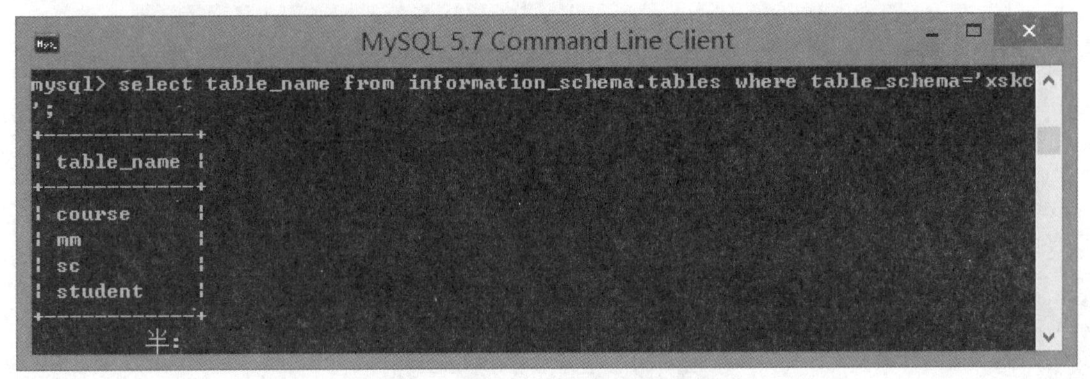

图 4–40　显示 xskc 数据库中的数据表

10. 查看当前数据表的内部信息：

```
SHOW CREATE TABLE 表名;
```

例如，查看数据表student内部信息，可以执行如下命令：

```
SHOW CREATE TABLE student;
```

结果如图4-41所示。

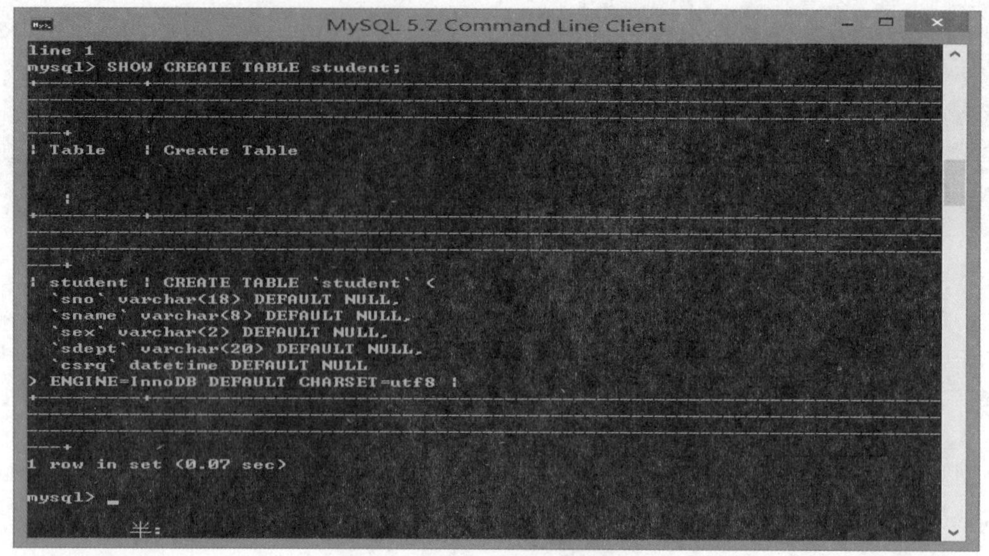

图 4-41　显示当前数据表情况

11. 查看表结构命令

DESCRIBE语句可以查看表的字段信息，其中包括字段名、字段类型等信息。语法如下：

```
DESCRIBE 表名;
```

例如，查看student表结构：

```
DESCRIBE student;
```

结果如图4-42所示。

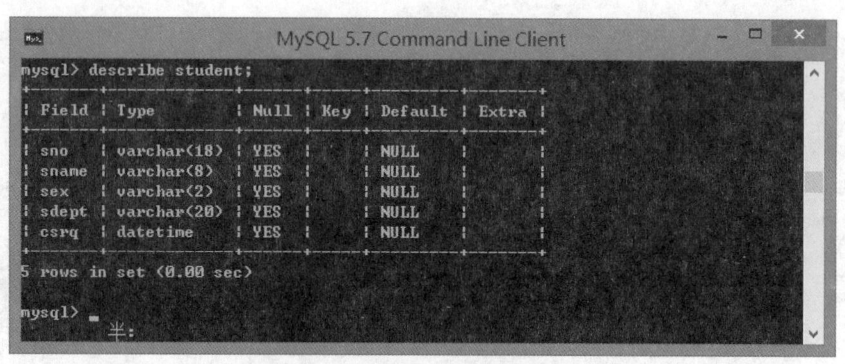
MySQL 5.7 Command Line Client

mysql> describe student;

Field	Type	Null	Key	Default	Extra
sno	varchar(18)	YES		NULL	
sname	varchar(8)	YES		NULL	
sex	varchar(2)	YES		NULL	
sdept	varchar(20)	YES		NULL	
csrq	datetime	YES		NULL	

5 rows in set (0.00 sec)

mysql> _

半：

图 4-42　显示当前数据表结构

12. 修改表名

可以通过如下的语句实现MySQL数据表的表名修改。

```
ALTER TABLE 旧表名 RENAME [TO] 新表名;
```

例如，将student表改为student1表名：

```
ALTER TABLE student  RENAME student1;
```

结果如图4-43所示。

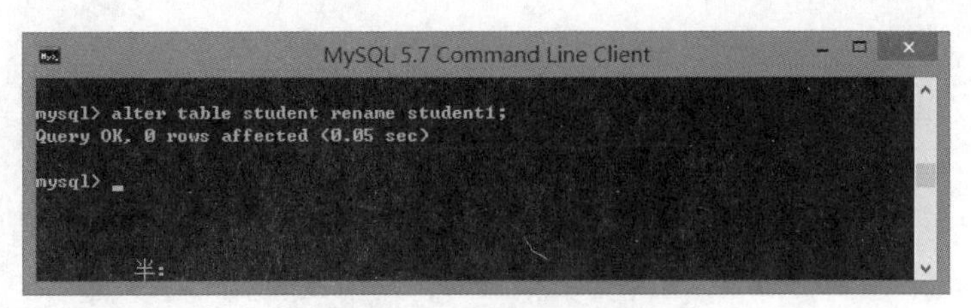

图 4-43　修改数据表名字

4.4　Navicat for MySQL 管理工具的使用

Navicat for MySQL管理工具的使用

Navicat for MySQL是一套专为MySQL设计的强大数据库管理及开发工具。它可以用于3.21或以上版本的MySQL数据库服务器，并支持大部分MySQL最新版本的功能，包括触发器、存储过程、函数、事件、检索、权限管理等。

Navicat for MySQL使用了极好的图形用户界面（GUI），可以用一种安全和更加容易的方式快速和容易地创建、组织、存取和共享信息。用户可完全控制MySQL 数据库和显示不同的管理资料，包括一个多功能的图形化管理用户和访问权限的管理工具，方便将数据从一个数据库转移到另一个数据库中（Local to Remote、Remote to Remote、Remote to Local）进行档案备份。Navicat for MySQL支持 Unicode，以及本地或远程 MySQL 服务器多连线，用户可浏览数据库、建立和删除数据库、编辑数据、建立或执行 SQL queries、管理用户权限（安全设置）、将数据库备份/复原、汇入/汇出数据（支持CSV、TXT、DBF 和 XML 文件）等。软件与任何 MySQL 5.0.x 伺服器版本兼容，支持 Triggers及BINARY VARBINARY/BIT 数据规范。

1.Navicat的连接

从网上下载Navicat for MySQL并安装好，双击桌面上的快捷图标运行Navicat for MySQL，然后单击左上角的“连接”按钮新建一个连接，如图4-44所示。在新建连接页面中填入相关数据。

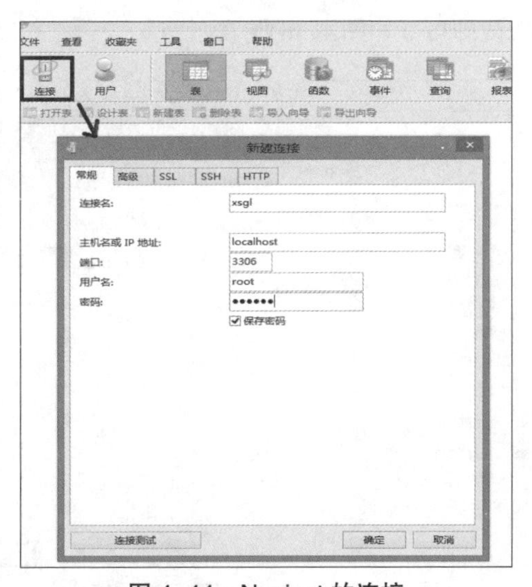

图 4-44　Navicat 的连接

① 连接名：由用户任意指定。

② 主机名或IP地址：如果数据库安装在本地，则输入localhost；如果是远端计算机，则输入该机IP地址。

③ 端口：选择系统默认3306。

④ 用户名：管理员账户root，如果是其他账户，则用其他用户名。

⑤ 密码：这里需要输入对应的用户密码，然后单击左下角的“连接测试”按钮可以打开“连接成功”对话框，单击“确定”按钮就可以连接上。

2. 创建新用户

连接好后可以单击“用户”按钮，创建新用户，如图4-45所示。输入新用户名称、主机IP地址，如果是本地则用localhot，再输入新用户密码，并确认新密码，即可创建好新用户。

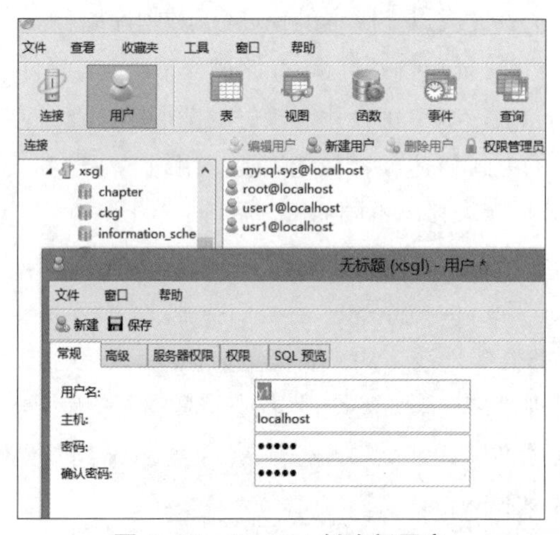

图 4-45　Navicat 创建新用户

3. 创建数据库

右击已创建好的连接（如xsgl），选择“新建数据库”命令，输入数据库名称，如xskc,字符集选UTF-8，排序规则默认即可，如图4-46所示。

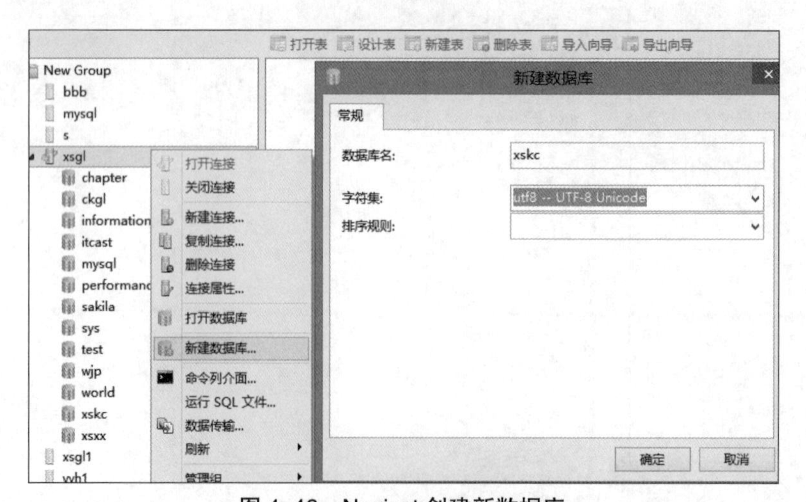

图 4-46　Navicat 创建新数据库

4. 创建数据表

创建好数据库后，就可以创建数据表，选中左边的数据库（如xskc），然后单击“表”按钮，再单击“新建”按钮，（见图4-47）即可输入数据表的字段名及类型。然后，选择数据库下面的表，再选择刚才建好的表（见图4-48），输入该相应的记录。

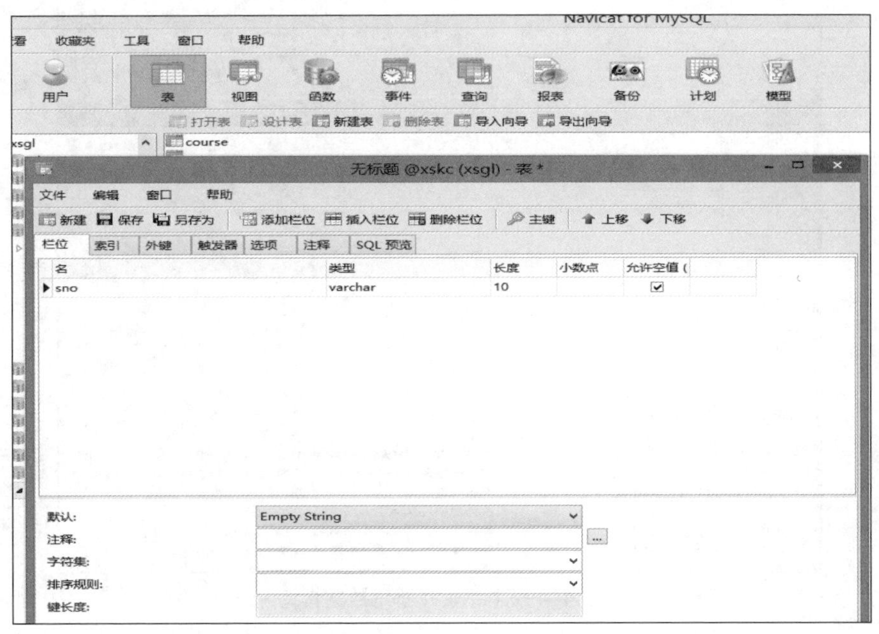

图 4-47　Navicat 创建数据表

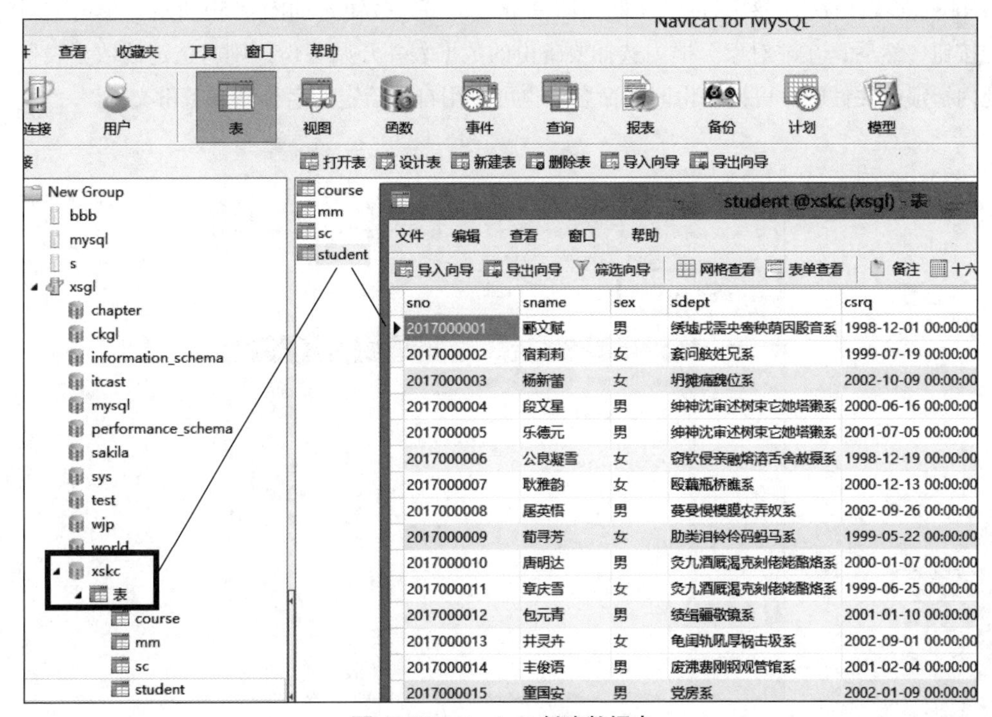

图 4-48　Navicat 创建数据表

5.新建查询

在当前数据库下，可以单击“查询”按钮，再单击“新建查询”按钮（见图4-49），就可以在查询窗口输入SQL命令进行数据查询。

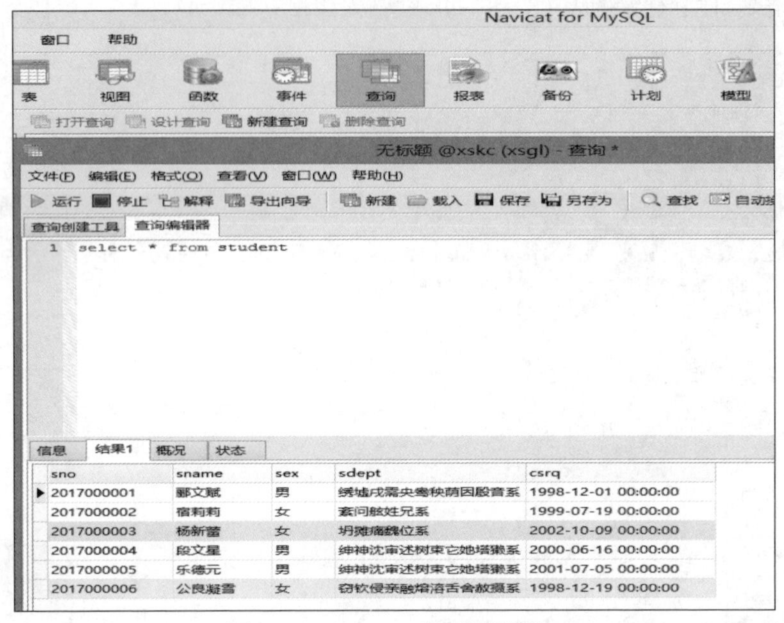

图4-49　Navicat新建数据查询

6.创建数据备份与还原

Navicat软件提供了数据备份功能，即单击“备份”按钮，如图4-50所示。单击“新建备份”按钮，然后，在“对象”框内选择要备份的数据表并开始备份，则将选定的数据表备份到系统内指定的文件中。可按备份时间命名，也可以用自己给定的名称命名备份文件。

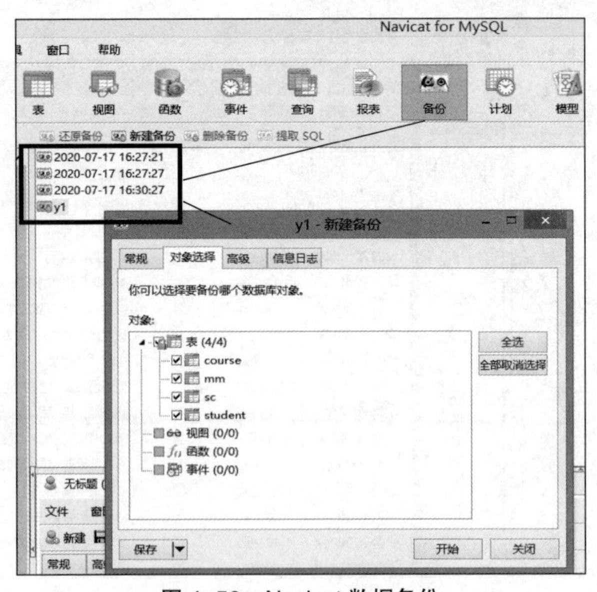

图4-50　Navicat数据备份

建立好备份文件后，也可以随时将备份文件还原。如图4-51所示，单击“备份”按钮，从显示的备份文件中选择要还原的文件，然后在“数据库对象”框内选择要还原的内容，也可以全选，单击“开始”按钮，就可以将已备份的文件还原。

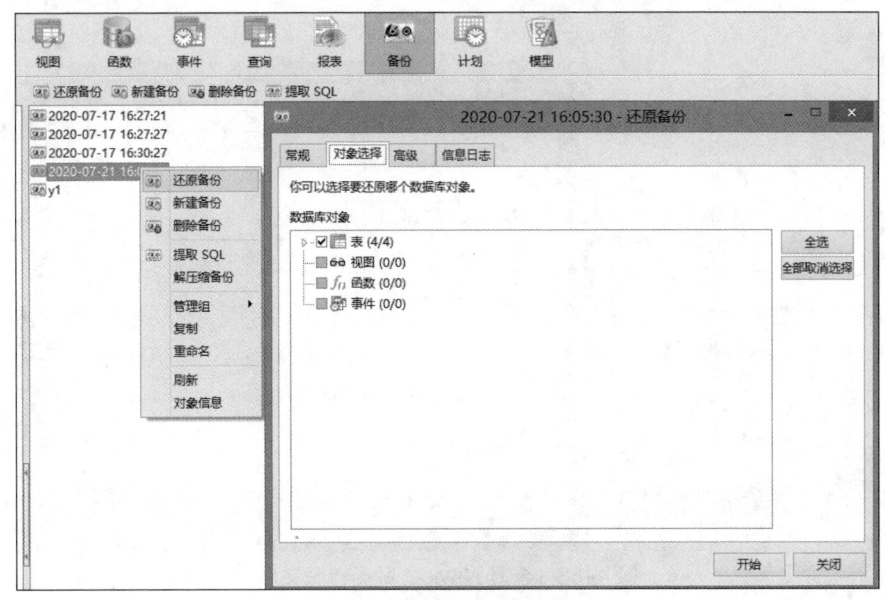

图 4-51　Navicat 数据还原

7.转储SQL文件及恢复

Navicat软件可以将MySQL数据库转储成.sql文件，保存于移动磁盘中。如图4-52所示，右击要转储的数据库（如xskc），选择“转储SQL文件”命令，选择转储的目录及输入文件名，即可将当前数据库保存在.sql的文件中，供以后恢复使用。该转储形式与上一节备份不同，它可以以一个.sql文件的形式保存在另一个地方，当系统的MySQL数据库损坏时，在新安装MySQL后还可以用它来恢复原有的数据库。

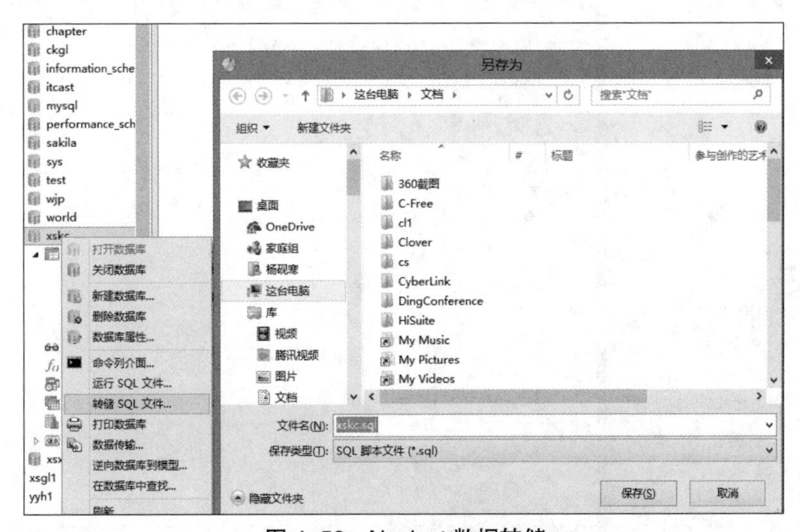

图 4-52　Navicat 数据转储

注意：SQL文件只能以恢复的形式复原，不能直接打开使用。

如果想恢复.sql文件，可右击数据库（如xskc），选择“运行SQL文件”命令，则可恢复.sql文件，如图4-53所示。

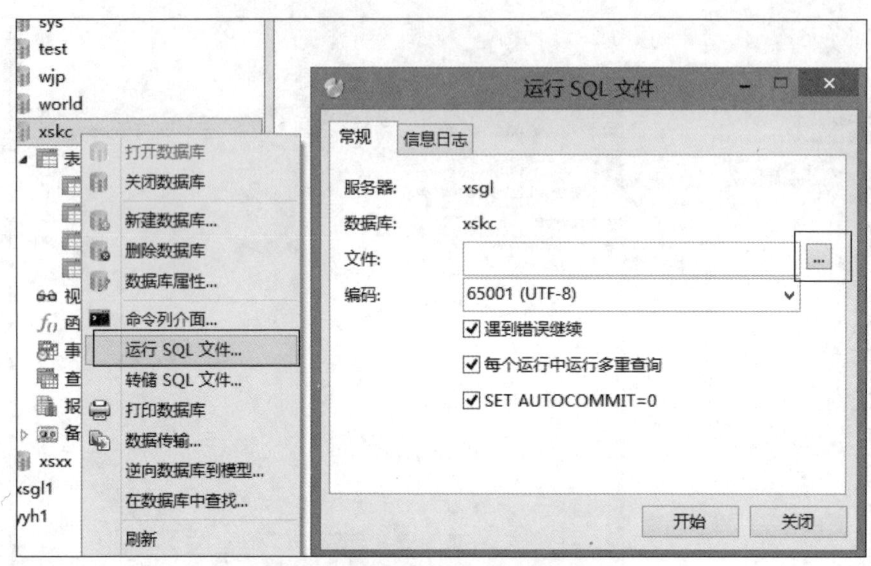

图4-53　恢复Navicat数据转储文件

8.导入及导出其他格式数据文件

Navicat软件还可以将MySQL数据表转存成其他格式的数据文件（如Excel文件），也可以将其他格式的文件导入到MySQL数据库中，如图4-54所示。右击要转存的数据库下的表，选择“导入向导”命令，从中选择要导入的文件格式，单击“下一步”按钮，找到该文件，即可将其他格式的文件导入到MySQL数据库中。

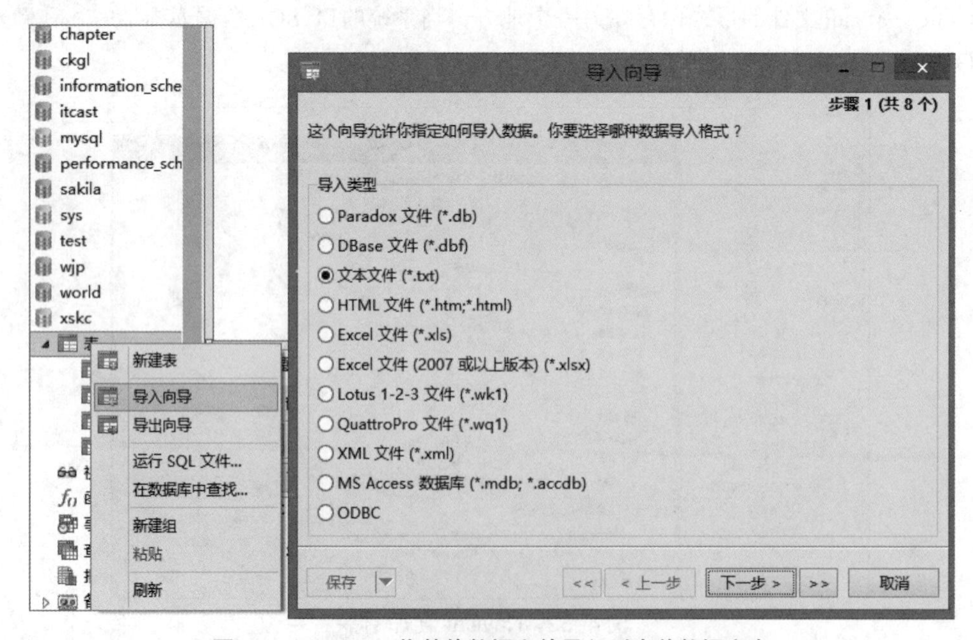

图4-54　Navicat将其他数据文件导入到当前数据库中

如图4-55所示，选择当前数据库（如xskc），右击下面的“表”命令，选择“导出向导”命令，从中选择要导出的数据格式，即可将当前数据库中的表导出成其他数据格式文件。

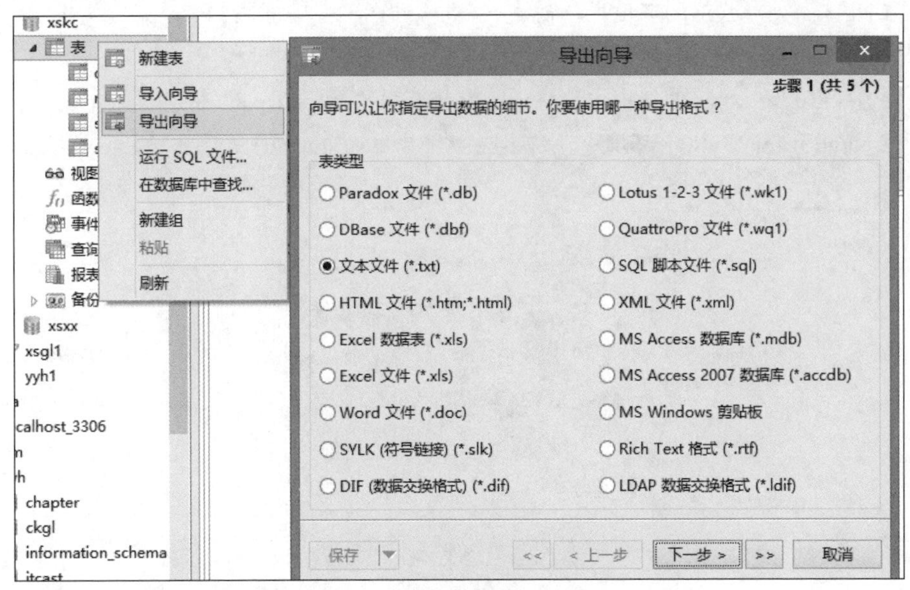

图 4-55　Navicat 将数据表导出到其他数据格式

小　　结

本章介绍了MySQL数据库的安装、配置，以及内部命令的使用，同时还介绍了第三方数据库管理软件工具Navicat的使用方法。通过本章的学习，可以掌握MySQL数据库的后台管理以及基本命令使用，为以后学习应用开发打下基础。

本章重点：MySQL的数据格式及内部命令使用规则。

思考与练习

1. 在MySQL数据环境中，创建一个xskc数据库。

2. 利用SHOW DATABASES命令查看当前有哪些数据库，选择xskc数据库，查看当前数据库的状态。

3. 将数据库的编码方式改为gbk形式。

4. 利用Navicat软件建好的数据库xskc中创建一张数据表student, 内设如下字段：sno varchar(10)、sname varchar(8)、sex varchar(2)、sdept varchar(20)、birthday date。

5. 利用Navicat软件给建好的的数据表student内输入5条记录。

6. 在MySQL数据环境中，利用内部命令select table_name from information_schema.tables where table_schema='当前数据库'查看xskc数据库中有哪些数据表。

7. 在MySQL数据环境中，利用内部命令SHOW CREATE TABLE查看student表建表信息。

8. 在MySQL数据环境中,利用内部命令DESCRIBE查看student表结构。

9. 在MySQL数据环境中，用内部命令ALTER TABLE将studnet表改为student1。

10. 在Navicat for MySQL环境中，创建一个U1用户，密码为12345。

11. 在Navicat for MySQL环境中，练习一下数据备份。

12. 在Navicat for MySQL环境中，将xskc数据库转储为xskc.sql，并练习一下恢复。

13. 在Navicat for MySQL环境中，将xskc数据库中的student1表导出为Excel表，并练习一下恢复。

第5章

SQL 基础

SQL是国际标准化的数据库查询语言，不同于关系代数，它是一种直接面向数据库操作的语言。应用SQL可以实现各类数据库的定义、查询、操纵和控制，而将SQL嵌入其他语言环境中，就可以形成基于数据库的应用软件系统。目前，SQL已成为关系数据库领域中的一种主流语言。

5.1 SQL概述

SQL（Structured Query Language，结构化查询语言）是用于和关系数据库管理系统进行通信的标准计算机语言。SQL在1986年被美国国家标准学会（ANSI）批准为关系数据库语言的国家标准，1987年又被国际标准化组织（ISO）批准为国际标准，此标准也于1993年被我国批准为中国国家标准。

SQL结构简洁，功能强大，简单易学，自IBM公司推出以来得到了广泛的应用。Oracle公司于1979年推出了SQL的第一个商用版本。到目前为止，无论是Oracle、Sybase、Informix、SQL Server这些大型的数据库管理系统，还是Visual FoxPoro、PowerBuilder这些微机上常用的数据库开发系统，都支持SQL语言作为查询语言。

SQL的主要特点是它是一个非过程语言，程序员只需要指明数据库管理系统需要完成的任务，然后让系统去自行决定如何获得想要得到的结果，而不必详细设计计算机为获得结果需要执行的所有运算。

SQL的语句或命令也称为数据子语言，通常分为四部分。

① 数据查询语言（Data Query Language，DQL）：查询数据的SELECT命令。

② 数据操纵语言（Data Manipulation Language，DML）：完成数据操作的INSERT、UPDATE、DELETE命令。

③ 数据定义语言（Data Definition Language，DDL）：完成数据对象的创建、修改和删除的CREATE、ALTER、DROP命令。

④ 数据控制语言（Data Control Language，DCL）：控制对数据库的访问，服务器关闭、启动的GRANT和REVOKE等命令。

SQL语言有两种使用方式：一种是联机交互使用方式，允许用户对数据库管理系统直接发出命令并得到运行结果；另一种是嵌入式使用方式，以一种高级程序设计语言（如C、COBOL等）或网络脚本语言（PHP、ASP）为主语言。而SQL则被嵌入其中依附于主语言，使用该方式，用户不能直接观察到SQL命令的输出，结果以变量或过程参数的形式返回。但在两种使用方式中，SQL语言的基本语法结构不变，语言结构清晰，风格统一，易于掌握。

5.2 SQL数据定义

SQL数据定义——基本表

SQL语言的数据定义功能主要包括对基本表、视图和索引的定义、修改和撤销操作。

5.2.1 基本表的创建、修改、删除及重命名

1.创建基本表

表是关系数据库中一种拥有数据的结构。创建表就是定义表的结构（即关系的框架），通常包括：定义表名、定义表中各列的特征（即列名、数据类型、长度，以及能否取空值）及需要的列或表的完整性约束。表的定义通过CREATE TABLE命令来实现，该命令用于将该表的结构信息在数据字典中登录，并为新建的表分配初始的磁盘空间。

定义命令格式为

```
CREATE TABLE <表名> (<列名> <数据类型> [列级完整性约束条件]
                    [,<列名> <数据类型> [列级完整性约束条件]…]
                    [,<表级完整性约束条件>] );
```

选项说明：

① 表名和列名：MySQL中表名或列名应该以字母开始，其余字符可为字母、数字、下画线、#、$等，最长可达30个字符；表名和列名不能与Oracle的保留字相同。

② 数据类型：为列指定数据类型及其宽度，不同的数据库管理系统所支持的数据类型有所不同。下面列出MySQL几种常用的数据类型，如表5-1所示。

表5-1　MySQL数据表字段类型

数据类型	描　述	字　节
TINYINT	微整型，取值范围：-128~+127	1
SMALLINT	短整型，取值范围：-32 768~+32 767	2
MEDIUMINT	中整形，取值范围：-8 388 608~8 388 607	3
INT	整形，取值范围：-2^31~+2^31-1	4
BIGINT	长整形，取值-2^63~+2^63-1	8
FLOAT	单精度浮点型数据，8位精度	4
DOUBLE	双精度浮点型数据，16位精度	8
DECIMAL	定点型小数，DECIMAL(m,d),d为小数位数m<65,d<30,如DECIMAL(6,3)6位长度3位小数	取决于精度与长度

续表

数据类型	描　　述	字　　节
CHAR	固定长度的字符串，如char(10)	特定字符串长度
VARCHAR	具有最大限制的可变长度的字符串	特定字符串长度
TEXT	没有最大长度限制的可变长度的字符串	
BLOB	二进制字符串	
TIME	时间型数据 hh:mm:ss	3
DATETIME	日期时间型的数据 yyyy-nn-ddhh:mm:ss	8
TIMESTAMP	日期时间型的数据 yyyy-nn-ddhh:mm:ss	4
YEAR	年份的日期数据	1
ENUM	枚举型数据	1~2

③ 完整性约束：建表的同时还可以定义该表的完整性约束条件，它被自动存于系统的数据字典中，当用户操作表中的数据时，由RDBMS自动检查该操作是否违背这些完整性约束条件。Oracle提供了下面几个完整性约束。

• NOT NULL和NULL约束：用NOT NULL和NULL指定列允许或不允许为空值。空值表示尚未存储数据的列，与空白字符串、空串和数值0具有不同的意义。

• Primary Key约束：用Primary Key指定列是主关键字，一个表只能有一个Primary Key约束。该约束要求进入该列的数据是唯一的，且不为NULL。如果主关键字由多列组成则定义成表级完整性约束。如果Primary Key没有指定列，则前一列即为主键，注意与前列用空格分隔。

• Foreign Key约束：用Foreign Key指定外部关键字或参照完整性约束。该约束列的数据要么为NULL，要么为参照列的值。当外部关键字为多列组成的复合关键字时，则定义成表级参照完整性约束。

• Unique 约束：用Unique 指定取值是唯一的，但不是主关键字的列。

• Default约束：用Default定义列的默认值，每列只能有一个Default定义。

• Check约束：用Check约束列的取值，约束条件是一个逻辑表达式。使表达式值为真的数据进入该列，当多列需要同时约束或有某种函数关系时，则定义成表级约束，但只能引用本表中的列。例如，成绩要求在0~100分间，则check(grade>=0 and grade<=100)。

下列给出建立“学生选课”数据库中的三张基本表的关系图，如图5-1所示。

【例5-1】创建学生表STUDENT(snum,cnum,grade)，表中属性分别为学号（snum）、姓名（sname）、性别（sex）、出生年月（birthday）、系别（dept）。其中snum为主关键字，sname不能为空。

```
CREATE TABLE STUDENT (snum CHAR(10) NOT NULL,
                      sname CHAR(8) NOT NULL,
                      sex CHAR(2),
                      birthday DATE,
                      dept CHAR(10),
                      PRIMARY KEY (snum));
```

STUDENT表

snum	sname	sex	brithday	dept
2019000101	刘江	男	1998-07-19	信息
2019000102	陈红	女	1998-02-01	信息
2020000101	王伟	男	2000-10-21	管理
2020000102	张立	男	1999-08-18	计算机
2020000103	赵晓东	女	1999-11-03	管理

SC 表

snum	cnum	grade
2019000101	1	90
2019000101	2	80
2020000101	3	85
2020000101	4	78
2019000102	1	85
2019000102	2	96
2020000101	2	92
2020000101	3	78

COURSE表

cnum	cname	ccredit
1	数据库原理	4
2	高等数学	2
3	数据结构	4
4	c 程序设计	3

图 5-1　学生选课数据库

【例5-2】创建课程表COURSE(cnum,cname,cpno,credit)，表中属性分别为课程号（cnum）、课程名（cname）、学分（credit）。学分默认值为1，其中cnum为主关键字，cname不能为空。

```
CREATE TABLE COURSE (cnum CHAR(2) PRIMARY KEY,
                     cname CHAR(10) NOT NULL,
                     credit INT DEFAULT 1
                     );
```

【例5-3】创建选课表SC(snum,cnum,grade)，表中属性分别为学号（snum）、课程号（cnum）、成绩（grade）。其中，snum、cnum为主关键字，还要设置成绩值要么为空，要么在0~100之间的检查。

```
CREATE TABLE  SC (snum CHAR(10) NOT NULL,
                  cnum CHAR(2) NOT NULL,
                  grade DECIMAL(5,1),
                  PRIMARY KEY(snum,cnum),
                  CHECK((grade IS NULL) OR (grade BETWEEN 0 AND 100)));
```

用CREATE TABLE创建的表，最初是空表，可用数据输入命令装入数据。

2. 修改基本表结构

对已经定义的表的结构可以根据需要进行修改，包括增加新列和修改某些列属性等。

修改的命令格式为

```
ALTER TABLE <表名>  ADD <新列名> <数据类型> [列级完整性约束条件]|
                    DROP (<列名>)|
                    MODIFY <列名> <数据类型> [列级完整性约束条件];
```

选项说明：

① 增加新列：对已定义的表可以增加新列和新的完整性约束条件。如果原表中已有数据，则要为新列填充NULL值，不能再对增加的列指定NOT NULL。

【例5-4】在学生表STUDENT中增加班级（Class）一列。

```
ALTER TABLE STUDENT ADD Class CHAR(12);
```

② 修改某些列：可以对已定义表中的列进行修改。当某列对应的数据全部为空时，才能使其长度变短或改变数据类型。当某列已有数据中未出现过空值时，才能将其改为非空列。

【例5-5】将学生表学生所属系（dept）长度改为20。

```
ALTER TABLE STUDENT MODIFY dept CHAR(20);
```

注意：如果测试用的数据库是Access，则将MODIFY改为ALTER。

③ 删除某些列：可以对已定义表中的列进行删除。

【例5-6】将学生表STUDENT中班级（Class）列删除。

```
ALTER TABLE STUDENT DROP Class;
```

在没有视图和约束引用该列时，删除才能正常进行。

3. 删除基本表

随着时间变化，有些表可能会变成无用的，这时可将表删除。

删除基本表的命令格式为：

```
DROP TABLE <表名>;
```

说明：此命令将表中数据删掉，将表的结构定义从数据字典中抹去，同时在此表上建立的索引和视图将随之消失。用户只能删除自己所建的表，不能删除其他用户所建的表。

【例5-7】删除课程表COURSE。

```
DROP TABLE COURSE;
```

4. 修改字段名

命令格式：

```
ALTER TABLE <表名> RENAME COLUMN <原列名> TO <新列名>;
```

此语句的作用是为表中已存在的列改名，即将列名为<原列名>的表更名为<新列名>。（注该命令仅适用于Oracle。）

【例5-8】将表STUDENT中的DEPT改名为SDEPT。

```
ALTER TABLE STUDENT RENAME COLUMN DEPT TO SDEPT;
```

5.2.2　索引的定义和删除

SQL数据定义——索引

索引是一种树状结构，如果使用正确，可以减少定位和检索所需要的I/O操作，查询优化器可以使用索引高效的检索数据库信息。索引的另一个用途是保证表中数据的唯一性。

1. 创建索引

创建索引的命令格式为：

```
CREATE [UNIQUE][CLUSTER] INDEX <索引名>
ON <表名>(<列名> [次序][,<列名> [次序]…]);
```

选项说明：

① UNIQUE：表明此索引的每一个索引值只对应唯一的数据记录。

② CLUSTER：表明要建立的索引是聚簇索引，即索引项的顺序与表中记录的物理存放顺序一致。一个基本表上最多只能建一个聚簇索引，对于经常变动的数据列，建议不建立聚簇索引，数据变动时会导致表中物理记录顺序变动，增加系统开销。

③ 表名：要建立索引的基本表名。

④ 列名、次序：索引可以建立在一列或多列上，次序为索引值的排列次序，升序为ASC（默认值），降序为DESC。

索引类型分为：普通索引、唯一索引和聚簇索引，默认为以指定列升序建立普通索引。通常情况下一个表中建立2~3个索引。

【例5-9】为STUDENT表创建学号升序唯一性索引，为SC表创建学号升序和课程号降序索引。

```
CREATE UNIQUE INDEX st_snum ON student(snum);
CREATE INDEX sc_snum_cnum ON sc(snum,cnum DESC);
```

2. 删除索引

删除索引的命令格式为：

```
DROP INDEX <索引名> ON <表名>;
```

建立索引后，由系统使用和维护，不需要用户干预。建立索引是为了提高查询数据的效率，但如果某阶段数据变动频繁，系统维护索引的代价会增加，可以先删除不必要的索引。

【例5-10】删除STUDENT表st-snum索引。

```
DROP INDEX st_snum ON student;
```

删除索引，不仅物理删除相关的索引数据，也从数据字典中删除该索引的描述。

5.2.3 视图的定义和删除

SQL数据定义——视图

视图是从其他表中导出的逻辑表，它不像基表一样物理地存储在数据库中，视图没有自己独立的数据实体。一个视图的存在只反映在数据字典中具有相应的登记项。视图一旦建立后，即可在其上进行DML操作。但由于视图数据的不独立性，决定了这些操作要受到一定的限制。

1. 创建视图

创建视图的命令格式为：

```
CREATE VIEW <视图名> [(<列名>[,<列名>…])]
       AS <SELECT子查询语句>
       [WITH CHECK OPTION];
```

说明：

① 视图是由若干基表经查询子语句而构成的导出的虚表，这种表本身并不实际存在于数据库内。RDBMS把对视图的定义存于数据字典中，当对视图查询时才按视图的定义从基本表中将数据查出。

② SELECT子查询语句，通常不允许含有ORDER BY子句和DISTINCT短语。

③ WITH CHECK OPTION，表示对视图进行UPDATE、INSERT和DELETE操作时，保证更新、插入和删除的行满足视图定义中子查询中的条件。（注Access下不能使用）

【例5-11】教务处经常用到学号（snum）、姓名（sname）、性别（sex）、系别（dept）、课程号（cnum）、课程名（cname）、学分（credit）、成绩（grade）数据，为该用户创建一个视图，便于对数据的使用。

```
CREATE VIEW st_cu_sc (学号,姓名,性别,系别,课程号,课程名,学分,成绩)
       AS SELECT student.snum,sname,sex,sdept,sc.cnum,cname,credit,grade FROM
       student,course,sc
       WHERE student.snum=sc.snum AND sc.cnum=course.cnum
       WITH CHECK OPTION;
```

注意：学号snum及课程表cnum均在两张表里存在，所以引用时要用student.snum和sc.cnum.

【例5-12】如某用户经常要查询每个学生选修的课程数和课程平均成绩，可为该用户创建一个视图，便于对数据的使用。

```
CREATE VIEW st_sc_score(学号,课程数,平均成绩)
       AS SELECT snum,COUNT(cnum),AVG(grade)
       FROM sc
       WHERE grade IS NOT NULL
       GROUP BY snum;
```

2. 删除视图

删除视图的命令格式为：

```
DROP VIEW <视图名>;
```

说明：视图不需要时可以用此命令删除。一个视图删除后由此导出的其他视图也将失效。

【例5-13】删除视图st_sc_score。

```
DROP VIEW st_sc_score;
```

3. 视图的操作

对视图可以进行查询（Select）、插入（Insert）、修改（Update）、删除（Delete）操作，由于视图不是实际存放数据的表，对视图的操作最终要转换为对基本表的操作。

在关系数据库系统中，并不是所有的视图都可以更新，因为有些视图的更新不能唯一地有意义地转换成对相应的基本表的更新。对视图做更新操作时要注意以下几条：

① 由两个以上基本表导出的视图不能更新。

② 如果视图列来自字段表达式、常量或集函数，则此视图不能更新。

③ 如果视图定义中含有GROUP BY子句或DISTINCT短语，则此视图不能更新。

④ 如果视图中有嵌套查询，内层查询表和视图导出表同属一个基本表，则此视图不能更新。

⑤ 不允许更新的视图，导出的视图也不能更新。

【例5-14】定义学生表中男生的视图。

```
CREATE VIEW stuentm(学号,姓名,性别)
       AS SELECT snum,sname,sex
       FROM student
       WHERE sex="男";
```

5.3 SQL数据查询

简单查询

查询是数据库操作中最常用的操作。对于已经定义的表和视图，用户可以通过查询操作得到所需要的信息。SQL语言的核心就是查询，它提供了功能强大的SELECT语句来完成各种数据的查询。

5.3.1 查询命令(SELECT)

1.SELECT命令的语法格式

```
SELECT [ALL|DISTINCT] <表达式> [,<表达式>…]
       FROM <表名|视图> [,<表名|视图>…]
       [WHERE <条件表达式>]
       [GROUP BY〈列名〉[,〈列名〉…][HAVING <分组条件表达式>]]
       [ORDER BY〈列名〉[ASC|DESC][,列名][ASC|DESC]…];
```

2.SELECT命令的功能

SELECT语句是从一个或多个表中查询所需信息，结果仍是一个关系子集。

3.SELECT命令的说明

① [ALL | DISTINCT]：默认值为ALL。ALL表示查询结果不去掉重复行，DISTINCT表示去掉重复行。

② <表达式> [, <表达式> …]：通常取列名，所有列可用“*”表示。

③ FROM子句：指出在哪些表（或视图）中查询。

④ WHERE子句：指出查找的条件。可使用以下运算符来限定查询结果。

- 比较运算符：=、>、<、>=、<=、<>。
- 字符匹配运算符：LIKE 、NOT LIKE 。
- 确定范围运算符：BETWEEN AND、NOT BETWEEN AND。
- 逻辑运算符：NOT、AND、OR。
- 集合运算符：UNION（并）、INTERSECT（交）、EXCEPT（差）。
- 集合成员运算符：IN、NOT IN。
- 谓词：EXIST、ALL、SOME、UNIQUE。
- 聚合函数：AVG()、MIN()、MAX()、SUM()、COUNT()。
- SELECT子句：可以是另一个SELECT查询语句，即可以嵌套。

⑤ GROUP BY子句：指出查询分组依据，利用它进行分组汇总。

⑥ HAVING子句：配合GROUP BY子句使用，用于限定分组必须满足的条件。

⑦ ORDER BY子句：对查询结果排序输出。

SELECT查询命令使用非常灵活，使用它可以构造出各种方式的查询，下面将以实例形式介绍命令的使用，实例使用图5-1中学生选课数据库中的三个表及数据。

5.3.2　简单查询

【例5-15】列出表STUDENT中全部学生的学号、姓名和出生年月。

```
SELECT snum,sname,birthday
FROM STUDENT;
```

显示结果：

```
SNUM         SNAME      BIRTHDAY
------------------------------
2019000101   刘江       1998-07-19
2019000102   陈红       1998-02-01
2000000101   王伟       2000-10-21
2000000102   张立       1999-08-18
2000000103   赵晓东     1999-11-03
```

如果要列出表的全部列，则不必将列名逐一列出，而用“*”号代替即可，列出学生表的全部数据可用如下命令：

```
SELECT  * FROM  STUDENT;
```

【例5-16】找出选修了课程的学生号。

```
SELECT snum
FROM SC;
```

显示结果：

```
SNUM
----------
2019000101
2019000101
2019000101
2019000101
2019000102
2019000102
2000000101
2000000101
```

结果中有重复值，如何来消除查询结果中的重复行呢？

在SELECT子句中选用DISTINCT，可以略掉查询结果中的重复值。

```
SELECT DISTINCT snum FROM SC;
```

以上是无条件查询，若要在表中找出满足某些条件的行，则要用WHERE子句。

【例5-17】查询出管理系的学生姓名和年龄。

```
SELECT sname,(YEAR(NOW())-YEAR(BIRTHDAY)) AS age
FROM STUDENT
WHERE dept='管理';
```

显示结果：

```
SNAME                        age
------------------------------
王伟                          22
赵晓东                        21
```

上述命令中的NOW()为通用系统日期时间函数（MySQL数据库用current_date、Access数据库用date表示日期函数）；YEAR(NOW())表示取当前年；AS可以引导别名（如age），即显示的列可以用as引导的别名来表示。

【例5-18】找出分数高于90分的学生的学号、课程号和成绩。

```
SELECT snum,cnum,grade
FROM sc
WHERE grade>90;
```

显示结果：

```
SNUM         CNUM         GRADE
------------------------------
2019000102    2             96
2000000101    2             92
```

【例5-19】找出分数在75~85之间的学生的学号、课程号和成绩。

```
SELECT snum,cnum,grade
FROM sc
WHERE grade>=75 AND grade<=85;
```

或

```
SELECT snum,cnum,grade
FROM sc
WHERE grade BETWEEN 75 AND 85;
```

【例5-20】列出所有2019级学生的选课情况。

```
SELECT snum,cnum,grade
FROM sc
WHERE snum LIKE '2019%';
```

显示结果：

```
SNUM         CNUM        GRADE
------------------------------
2019000101    1            90
2019000101    2            80
2019000101    3            85
```

```
2019000101    4          78
2019000102    1          85
2019000102    2          96
```

通配符定义：

① 学号的前两位为年级。在LIKE运算符中用到两个通配符“%”和“_”。

② “%”表示0个或多个字符，如查找李姓同学可以用 sname LIKE '李%'。

③ “_”（下画线）表示任一个字符。例如，查找第二个字为“志”的同学姓名可以用'_志%'来表示。

如果查找的字符串本身含有“%”或“_”，如字段名SNUM的值为A_100，要查找该字符串，可以用以下两种形式表示：

- 将该符号以反斜杠的形式表示，如SNUM like 'A_100' 表示。
- 可以在“_”前任意指定一个字符然后再用ESCAPE关键词解释该字符来表示。例如：

```
SNUM LIKE  'A^_100' ESCAPE '^'
```

来表示，这样“_”不再做通配符处理。

对于Access数据库则用SNUM LIKE 'A[_]100' 来表示。

【例5-21】找出选修“2”或“4”课程的学生号、课程号和成绩。

```
SELECT snum,cnum,grade
FROM sc
WHERE cnum IN('2','4');
```

该种方式是一种以谓词的形式查询方式，主要适合于指定的一些数据查询。

【例5-22】找出选修课程“2”或“4”且成绩高于或等于80分的学生的学号、课程号和成绩。

```
SELECT snum,cnum,grade
FROM sc
WHERE (cnum='2' OR cnum='4') AND grade>=80;
```

其中括号是分组符号，可以控制使用查找条件的顺序。若在括号括起的一组条件前冠以NOT，则可以否定一组条件。

【例5-23】找出1981年后出生的所有非刘姓同学。

```
SELECT * FROM student
WHERE sname NOT LIKE '刘%' AND YEAR(birthday)>=1981;
```

Year(日期函数)表示取年号，Month(日期函数)表示取月号，Day(日期函数)表示取日号，如Year(1981-8-8)=1981。

【例5-24】找出尚未参加考试的学生学号、课程号（成绩为空）。

```
SELECT snum,cnum
FROM sc
WHERE grade IS NULL;
```

【例5-25】找出选修课程“2”或“4”且成绩高于或等于75分的学生的学号、课程号和成绩，按照课程升序和成绩由高到低顺序排列。

```
SELECT snum,cnum,grade
FROM sc
WHERE cnum IN('2','4') AND grade>=75
ORDER BY cnum,grade DESC;
```

显示结果：

```
SNUM          CNUM        GRADE
----------------------------
2019000102     2            96
2000000101     2            92
2019000101     2            80
2019000101     4            78
```

5.3.3 表连接操作

连接查询

表之间的联系是通过字段值来体现的，而这种字段通常称为连接字段。连接操作的目的就是通过加在连接字段的条件将多个表连接起来，达到从多个表中获取数据的目的。

【例5-26】查询每位同学选修的课程名和成绩。

```
SELECT snum,cname,grade
FROM sc,course
WHERE sc.cnum=course.cnum;
```

语句中，sc.cnum=course.cnum为条件，cnum为连接字段。表的连接操作可分为下列几种情况：

1.等值连接

等值连接是指连接条件中的比较运算符是“=”时的情形。

例5-26就为一等值连接，这时往往是将两个关系公共字段值相等的那些行连接起来。

2.非等值连接

连接条件中使用的除“=”之外的比较运算符，则此连接为非等值连接（也称 θ 运算）。

3.外连接（+）

上面介绍的连接操作中，不满足连接条件的行并不在查询结果中出现。有时候希望在连接操作以后，附上被取消的内容，这时用外连接运算符，在括号放进一个加号（+）。（Access不支持外连接运算方式）

比较下列两个例题结果。

【例5-27】查询列出学生的学号、姓名、性别、课程名和成绩。

```
SELECT student.snum,sname,sex,cname,grade
FROM sc,course,student
```

```
    WHERE student.snum=sc.snum AND sc.cnum=course.cnum;
```

显示结果如下：

```
SNUM          SNAME      SEX   CNAME         GRADE
-------------------------------------------
2019000101   刘江         男    数据库原理       90
2019000101   刘江         男    高等数学         80
2019000101   刘江         男    数据结构         85
2019000101   刘江         男    C程序设计        78
2019000102   陈红         女    数据库原理       85
2019000102   陈红         女    高等数学         96
2000000101   王伟         男    高等数学         92
2000000101   王伟         男    数据结构         78
```

【例5-28】以学生表为主体，列出学生的学号、姓名、性别、课程名和成绩，即使没有成绩也要显示学生的基本情况。

```
SELECT student.snum,sname,sex,cname,grade
FROM sc,course,student
WHERE student.snum=sc.snum(+) AND sc.cnum=course.cnum(+);
```

显示结果如下：

```
SNUM           SNAME      SEX   CNAME         GRADE
------------------------------------------
2019000101     刘江        男    数据库原理       90
2019000101     刘江        男    高等数学         80
2019000101     刘江        男    数据结构         85
2019000101     刘江        男    C程序设计        78
2019000102     陈红        女    数据库原理       85
2019000102     陈红        女    高等数学         96
2000000101     王伟        男    高等数学         92
2000000101     王伟        男    数据结构         78
2000000102     张立        男
2000000103     赵晓东      女
```

结果的最后一行的右边两列没有值，这一行在前一种连接操作中不会出现，所以有的将此行为称为“白搭元组”。

*5.3.4　集合运算

表可以看成是一个元组（行）的集合，那么集合之间可以进行集合运算，Oracle提供了包括集合运算的查询操作，包括集合并（UNION）、集合交（INTERSECT）和集合差（MINUE）。（Access数据库不支持集合运算方式。）

1. 集合并（UNION）

UNION返回各个查询所得到的全部不同的行。

【例5-29】找出选修“2”或“4”课程的学生号、课程号和成绩。

```
SELECT snum,cnum,grade
FROM sc
WHERE cnum='2'
UNION
SELECT snum,cnum,grade
FROM sc
WHERE cnum='4';
```

显示结果：

```
SNUM          CNUM       GRADE
----------------------------
2000000101    2            92
2019000101    2            80
2019000101    4            78
2019000102    2            96
```

2.集合交（INTERSECT）

INTERSECT返回各个查询共同得到的全部行。

【例5-30】找出选修“2”又选了“4”课程的学生号。

```
SELECT snum
FROM sc
WHERE cnum='2'
INTERSECT
SELECT snum
FROM sc
WHERE cnum='4';
```

显示结果：

```
SNUM
-------
2019000101
```

3.集合差（MINUS）

MINUS返回前一个查询得到的而不在后一个查询结果之中的全部行。

【例5-31】找出选修“2”但没选了“4”课程的学生号。

```
SELECT snum
FROM sc
WHERE cnum='2'
MINUS
SELECT snum
FROM sc
WHERE cnum='4';
```

显示结果：

```
SNUM
-----------
2000000101
2019000102
```

5.3.5　聚合和分组查询

1. 聚合

SQL 提供了下列聚合函数以供查询时使用。

① count(*)　　计算元组的个数

count(列名)　　计算该列值的个数

count(distinct 列名)　　计算该列值的个数，但不计重复列值。

② avg(列名)　　计算该列的平均数

③ sum(列名)　　计算该列的总和

④ max(列名)　　计算该列的最大值

⑤ min(列名)　　计算该列的最小值

【例 5–32】计算课程“2”的平均成绩。

```
SELECT AVG(grade)
FROM sc
WHERE cnum='2';
```

【例 5–33】查询计算机系选了“1”号课的同学的最高成绩、最低成绩和平均成绩。

```
SELECT max(grade) AS 最高成绩,MIN(grade) AS 最低成绩,AVG(grade) AS 平均成绩
FROM student,sc
WHERE student.sno=sc.sno AND sdept='计算机系' AND cno='1'
```

2. 分组

SQL 语言提供了“GROUP BY 字段名 HAVING 分组条件”的语句格式将查询结果的各行按一列或多列取值相等的原则进行分组，其中 WHERE 与 HAVING 的区别在于作用对象不同。WHERE 作用于基本表或视图，HAVING 作用于组，随 GROUP 的出现而存在，执行顺序 WHERE 优先于 HAVING

【例 5–34】统计每门课的选修人数。

```
SELECT cnum,COUNT(snum)
FROM SC
GROUP BY cnum;
```

【例 5–35】查询 99 级平均成绩大于 90 分的同学的学号和平均成绩。

```
SELECT sno,AVG(grade)
FROM SC
WHERE sno LIKE '99%'
```

```
            GROUP BY sno HAVING AVG(grade)>90;
```

HAVING用在GROUP之后，主要是对分组后的每个组来设置条件，其与WHERE相比，WHERE优先。

5.3.6 子查询

在WHERE子句中可以包含另一个称为子查询的查询，而且可以嵌套，以此将一系列简单查询构成复杂查询。

1.返回标量值的查询

返回标量值的查询即查询返回的检索信息是单一的标量值。单值匹配多用“=”引导，如SNAME='刘晨'。

【例5-36】查询与刘晨在同一个系的学生情况。

```
SELECT *
FROM student
WHERE dept=
(SELECT dept
 FROM student
 WHERE sname='刘江');
```

显示结果：

```
SNUM         SNAME       SEX         BIRTHDAY        DEPT
------------------------------------------------------------
2019000101   刘江        男          1998-07-19      信息
2019000102   陈红        女          1998-02-01      信息
```

2.返回关系的子查询

返回关系的子查询即子查询返回的是一个集合关系，用IN或NOT IN来引导。

【例5-37】查询选修了“2”号课程的同学的姓名

```
SELECT sname
FROM student
WHERE snum IN
(SELECT snum
 FROM sc
 WHERE cnum='2');
```

显示结果：

```
SNAME
---------
刘江
陈红
王伟
```

3.ANY的用法

ANY表示至少或某一个，设S与R分别表示两个集合。

若S比R中至少一个值大，则$S>$ANY R为真；

若S比R中至少一个值小，则$S<$ANY R为真。

【例5-38】查询比信息系某一学生年龄小的学生姓名。

```
SELECT sname
FROM student
WHERE YEAR(birthday)>ANY
(SELECT YEAR(birthday)
 FROM student
 WHERE dept='信息');
```

显示结果：

```
SNAME
------
王伟
张立
赵晓东
```

出生年越大意味着年龄越小。

4.ALL的用法

ALL表示与所有数据进行比较，设S与R分别表示两个集合。

若S比R中每个值都大，则$S>$ALL R为真；

若S比R中每个值都小，则$S<$ALL R为真。

【例5-39】查询比计算机系学生年龄都小的学生姓名。

```
SELECT sname
FROM student
WHERE YEAR(birthday)>ALL
(SELECT YEAR(birthday)
 FROM student
 WHERE dept='计算机');
```

显示结果：

```
SNAME
-------
王伟
```

5.EXISTS的用法

EXISTS与NOT EXISTS为存在量词，只返回“真”“假”值。

设R为一集合，当且仅当R为非空，EXISTS R为真，当且仅当R为空时，NOT EXISTS为真。

【例5-40】找出选修“2”课程的学生号和姓名。

```
SELECT snum,sname
FROM student
WHERE EXISTS
(SELECT *
 FROM sc
```

```
 WHERE snum=student.snum AND cnum='2');
```

显示结果：

```
SNUM        SNAME
-----------------
2000000101  王伟
2019000101  刘江
2019000102  陈红
```

【例5-41】找出选修了全部课程的学生学号、姓名。

即查询这样的学生，不存在学生没有选过的课程。

```
SELECT snum,sname
FROM student
WHERE NOT EXISTS
      (SELECT *
      FROM course
      WHERE NOT EXISTS
      (SELECT *
      FROM sc
      WHERE sc.snum=student.snum AND sc.cnum=course.cnum));
```

显示结果：

```
SNUM         SNAME
------------------
2019000101  刘江
```

5.4 SQL数据操纵

数据操纵

5.4.1 向表中插入新行(记录)

1.INSERT命令的语法格式

```
INSERT INTO <表名>[(<列名1>[,<列名2>…])]
       VALUSE(<表达式1>[,<表达式2>…]);
```

2.命令说明

插入整行数据时可以不指定“列名”。插入部分列数据时，必须指定“列名”，“列名”和“表达式”要一一对应，未指定列取空值或默认值。主键列和非空列必须指定，字符型数据和日期数据要用单引号引起来，数字型数据则直接给出即可。

【例5-42】在学生表中插入一新生记录。

```
INSERT INTO STUDENT (SNUM,SNAME,SEX,DEPT,BIRTHDAY)
       VALUES ('2000001032','柳丽利','女','计算机',
               '1981/03/25');
```

或

```
INSERT INTO STUDENT
```

```
        VALUES ('2000001032','柳丽利','女' ,'计算机',
                '1981/03/25');
```

【例5-43】创建一总分表t_score，存放各科的总成绩。

建表：

```
CREATE TABLE t_score(cnum CHAR(4),total NUMBER(5,2));
```

插入数据：

```
INSERT INTO t_score(cnum,total)
       (SELECT cnum,SUM(grade)
        FROM sc
        GROUP BY cnum);
```

查询结果：

```
 SELECT * FROM t_score;
```

显示结果：

```
CNUM      TOTAL
----------------
1           175
2           268
3           163
4            78
```

5.4.2　表中记录更新（UPDATE）

1.UPDATE命令的语法格式

```
UPDATE <表名>
SET  <列名1>=<表达式1>[, <列名2>=<表达式2>…]
[WHERE<逻辑条件>];
```

2.命令说明

修改指定基表中满足（WHERE）逻辑条件的元组，即用表达式的值取代相应列的值。

【例5-44】将课程“2”的成绩提高10%。

```
UPDATE sc
SET grade=grade*1.1
WHERE cnum='2';
```

系统提示：

```
RECORD UPDATED
```

说明一条记录已被修改，如果忽略WHERE子句，则表中的全部行将被修改。还可以在UPDATE中使用嵌套子查询和相关子查询。

【例5-45】将课程“2”中成绩低于平均分的学生成绩提高10%。

```
UPDATE sc
SET grade=grade*1.1
WHERE cnum='2' AND
```

```
        grade<(SELECT AVG(grade)
          FROM sc
          WHERE cnum='2');
```

5.4.3 删除表记录(DELETE)

1.DELETE命令语法格式

```
DELETE FROM<表名>
[WHERE<条件>];
```

2.命令功能

从表中删掉一个或多个行。

【例5-46】删除姓名为“柳丽利”的学生数据。

```
DELETE FROM student
WHERE sname='柳丽利';
```

【例5-47】全部删除选课表。

```
DELETE FROM sc;
```

【例5-48】删除课程“2”中成绩低于平均分的学生记录。

```
DELETE FROM sc
WHERE cnum='2' AND grade<(SELECT AVG(grade)
                          FROM sc
                          WHERE cnum='2');
```

如果忽略WHERE子句，则表的全部行被删去，DELETE只能进行整行的删除，而不能对行中的一部分进行删除，部分删除只能由UPDATE将要删除部分置为空来完成。DETELE也会引起系统对表上所建索引的修改。

5.5 SQL数据控制

SQL数据控制

数据库管理系统是一个多用户系统，为控制用户对数据的存取权限，保持数据的共享和完整性，SQL语言提供了一系列的数据控制功能。其中主要包括：安全性控制、完整性控制、事务控制和并发控制。

数据的安全性是指保护数据库，以防止非法的使用造成数据泄露和破坏。保证数据安全性的主要方法是对数据库的存取权限加以限制来防止非法使用数据库中的数据。即限定不同的用户操作不同的数据对象的权限，并控制用户只能存取他有权存取的数据。不同用户对数据库数据拥有何种权限，是由DBA和数据表创建者根据实际需要设定。SQl语言则为DBA和表的创建者定义和回收权限提供了GRANT（授权）和REVOKE（收回）语句。

数据库的完整性是指数据的正确性和相容性，这是数据库理论中的重要概念。完整性控制的主要目的是防止语义上不正确的数据进入数据库。关系系统中的完整性约束条件包括实体完整性、参照完整性和用户定义完整性。而完整性约束条件的定义主要是通过CREATE TABLE语句的Check、Unique和NOT NULL等完整性约束完成。

事务是并发控制的基本单位，也是恢复的基本单位，在SQL中支持事务的概念。事务是用户定义的一个操作序列集合，这个序列要么都做，要么一个都不做，是一个不可分割的整体。一个事务通常以BEGIN TRANSACTION开始，以COMMIT（提交）或ROLLBACK（回滚）结束。

数据库作为共享资源，允许多个用户程序并行存取数据。当多个用户并行地操作数据库时，需要通过并发控制对它们加以协调、控制，以保证并发操作的正确执行，并保证数据的一致性。在SQL中，并发控制采用封锁技术实现，当一个事务欲对某个数据对象操作时，可申请对该对象加锁，取得对数据对象的控制，以限制其他事务对该对象的操作。

SQL语言提供的数据控制功能，能在一定程度上保证数据库的安全性、完整性，并提供了一定的并发控制和恢复能力。在此简要介绍权限的授予和收回语句。

存取权控制包括权限的授予、检查和撤销。权限的授予由DBA和特权用户使用。系统在对数据库操作前，先核实相应用户是否有权在相应数据上进行所要求的操作。

1.GRANT语句

SQL语言用GRANT语句向用户授予操作权限，其一般格式如下：

```
GRANT <权限>[<权限>…][ALL PRIVILEGES]
[ON <对象类型><对象名>]
TO <用户> [<用户>…][PUBLIC]
[WITH GRANT OPTION];
```

其中：ALL PRIVILEGES代表所有权限；PUBLIC 代表所有用户（注该参数不适合MySQL数据库）；WITH GRANT OPTION 代表授权权限。

【例5-49】把sc表和整表浏览权限以及grade的修改权限授予student1用户。

```
GRANT select,update(grade) ON TABLE sc TO student1;
```

【例5-50】把sc表的全部权限授予student2，并可以转授给其他用户。

```
GRANT ALL PRIVILEGES ON TABLE sc TO student2 WITH GRANT OPTION;
```

2.REVOKE语句

SQL语言用REVOKE语句向用户收回操作权限，其一般格式如下：

```
REVOKE <权限>[<权限>…]
[ON <对象类型><对象名>]
FROM <用户> [<用户>…];
```

【例5-51】收回student1用户对sc表的查询权限。

```
REVOKE SELECT ON TABLE sc FROM student1;
```

说明以上授权与收回权限命令为一般数据库通用的命令，本书在6.1.2节还具体针对MySQL数据库的授权与收回权限命令进行详细介绍。

小　　结

SQL语言是本书的重点，它是访问数据库的核心语言。本章通过列举大量的实例介绍SQL语言的定义、查询、修改、删除、控制等各种命令的使用，为后面应用软件的开发打下基础。

SQL语言的定义部分包括对数据表、视图、索引的建立、修改及删除操作。SQL语言的查询包括单表查询、多表查询、子查询、统计查询等。SQL语言的操作包括对数据表的插入、修改、删除操作。SQL语言控制包括创建用户、访问权限分配等。关于如何实现嵌入SQL命令在软件中的应用，本书重点在第九章应用案例中予以介绍。

本章重点：SQL查询部分，熟练掌握各类掌握方式。

思考与练习

1.简述SQL语言的特点与功能。

2.什么是索引？建立索引有什么意义？

3.什么是视图？比较视图和表的优缺点。

4.如何创建视图？请举例说明。

5.现有如下关系，请用SQL语言完成下列相关语句：

student(sno,sname,sex,birthday,sdept); //说明（学号，姓名，性别，生日，系）

course(cno,cname,ccredit); //说明（课程号，课程名，学分）

sc(sno,cno,grade); //说明（学号，课程号，成绩）

（1）查询90后出生的学生姓名、系别、出生日期。

（2）查询选了1号课成绩大于80分的学生情况（不许重复）。

（3）查询所有选修课平均成绩大于90分的同学的学号和平均成绩。

（4）查询非信息系李明同学的学号和出生日期。

（5）查询选了数据库课程且成绩大于80的学生姓名及成绩。

（6）查询和李明在同一个系的其他同学姓名。

（7）将李明同学的系改为信息系。

（8）请在SC表中删除所有成绩小于60分的同学记录。

（9）将一个新同学的记录（sno:07010150; sname:陈冬; sex: 男; sdept: 信息; csrq:1985-6-8）插入到STUDENT表中。

（10）将course数据表删除。

6.假设MySQL数据库管理员（root）创建3个用户U1、U2、U3，并创建一个学生课程（xskc）数据库，内含三张表：student、sc、course,现请完成下列授权与收回权限命令：

（1）把查询Student表的权限授给用户U1。

（2）把对Student表和Course表的全部权限授予用户U2和U3。

（3）把对表Student的查询权限授予所有用户。

（4）把删除sc表和修改学生成绩的权限授给用户U1,同时也把授权权限给用户U1。

（5）把用户U1修改学生成绩的权限收回。

（6）收回所有用户对表sc的查询权限。

第6章

数据库的安全管理

在数据库系统中，DBMS主要通过数据库的安全性、数据库的完整性、数据库的备份与恢复和并发控制四种技术实现对数据进行统一管理和监控，确保数据库中数据的正确、完整和安全，实现对数据库的安全管理。本章以MySQL为例，主要介绍前三个功能，并发控制将单独在第7章介绍。

内容介绍

6.1 数据库的安全性

数据库的一大特点是数据共享，数据共享必然带来数据库的安全性问题。数据库的安全性是指保护数据以防止不合法的使用所造成的数据泄露、更改、丢失或破坏。计算机系统都有这个问题，在数据库系统中大量数据集中存放，为许多用户共享，使安全性问题更加突出。系统安全保护措施是否有效是现代数据系统的主要性能指标之一。

数据库的安全性

数据库安全性分为两类。

1. 系统安全性

系统安全性是指在系统级控制数据库的存取和使用的机制，包含：有效的用户/口令的组合；一个用户是否授权可连接数据库；用户对象可用磁盘空间的数量；用户的资源限制；数据库审计是否是有效；用户可执行哪些系统操作等。

2. 数据安全性

数据安全性是指在对象级控制数据库的存取和使用的机制，包含：哪些用户可存取一个指定的模式对象及对象允许做哪些操作类型。

6.1.1 用户管理

用户管理是任何一个数据库安全管理的重要部分，即通过设置不同的用户并赋予用户不同的权限，来对用户进行管理，从而保障数据库的安全管理。下面以MySQL数据库为例，介绍如何创建、删除、管理用户等。

1. 用户表

MySQL是一个多用户管理的数据库，可以为不同用户分配不同的权限，分为root用户和普通用户，root用户为超级管理员，拥有所有权限，而普通用户拥有指定的权限。

MySQL是通过权限表来控制用户对数据库访问的，权限表存放在MySQL数据库中，主要的权限表有：user、db、host、table_priv、columns_priv和procs_priv等，其中user就是用户表。通常用户信息、修改用户的密码、删除用户及分配权限等就是在MySQL数据库的user表中。user表的结构如表6-1所示。

表6-1 user表结构

字段名称	字段类型	字段长度	小数点
Host	char	60	0
user	char	32	0
Select_priv	enum	0	0
Insert_priv	enum	0	0
Update_priv	enum	0	0
Delete_priv	enum	0	0
Create_priv	enum	0	0
Drop_priv	enum	0	0
Reload_priv	enum	0	0
Shutdown_priv	enum	0	0
Process_priv	enum	0	0
File_priv	enum	0	0
Grant_priv	enum	0	0
References_priv	enum	0	0
Index_priv	enum	0	0
Alter_priv	enum	0	0
Show_db_priv	enum	0	0
Super_priv	enum	0	0
Create_tmp_table_priv	enum	0	0
Lock_tables_priv	enum	0	0
Execute_priv	enum	0	0
Repl_slave_priv	enum	0	0
Repl_client_priv	enum	0	0
Create_view_priv	enum	0	0
Show_view_priv	enum	0	0
Create_routine_priv	enum	0	0
Alter_routine_priv	enum	0	0
Create_user_priv	enum	0	0
Event_priv	enum	0	0
Trigger_priv	enum	0	0
Create_tablespace_priv	enum	0	0
ssl_type	enum	0	0
ssl_cipher	blob	0	0
x509_issuer	blob	0	0
x509_subject	blob	0	0

续表

字段名称	字段类型	字段长度	小数点
max_questions	int	11	0
max_updates	int	11	0
max_connections	int	11	0
max_user_connections	int	11	0
plugin	char	64	0
authentication_string	text	0	0
password_expired	enum	0	0
password_last_changed	timestamp	0	0
password_lifetime	smallint	5	0
account_locked	enum	0	0

user表中有45个字段，这些字段大致可分为以下四类。

（1）用户列

用户列包括Host、user、Passowrd，分别代表主机名、用户名和密码。其中，Host和user为user表的联合主键，当用户和服务器建立连接时，输入的用户名、主机名和密码必须与user表中对应的字段相匹配，才允许建立连接。当需要修改密码时，只需要user需要表中的Password字段即可。

（2）权限列

user表中权限列包括Select_priv、Insert_priv、Update_priv等以priv结尾的字段，这些字段决定了用户的权限，其中包括查询、修改、删除、插入、关闭服务等权限。user对应的权限是针对所有数据库的，并且这些权限列的数据类型都是ENUM，取值只有N或Y，其N表示该用户没有对应权限，Y表示该用户拥有对应权限，为了安全，这些字段默认值都要为N，如果需要可以对其进行修改。

（3）安全列

user表提供了ssl_type、ssl_cipher、x509_issuer、x509_subject、plugin、authentication_string等六个字段，分别用于表示加密、用户标识及存储和授权相关插件等。

（4）资源控制列

user表还包含了四个资源控制列，为别是max_questions、max_updates、max_connections、max_user_connections，即表示每小时允许用户执行查询、更新、连接的次数以及单个用户同时建立连接的次数。

2. 创建普通用户

创建普通用户，MySQL数据库有多种形式，这里仅介绍一种通用的模式，这种通用模式，并且适合于其他类型的主流数据库。具体创建格式如下：

```
CREATE user  '用户名'@'主机名'[IDENTIFIED BY [PASSWORD]'密码'][,'用户名'@'主机名'[IDENTIFIED BY[PASSWORD]'密码']]...
```

其中，PASSWORD 为可选项，可省略，创建时直接输入用户密码即可。

例如，创建一个名字为student1、密码为12345的用户：

```
CREATE user 'student1'@'localhost' IDENTIFIED BY '12345';
```

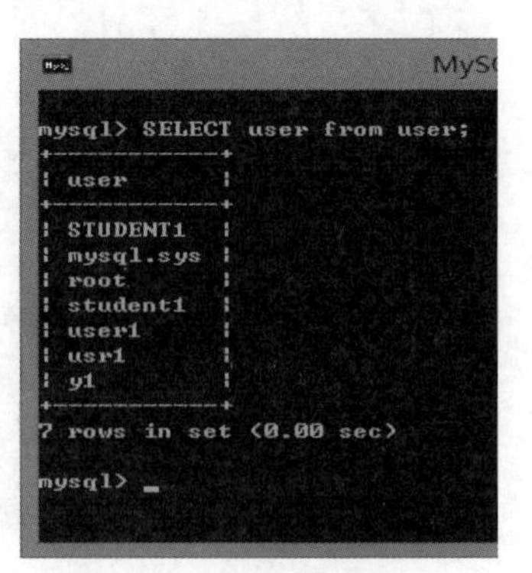

图 6-1　查看普通用户

注意：用户名如果是用字母，是区分大小写的，例如，student1 与 STUDENT1 是不同的账户，而命令关键字（如 CREATE）大小写等同。

3. 查看普通用户

创建好用户后，如果查看已有的用户名，可以输入下面的格式，结果如图 6-1 所示。

```
SELECT user FROM user;
```

4. 删除普通用户

对于 MySQL 数据库一般会创建多个普通用户来管理数据库，但如果有些用户是多余的，则可以删除。删除的格式如下：

```
DROP user '用户名' @'服务器名'[,'用户名'@'服务器名' …];
```

例如，删除 STUDENT1 用户语句如下：

```
DROP user 'STUDENT1' @'localhost';
```

注意：删除普通用户必须是管理员用户或者具备了删除该普通用户权限的用户才可以使用这个删除命令。

5. 修改用户密码

对于 MySQL 数据库每个用户，都对应有一个密码，如果感觉密码不安全可以通过命令来修改。其中，root 用户可以修改所有用户密码，而普通用户在没有授权时，仅能修改自己的密码。

（1）root 用户修改自己的密码

root 用户登录后，可以用 SET 格式修改自己的密码。

```
SET PASSWORD=PASSWORD('新密码');
```

例如，将 root 用户密码改为 123456：

```
SET PASSWORD=PASSWORD('123456');
```

注意：新密码必须用单引号引起来。

（2）root 用户修改普通用户的密码

首先以 root 用户身份登录，然后发命令：

```
SET PASSWORD FOR '普通用户名'@'主机名'=PASSWORD('新密码');
```

这里新密码指的是要修改的普通用户新密码。例如，root 用户将 student1 的密码修改为 123456 的命令如下：

```
SET PASSWORD FOR 'student1'@'localhost'=PASSWORD('123456');
```

（3）普通用户修改自己的密码

可以以自己的账户身份登录，然后执行下面的命令修改自己的密码。

```
SET PASSWORD=PASSWORD('新密码');
```

6.1.2　权限管理

在 MySQL 数据库中，为了保证数据的安全性，数据管理员需要为每个用户赋予不同的权限以满足不同的用户需求。下面将对MySQL的权限管理进行讲解。

1.MySQL的权限

MySQL中的权限信息被存储在数据库中的user、db、host、tables_priv，column_priv和procs_ppriv表中，当MySQL启动时会自动加载这些权限信息，并将这些权限信息读取到内在中。MySQL对应的权限范围如表6-2所示。

表 6-2　MySQL 的权限

权　限　列	权 限 名 称	权 限 范 围
Create_priv	CREATE	数据库、表、索引
Drop_priv	DROP	数据库、表、视图
Grant_priv	GRANT OPTION	数据库、表、存储过程
References_priv	REFERENCES	数据库、表
Event_priv	EVENT	数据库
Alter_priv	ALTER	数据库
Delete_priv	DELETE	表
Insert_priv	INSERT	表
Index_priv	INDEX	表
Select_priv	SELECT	表、列
Update_priv	UPDATE	表、列
Create_temp_table_priv	CREATE TEMPORARY TABLES	表
Lock_tables_priv	LOCK TABLES	表
Trigger_priv	TRIGGER	表
Creage_view_priv	CREATE VIEW	视图
Show_view_priv	SHOW VIEW	视图
Alter_rountine_priv	ALTER ROUTINE	存储过程、函数
Create_routine_priv	CREATE ROUNTINE	存储过程、函数
Execute_priv	EXECUTE	存储过程、函数
File_priv	FILE	服务器上的文件
Create_tablespace_priv	CREATE TABLESPACE	服务器管理
Create_user_priv	CREATE USEER	服务器管理
Process_priv	PROCESS	存储过程、函数
Reload_priv	RELOAD	调用服务器上文件
Repl_client_priv	REPLICATION CLIENT	服务器管理
Repl_slave_priv	REPLICATION SLAVE	服务器管理
Show_db_priv	ShOW DATABASES	服务器管理
Shutdown_priv	SHUTDOWN	服务器管理
Super_priv	SUPER	服务器管理

表6-2将MySQL的权限及范围做了介绍，读者不必死记硬背这些功能，只需做必要的了解即可，下面对部分权限做如下说明：

① CREATE和DROP权限：主要针对数据库、表、索引、视图等进行创建与删除功能。

② INSERT、DELETE、UPDATE、SELECT权限：主要对数据表进行插入、修改、删除、查询等功能。

③ INDEX权限：主要是创建或删除索引，适用于所有表。

④ ALTER权限：可以用于修改表或重命名表。

⑤ GRANT权限：允许为其他用户授权，可用于数据库及表。

⑥ FILE权限：用于读/写MySQL服务器上的任何文件。

2. 授予权限

对于用户来讲，只有他被授予了对数据的处理权限，才能对数据进行增删改查等操作，合理的用户授权可以保障数据库的安全。一般数据库是通过GRANT来给用户进行授权的。

GRANT的语法格式如下：

```
GRANT [all privileges]权限列表(columns),ON database.table TO '用户名'@'主机名'…[WITH GRANT OPTION]
```

上述语法格式中all privileges为可选项，代表所有权限，“权限列表”代表某一个或几个权限，如SELECT、INSERT等。columns代表权限作用到某一列，如果省略，则作用于整个表，ON后的database.table代表针对某一数据库某一个表的权限，如xskc.student指的是xskc数据库的student表，如果用*.*代表所有数据库的所有表。“用户名”代表是授予某个用户（如student1）[WITH GRANT OPTION]为可选项，表示在授权的同时，也将授权权限同时赋予用户。

例如，将xskc的student表的SELECT、INSERT 权限授予student1用户，同时也将授权权限授予student1。命令格式如下：

```
GRANT SELECT,INSERT ON xskc.student TO 'student1'@'localhost'WITH GRANT OPTION;
```

这样student1账户不仅获得student表的SELECT、INSERT权限，同时也获得了这两项权限的授权权限，即student1账户可以将student表的SELECT、INSERT权限授予其他用户。

2. 查看权限

用户登录后可以通过SHOW GRANTS来查询自己或其他账户的权限，查询当前用户拥有哪些权限的命令格式如下，如果如图6-2所示。

```
SHOW GRANTS
```

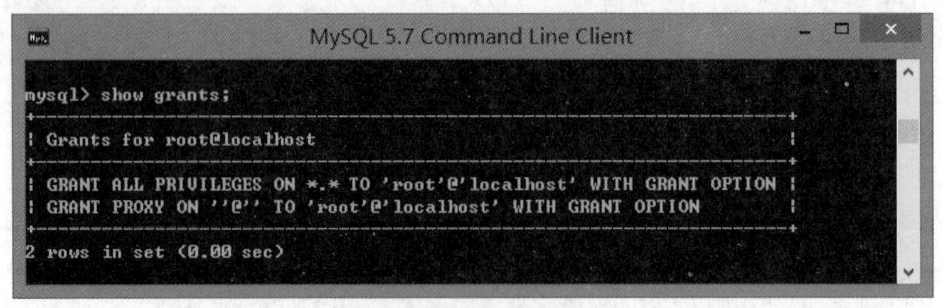

图6-2 查询权限

查看用户student1所具有的权限格式如下，结果如图6-3所示。

```
SHOW GRANTS FOR 'student1'@'localhost';
```

```
mysql> show grants for 'student1'@'localhost';
+-------------------------------------------------------------------------------
--------+
| Grants for student1@localhost
        |
+-------------------------------------------------------------------------------
--------+
| GRANT USAGE ON *.* TO 'student1'@'localhost'
        |
| GRANT SELECT, INSERT ON `xskc`.`student` TO 'student1'@'localhost' WITH GRANT
OPTION |
+-------------------------------------------------------------------------------
--------+
2 rows in set (0.00 sec)
```

图 6–3　查询权限

3. 收回权限

MySQL数据库可以通过REVOKE命令，将一些用户不需要的权限收回，格式如下：

```
REVOKE [all privileges]权限列表(columns),ON database.table FROM '用户名'@'
主机名'…;
```

其中，[all privileges]为可选项，代表收回所有权限，权限列表表示要收回的权限，(columns)代表作用到某一列上的权限，如省略则表示作用于整个表。

例如，从student1用户中收回INSERT权限的格式如下，结果如图6–4所示。

```
REVOKE INSERT ON xskc.student FROM 'student1'@'localhost';
```

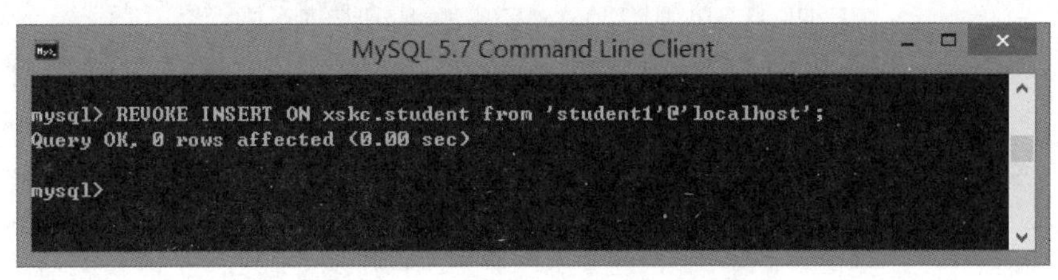

图 6–4　查询 student1 用户权限

6.1.3　数据库的备份和恢复

在进行数据库操作时，为防止掉电或机器故障而引起的数据丢失，保证数据库的安全，需要定期对数据库进行备份。前面在MySQL的工具软件Navicat中里介绍过数据备份的方法，本节将介绍MySQL提供的另一个命令MySQLdump，通过该命令可以实现单个、多个和所有数据库的备份。

1. 数据的备份

MySQLdump命令的使用是在DOS环境下进行（即不需要登录MySQL数据库）。

用户要通过按【Win+R】组合键进入到运行模式，执行CMD命令，然后进入DOS模式，格式如下：

```
MySQLdump -u用户名 -p密码 数据库名[数据表名1 数据表名2…]>文件名.sql
```

此处必须指定用户名及密码，数据库名为指定的备份数据库，数据表名1、数据表名2等表示数据库中的表名，可以指定一个或多个表，表名间用空格分隔，如果不指定表名，则表示备份整个数据库。

例如，在C盘上建一个BACKUP目录，用root用户备份xskc数据库中的student、sc表到目录BACKUP下的xskc.sql文件中的命令格式如下：

```
MySQLdump -uroot -p123456 xskc student sc >C:\BACKUP\xskc.sql
```

备份命令执行后，就可以进入到BACKUP目录中查到备份的文件xskc.sql，如图6-5所示。

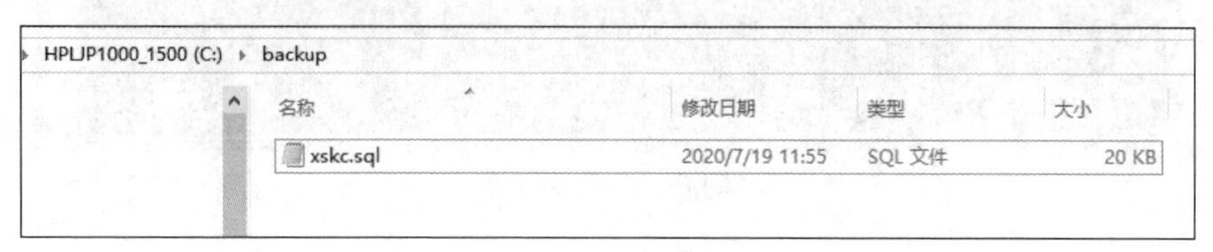

图6-5　文件备份

可以用记事本等编辑工具打开xskc.sql备份文件，里面显示着一些备份数据信息，如主机、数据库、表信息等，如图6-6所示。

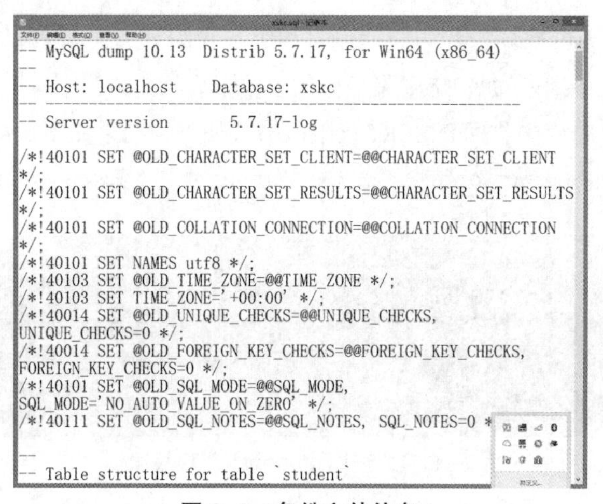

图6-6　备份文件信息

备份多个数据库时可以用下面的格式。

```
MySQLdump -u用户名 -p密码 数据库名[数据库名1 数据库名2…]>文件名.sql
```

例如，将数据库xskc，xsxx一起备份到BACKUP下的xsgl.sql：

```
MySQLdump -uroot -p123456 --databases xskc xsxx >C:\BACKUP\xsgl.sql
```

如果是多个数据库，中间用空格隔开。备份所有数据库时可以用下面的格式。

```
MySQLdump -u用户名 -p密码 --all-databases>文件名.sql
```

如果使用了--all-databases参数表示备份所有数据库，还原时也不需要创建数据库并指定要操作的数据库。

2.数据的恢复

当数据库的数据被误删或者被破坏时，需要恢复备份好的数据文件，格式如下：

```
MySQL -u用户名 -p密码 [数据库名] <文件名.sql
```

例如，恢复C:/BACKUP下的xskc.sql命令格式如下：

```
MySQL -uroot -p123456 xskc <C:/BACKUP/xskc.sql;
```

6.1.4　数据库审计

数据库审计能够实时记录网络上的数据库活动，对数据库操作进行细粒度审计的合规性管理，对数据库遭受到的风险行为进行告警，对攻击行为进行阻断。它通过对用户访问数据库行为的记录、分析和汇报，帮助用户事后生成合规报告、事故追根溯源，同时加强内外部数据库网络行为记录，提高数据资产安全。

审计是对选定的用户动作的监控和记录，通常用于：

① 审查可疑的活动。例如，数据被非授权用户所删除，此时安全管理员可决定对该数据库的所有连接进行审计，以及对数据库的所有表成功或不成功的删除进行审计。

② 监视和收集关于指定数据库活动的数据。例如，DBA可收集那些被修改，执行了多少次逻辑的I/O等统计数据。

通过对应用层访问和数据库操作请求进行多层业务关联审计，实现访问者信息的完全追溯，包括操作发生的URL、客户端的IP、请求报文等信息，通过多层业务关联审计更精确地定位事件发生前后所有层面的访问及操作请求，使管理人员对用户的行为一目了然，真正做到数据库操作行为可监控，违规操作可追溯。

通过对不同数据库的SQL语义分析，提取出SQL中相关的要素（用户、SQL操作、表、字段、视图、索引、过程、函数、包等）实时监控来自各个层面的所有数据库活动，包括来自应用系统发起的数据库操作请求、来自数据库客户端工具的操作请求，以及通过远程登录服务器后的操作请求等。通过远程命令行执行的SQL命令也能够被审计与分析，并对违规的操作进行阻断。系统不仅对数据库操作请求进行实时审计，而且还可对数据库返回结果进行完整的还原和审计，同时可以根据返回结果设置审计规则。

③ 灵活的策略定制。根据登录用户、源IP地址、数据库对象（分为数据库用户、表、字段）、操作时间、SQL操作命令、返回的记录数或受影响的行数、关联表数量、SQL执行结果、SQL执行时长、报文内容的灵活组合来定义客户所关心的重要事件和风险事件。

④ 多形式的实时告警。当检测到可疑操作或违反审计规则的操作时，系统可以通过监控中心告警、短信告警、邮件告警、Syslog告警等方式通知数据库管理员。

1. 审计系统的特点

① 完整性：独一无二的多层业务关联审计，可针对Web层、应用中间层、数据层各层次进行关联审计。

② 细粒度：细粒度的审计规则、精准化的行为检索及回溯、全方位的风险控制。

③ 有效性：独有专利技术实现对数据库安全的各类攻击风险和管理风险的有效控制；灵活的、可自定义的审计规则满足了各类内控和外审的需求（有效控制误操作、越权操作、恶意操作等违规行为）。

④ 公正性：基于独立审计的工作模式，实现了数据库管理与审计的分离，保证了审计结果

的真实性、完整性、公正性。

⑤ 零风险：无须对现有数据库进行任何更改或增加配置，即可实现零风险部署。

⑥ 高可靠：提供多层次的物理保护、掉电保护、自我监测及冗余部署，提升设备整体可靠性。

⑦ 易操作：充分考虑国内用户的使用和维护习惯，提供Web-based全中文操作界面及在线操作提示。

2.MySQL的审计功能

MySQL的审计功能主要包括记录下对数据库的所有操作，包括登录、连接、对表的增删改查等，便于责任追溯、问题查找等。

MySQL 可分为企业版和社区版。

① 企业版 MySQL Enterprise Edition（收费）自带AUDIT审计功能。

② 社区版 MySQL Community Server（免费）需要自己下载插件。

为社区版提供审计的插件主要有以下三个：McAfee MySQL Audit Plugin、Percona Audit Log Plugin、MariaDB Audit Plugin。本书主要讲解：MariaDB Audit Plugin。

读者可以到 MariaDB官网下载对应版本的安装包，从安装包中获得版本对应的.dll插件（Linux系统.so插件），复制到自己的MySQL插件库下，安装插件，开启审计功能，配置my.ini文件。具体说明如下：

① MySQL与 MariaDB的版本对应很重要，低版本的容易导致数据库崩溃，这里选择的是5.7.21版本的MySQL数据库，MariaDB的版本是5.5.57以上。

下载路径 https://downloads.mariadb.org/mariadb/5.5/。

② 从该路径下获得对应的MySQL插件（server_audit.dll），在mariadb-5.5.57-winx64\lib\plugin\目录下。复制到对应的 MySQL 插件库中C:\Program Files\MySQL\MySQL Server 5.7\lib\plugin。

③ 登录MySQL执行如下命令，可以查看MySQL数据对应的插件文件存放位置，如图6-7所示。

```
MySQL> SHOW GLOBAL VARIABLES LIKE 'plugin_dir';
```

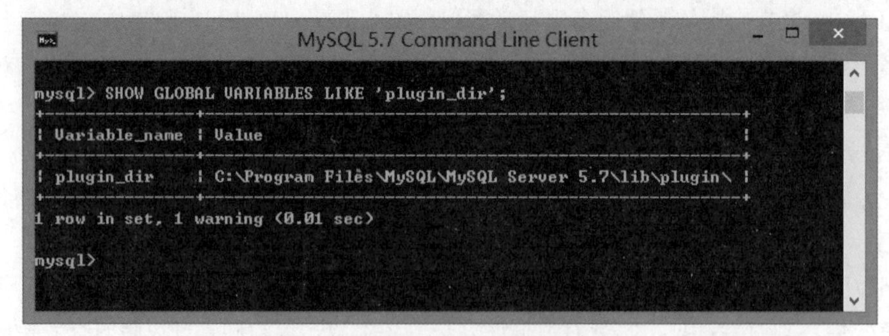

图 6-7 显示 plugin_dir 插件位置

④ 执行如下命令安装审计插件。

```
MySQL> INSTALL PLUGIN server_audit SONAME 'server_audit.dll';
```

⑤ 安装成功，通过如下命令可以查看初始化参数配置，如图6-8所示。

```
MySQL> SHOW variables LIKE '%audit%';
```

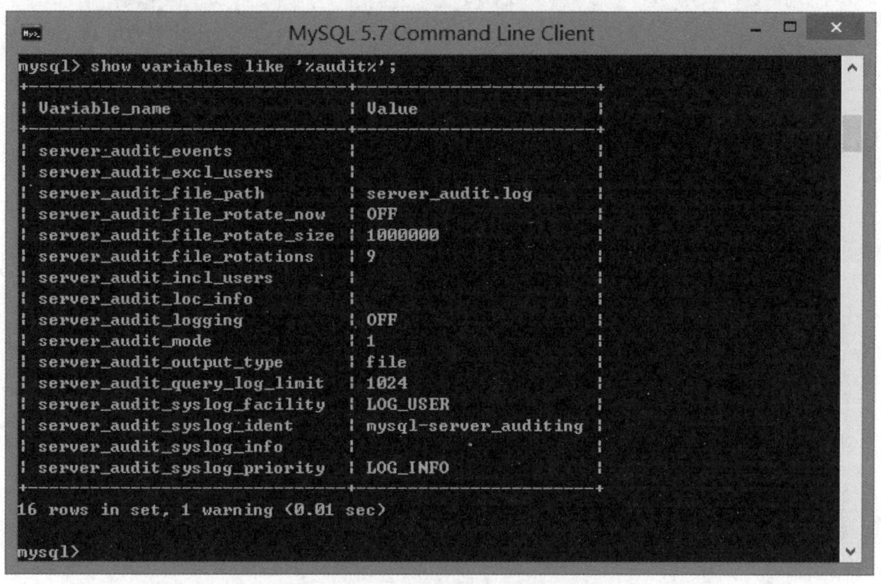

图 6-8　显示初始化参数配置

⑥ 执行如下命令开启MySQL审计功能，详细配置参数说明见本节结尾。

- 指定哪些操作被记录到日志文件中。

```
MySQL> SET GLOBAL server_audit_events='CONNECT,QUERY,TABLE,QUERY_DDL';
```

- 开启审计功能。

```
MySQL> SET GLOBAL server_audit_logging=on';
```

- 默认存放路径，可以不写，默认到data文件下。

```
MySQL> SET GLOBAL server_audit_file_path =/data/MySQL/auditlogs;
```

- 设置文件大小。

```
MySQL> SET GLOBAL server_audit_file_rotate_size=200000000;
```

- 指定日志文件的数量，如果为0日志将从不轮转。

```
MySQL> SET GLOBAL server_audit_file_rotations=200;
```

- 强制日志文件轮转。

```
MySQL> SET GLOBAL server_audit_file_rotate_now=ON;
```

⑦ 执行完上述命令，通过“show variables like '%audit%';”可查看审计配置说明，如6-9所示。

⑧ 可到data文件下查看日志文件server_audit.log。默认文件路径C:\ProgramData\MySQL\MySQL Server 5.7\Data；主要看 ProgramData 目录在什么位置，可从中查看各项操作，可以发现什么时间哪个用户执行了什么操作，便于追究责任，如图6-10所示。

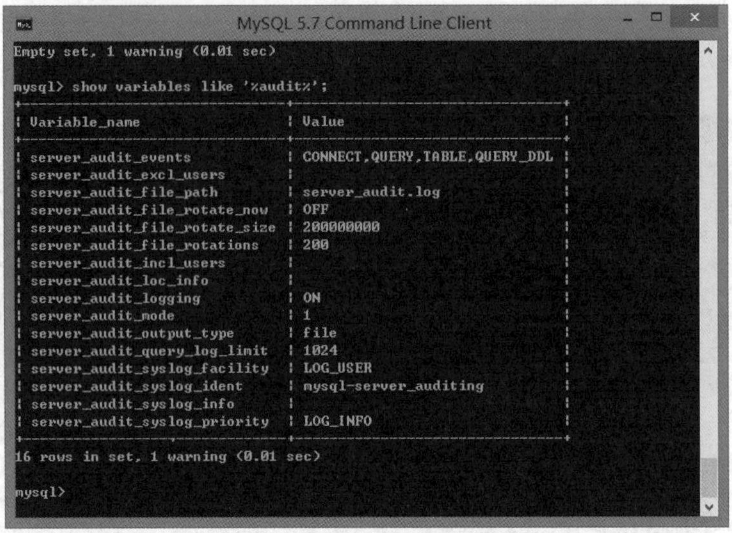

```
Empty set, 1 warning (0.01 sec)

mysql> show variables like '%audit%';
+-------------------------------+-----------------------------------+
| Variable_name                 | Value                             |
+-------------------------------+-----------------------------------+
| server_audit_events           | CONNECT,QUERY,TABLE,QUERY_DDL     |
| server_audit_excl_users       |                                   |
| server_audit_file_path        | server_audit.log                  |
| server_audit_file_rotate_now  | OFF                               |
| server_audit_file_rotate_size | 200000000                         |
| server_audit_file_rotations   | 200                               |
| server_audit_incl_users       |                                   |
| server_audit_loc_info         |                                   |
| server_audit_logging          | ON                                |
| server_audit_mode             | 1                                 |
| server_audit_output_type      | file                              |
| server_audit_query_log_limit  | 1024                              |
| server_audit_syslog_facility  | LOG_USER                          |
| server_audit_syslog_ident     | mysql-server_auditing             |
| server_audit_syslog_info      |                                   |
| server_audit_syslog_priority  | LOG_INFO                          |
+-------------------------------+-----------------------------------+
16 rows in set, 1 warning (0.01 sec)

mysql>
```

图 6-9　查看审计配置说明

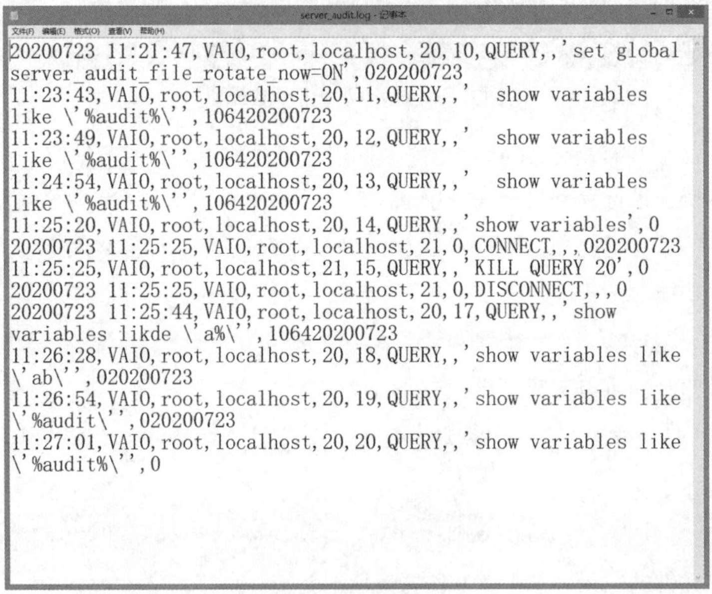

```
20200723 11:21:47,VAIO,root,localhost,20,10,QUERY,,'set global
server_audit_file_rotate_now=ON',020200723
11:23:43,VAIO,root,localhost,20,11,QUERY,,'  show variables
like \'%audit%\'',106420200723
11:23:49,VAIO,root,localhost,20,12,QUERY,,'  show variables
like \'%audit%\'',106420200723
11:24:54,VAIO,root,localhost,20,13,QUERY,,'  show variables
like \'%audit%\'',106420200723
11:25:20,VAIO,root,localhost,20,14,QUERY,,'show variables',0
20200723 11:25:25,VAIO,root,localhost,21,0,CONNECT,,,020200723
11:25:25,VAIO,root,localhost,21,15,QUERY,,'KILL QUERY 20',0
20200723 11:25:25,VAIO,root,localhost,21,0,DISCONNECT,,,0
20200723 11:25:44,VAIO,root,localhost,20,17,QUERY,,'show
variables likde \'a%\'',106420200723
11:26:28,VAIO,root,localhost,20,18,QUERY,,'show variables like
\'ab\'',020200723
11:26:54,VAIO,root,localhost,20,19,QUERY,,'show variables like
\'%audit\'',020200723
11:27:01,VAIO,root,localhost,20,20,QUERY,,'show variables like
\'%audit%\'',0
```

图 6-10　查看日志文件

⑨ 在控制台中用命令行配置的参数只对本次服务有效果，服务重启配置全部初始化了，因此想长久配置需要在my.ini文件（C:\ProgramData\MySQL\MySQL Server 5.7）中添加相应的配置信息。配置信息如下，需要更多参数的可自行添加。打开my.ini文件找到［mysqld］，需要添加到[mysqld]下方，重启服务配置生效。

［mysqld］:

```
#备注：防止server_audit 插件被卸载
server_audit=FORCE_PLUS_PERMANENT
#备注：指定哪些操作被记录到日志文件中
server_audit_events='CONNECT,QUERY,TABLE,QUERY_DDL'
```

```
server_audit_logging=on
server_audit_file_rotate_size=200000001
server_audit_file_rotations=200
server_audit_file_rotate_now=ON
```

⑩ 卸载MySQL审计插件，执行如下命令：

```
MySQL> UNINSTALL PLUGIN server_audit;
MySQL> show variables like '%audit%';
```

注意：在server_audit插件安装好并已经运行之后添加这些配置，否则过早添加容易导致数据库服务无法正常启动。详细请参考：https://mariadb.com/kb/en/mariadb/server_audit-system-variables/

参数配置说明：

- server_audit_output_type：指定日志输出类型，可为SYSLOG或FILE。
- server_audit_logging：启动或关闭审计。
- server_audit_events：指定记录事件的类型，可以用逗号分隔的多个值（connect、query、table），如果开启了查询缓存，查询直接从查询缓存返回数据，将没有table记录。
- server_audit_file_path：如server_audit_output_type为FILE，使用该变量设置存储日志的文件，可以指定目录，默认存放在数据目录的server_audit.log文件中。
- server_audit_file_rotate_size：限制日志文件的大小。
- server_audit_file_rotations：指定日志文件的数量，如果为0日志将从不轮转。
- server_audit_file_rotate_now：强制日志文件轮转。
- server_audit_incl_users：指定哪些用户的活动将记录，connect将不受此变量影响，该变量比server_audit_excl_users优先级高。
- server_audit_syslog_facility：默认为LOG_user，指定facility。
- server_audit_syslog_ident：设置ident，作为每个syslog记录的一部分。
- server_audit_syslog_info：指定的info字符串将添加到syslog记录。
- server_audit_syslog_priority：定义记录日志的syslogd priority。
- server_audit_excl_users：该列表的用户行为将不记录，connect将不受该设置影响。
- server_audit_mode：标识版本，用于开发测试。

6.1.5　数据加密

数据加密是一门历史悠久的技术，指通过加密算法和加密密钥将明文转变为密文，而解密则是通过解密算法和解密密钥将密文恢复为明文。它的核心是密码学。

数据加密是防止数据库数据在存储和传输中失密的有效手段，目前仍是计算机系统对信息进行保护的一种最可靠的办法。它利用密码技术对信息进行加密，实现信息隐蔽，从而起到保护信息安全的作用。

下面用一个简单的例子来说明一下数据加密的思想，例如，想把ABCDE放到数据库中，英文字母A的ASCII码为65，如果用最简单的算法，把每个字母的ASCII码都+5以后，再换成对应的字符存到数据库中，数据库里显示的字符将是FGHIJ，即不再是原来的ABCDE，这样即使是有人打开了数据库也得不到原始真实的数据，而合法用户读数据时，只需要再将原来的算法反转，即可恢复原来的数据ABCDE。

当然，这只是一个最简单的数据加密的例子，实际上数据加密要比这复杂得多。

1.数据加密的方法

数据加密主要包括存储加密和传输加密

（1）存储加密

存储加密是指将数据写到磁盘时对数据进行加密，又分为透明存储加密和非透明存储加密。

① 透明存储加密。

- 内核级加密保护方式，对用户完全透明。
- 将数据在写到磁盘时对数据进行加密，授权用户读取数据时再对其进行解密。
- 数据库的应用程序不需要做任何修改，只需在创建表语句中说明需要加密的字段即可。

内核级加密方法：性能较好，安全完备性较高。

② 非透明存储加密：通过多个加密函数实现。

（2）传输加密

数据库用户与服务器之间若采用明文方式传输数据，容易被网络恶意用户篡改，存在安全隐患。数据库管理系统提供了传输加密功能。

常用的传输加密方式有链路加密和端到端加密。

① 链路加密：对传输数据在链路层进行加密，它的传输信息由报头和报文两部分组成。

② 端对端加密：对传输数据在发生端加密在接收端解密。只加密报文，不加密报头。

这两种方法是防止数据库中数据在存储和传输中失密的有效手段。

2.数据加密的基本概念

① 明文：即原始的或未加密的数据。通过加密算法对其进行加密，加密算法的输入信息为明文和密钥。

② 密文：明文加密后的格式，是加密算法的输出信息。加密算法是公开的，而密钥则是不公开的。密文不应为无密钥的用户理解，用于数据的存储及传输。

③ 密钥：是由数字、字母或特殊符号组成的字符串，用它控制数据加密、解密的过程。

④ 加密：把明文转换为密文的过程。

⑤加密算法：加密所采用的变换方法。

⑥ 解密：对密文实施与加密相逆的变换，从而获得明文的过程。

⑦ 解密算法：解密所采用的变换方法。

加密技术是一种防止信息泄露的技术，它的核心技术是密码学。密码学是研究密码系统或通信安全的一门学科，又分为密码编码学和密码分析学。

3.加密技术

目前比较流行的加密技术包括对称加密技术和非对称加密技术。

（1）对称加密技术

对称加密采用了对称密码编码技术，其特点是文件加密和解密使用相同的密钥，即加密密钥也可以用作解密密钥，这种方法在密码学中称为对称加密算法，对称加密算法使用起来简单快捷，密钥较短，且破译困难。除了数据加密标准（DES），另一个对称密钥加密系统是国际数据加密算法（IDEA），它比DES的加密性好，而且对计算机功能要求也没有那么高。IDEA加密标准由PGP（Pretty Good Privacy）系统使用。

（2）非对称加密技术

1976年，美国学者Dime和Henman为解决信息公开传送和密钥管理问题，提出一种新的密钥交换协议，允许在不安全的媒体上的通信双方交换信息，安全地达成一致的密钥，这就是“公开密钥系统”。相对于“对称加密算法”这种方法也称为“非对称加密算法”。与对称加密算法不同，非对称加密算法需要两个密钥：公开密钥（Public Key）和私有密（Private Key）。公开密钥与私有密钥是一对，如果用公开密钥对数据进行加密，只有用对应的私有密钥才能解密；如果用私有密钥对数据进行加密，那么只有用对应的公开密钥才能解密。因为加密和解密使用的是两个不同的密钥，所以这种算法称为非对称加密算法。

6.2　数据完整性

数据完整性（Data Integrity）是指数据的正确性和相容性。DBMS必须提供一种功能保证数据库的数据完整性，这种功能称为完整性检查。数据完整性是为了防止数据库存在不符合语义的数据，防止错误信息输入和输出，即数据要遵守由DBA或应用开发者决定的一组预定义的规则。

6.2.1　完整性约束

约束是用来确保数据的准确性和一致性。数据的完整性就是对数据的准确性和一致性的一种保证。

数据完整性约束是指数据的正确性和相容性，为了防止数据库中存在不符合语义的数据，防止数据库中存在不正确的数据。在关系型模型中提供了三种规则为了防止不符合规范的数据进入数据库，在用户对数据进行插入、修改、删除等操作时，DBMS自动按照一定的约束条件对数据进行监测，使不符合规范的数据不能进入数据库，以确保数据库中存储的数据正确、有效、相容。

数据的正确性是指数据要符合现实世界语义，反映当前的实际状况。

数据的相容性指的是同一对象在不同关系表中的数据是符合逻辑。

例如，学生的学号必须唯一、性别只能是男或女、本科学生年龄的取值范围为14~50的整数、学生所选的课程必须是学校开设的课程，学生所在的院系必须是学校已成立的院系。

数据的“完整性”和“安全性”是两个不同的概念。

数据的完整性：

① 防止数据库中存在不符合语义的数据，也就是防止数据库中存在不正确的数据。

② 防范对象：不合语义的、不正确的数据。

数据的安全性：

① 保护数据库 防止恶意的破坏和非法的存取。

② 防范对象：非法用户和非法操作。

6.2.2 完整性约束分类

一般将数据的完整性分为三类：实体完整性、参照完整性和用户定义完整性。

1. 实体完整性（唯一约束、主键约束、标识列）

实体是一个数据对象，是指客观存在并可以相互区分的事务，如一个学生或一个职员。实体完整性规则是指关系的主属性，即主键的组成不能为空，也就是关系的主属性不能为空值（NULL）。实体完整性是通过主键约束和候选键约束来实现的。

（1）主键分类

① 逻辑主键：例如ID，不代表实际的业务意义，只是用来唯一标识一条记录（推荐）。

② 业务主键：例如userno，参与实际的业务逻辑。

（2）主键约束

主键可以是表中的一列，也可以是表中多个列的组合，多个列组合而成的主键也称复合主键。

规则：

① 每个表只能定义一个主键。

② 唯一性原则。主键的值必须能够唯一标识表中的每一行记录。

③ 最小化原则，复合主键不能包含不必要的多余列。

④ 一个列名在复合主键的列表中只能出现一次。

作为列的完整性约束：

```
CREATE TABLE(字段 类型( ) not null primary key...);
```

作为表的完整性约束：

```
CREATE TABLE(字段 类型( ) not null, ...PRIMARY KEY(字段, 字段2...));
```

（3）候选键约束

若一个属性集能唯一标识元组，且不含多余的属性，那么这个属性集称为关系的候选键。任何时候候选键的值必须是唯一的，且不能为空NULL。其可以在CREATE TABLE 和ALTER TABLE 使用关键字UNIQUE来定义。

候选键与主键的区别：一个表只能创建一个主键，但可以定义多个候选键；定义主键系统会主动创建PRIMARY KEY 索引，而定义候选键约束，系统会自动创建UNIQUE索引。

2. 参照完整性（限制数据类型、检查约束、外键约束、默认值、非空约束）

参照完整性是对关系数据库中建立关联关系的数据表间数据参照引用的约束，也就是对外键的约束。准确地说，参照完整性是指关系中的外键必须是另一个关系的主键有效值，或者是NULL。参照完整性维护表间数据的有效性、完整性，通常通过建立外部键联系另一表的主键实现，还可以用触发器来维护参照完整性。

参照完整性规则：本关系的属性值需要参照另一关系的属性和值，称为参照。参照完整性规则就是定义主键和外键之间的引用规则，它是对关系间引用数据的一种限制。

例如，建立SC表并将sno、cno分别定义为关系表student、course的外键。

```
CREATE TABLE SC
(sno CHAR(8) REFERENCES STUDENT(sno),
 cno CHAR(4) REFERENCES COURSE(cno),
 GRADE  SMALLINT,
 PRIMARY KEY (sno,cno));
```

目前只有InnoDB引擎支持外键约束。

InnoDB引擎类型中声明外键的基本语法格式如下：

```
FOREIGN KEY (INDEX_COL_NAME,…) REFERENCE_DEFINITION;
```

FRFERENCE_DEFINITION 主要用于定义外键所参照的表、列，参照动作的声明和实施策略：

REFERENCES TBL_NAME [(COL_NAME(LENGTH) ASC|DESC)]

[MATCH FULL|MATCH PARTIAL|MARTCH SIMPLE]

[ON DELETE REFERENCE_OPTION]

[ON UPDATE REFERENCE_OPTION];

REFERENCE_OPTION选项有以下几种：RESTRICT(限制策略：当要删除或更新被参照表中的在外键中出现的值时，系统拒绝对被参照表的删除或更新操作）、CASECADE（级联策略：从被参照表中删除或更新数据记录时，自动删除或更新参照表中匹配的记录行）、SET NULL（置空策略：当从被参照表中删除或更新记录行时，设置参照表中与之对应的外键列的值为NULL，这个策略需要被参照表中外键列没有声明限定词NOT NULL）、NO ACTION（不采取实施策略：当一个相关的外键值在被参照表中时，删除或者更新被参照表中键值的动作不被允许。该策略的动作语言与RESTRICT 相同。

3.用户定义完整性（规则、存储过程、触发器）

用户定义完整性是对数据表中字段属性的约束。用户定义完整性规则也称域完整性规则，包括字段的值域、字段的类型和字段的有效规则（如小数位数）等约束，是由确定关系结构时所定义的字段的属性决定的。例如，百分制成绩的取值范围在0~100之间等。

用户定义完整性规则：针对某一应用环境的完整性约束条件，反映了某一具体应用所涉及的数据要求。

（1）非空约束（Not Null Constraint）

例如，新建一个用户表 userinfo，其属性列id、name后面都添加了not null，则这些列值不得为空。

（2）唯一约束（Unique Constraint）

一个唯一约束并不包括一个NULL值。直接在字段定义后加入UNIQUE即可定义该唯一约束。

① 一个表只能创建一个主键约束，但一个表可以根据需要对不同的列创建若干Unique约束。

② 主键字段不允许为null，Unique允许为空。

③ 一般创建主键约束时，系统自动产生簇索引，Unique约束自动产生非簇索引。

（3）检查约束（The Check Clause）

在定义的数据库表中，在字段级或者表级加入检查约束，使其满足特定的要求。例如：

```
CREATE TABLE student (
    sno VARCHAR(15)
    sname VARCHAR(10) NOT NULL,
    sex VARCHAR(2),
    degree_level VARCHAR(15),
    PRIMARY KEY(student_id),
    CHECK(degree_level IN('Bachelors','Masters','Doctorate')));
```

即检查约束要包含在Bachelors、Masters、Doctorate三个学位内。

小　结

数据库的安全性是保证数据库正常运行以及应用软件可靠稳定的关键，本章以MySQL数据库为例，详细介绍了数据库的安全管理措施，即数据库用户管理、权限分配、数据备份与恢复、审计及数据加密等，其中用户管理是保证安全的基础，权限分配是保证安全的关键，审计是弥补安全不足的要素，数据加密是安全保护的最后屏障。合理使用这些安全机制，可以最大限度地保证数据库的安全。

思考与练习

一、选择题

1. 下面（　　）不是数据库系统必须提供的数据控制功能。

A. 安全性　　B. 可移植性　　C. 完整性　　D. 并发控制

2. 保护数据库，防止未经授权的或不合法的使用造成的数据泄露、更改破坏，这是指数据的（　　）。

A. 安全性　　B. 完整性　　C. 并发控制　　D. 恢复

3. 数据库的（　　）是指数据的正确性和相容性。

A. 安全性　　B. 完整性　　C. 并发控制　　D. 恢复

4. 在数据库系统中，对存取权限的定义称为（　　）。

A. 命令　　B. 授权　　C. 定义　　D. 审计

5. 数据库管理系统通常提供授权功能来控制不同用户访问数据的权限，这主要是为了实现数据库的（　　）。

A. 可靠性　　B. 一致性　　C. 完整性　　D. 安全性

6. 下列SQL语句中，能够实现“只收回用户ZHAO对学生表（STUD）中学号（XH）的修改权”这一功能的是（　　）。

A. REVOKE UPDATE(XH) ON TABLE FROM ZHAO

B. REVOKE UPDATE(XH) ON TABLE FROM PUBLIC

C. REVOKE UPDATE(XH) ON STUD FROM ZHAO

D. REVOKE UPDATE(XH) ON STUD FROM PUBLIC

7.把对关系SC的属性GRADE的修改权授予用户ZHAO的SQL语句是（　　）。

A. GRANT GRADE ON SC TO ZHAO

B. GRANT UPDATE ON SC TO ZHAO

C. GRANT UPDATE (GRADE) ON SC TO ZHAO

D. GRANT UPDATE ON SC (GRADE) TO ZHAO

8.撤销事务处理一般用（　　）。

A. ROLLBACK　　B. DROP　　C. DELALLOCATE　　D. DELETE

二、填空题

1.保护数据安全性的一般方法是________。

2.目前比较流行的数据加密技术有________和________技术。

3.在数据库系统中对存取权限的定义称为________。

4.候选键与主键区别：一个表只能创建一个______，但可以定义多个______。

三、简答题

1.什么是数据库的安全性？

2.数据库安全性和计算机的安全性有什么关系？

3.试述实现数据库安全性控制的常用方法和技术。

4.SQL语言中可提供哪些数据控制（自主存取控制）的语句？试举例说明它们的使用方法。

5.什么是数据库的完整性？

6.数据库的完整性概念与数据库的安全性概念有什么区别和联系？

7.什么是数据库的完整性约束条件？它分为哪几类？

8.DBMS的完整性控制应具有哪些功能？

9.RDBMS在实现参照完整性时需要考虑哪些方面？

10.假设有下面两个关系模式。

职工（职工号，姓名，年龄，职务，工资，部门号），其中职工号为主码；

部门（部门号，名称，经理名，地址，电话），其中部门号为主码；

用SQL语言定义这两个关系模式，要求在模式中完成以下完整性约束条件的定义。

（1）定义每个模式的主码。

（2）定义参照完整性。

（3）定义职工年龄不得超过60岁。

四、思考题

如果为某企业的财务管理系统设计一个数据库安全保障策略，该如何进行规划？

第7章

并发控制

内容介绍

前面介绍数据库的访问主要是单机、单用户的情况，并没有考虑多用户访问数据库时遇到的问题，如在网络上同时有多个用户访问及更新同一数据库时存在什么问题，有什么具体解决办法，这就是本章要讨论的内容。

数据库的重要特征是它能为多个用户提供数据共享。DBMS必须提供并发控制机制来协调并发用户的并发操作以保证并发事务的隔离性，防止数据的不一致或丢失。数据库的并发控制以事务为单位，本章首先介绍事务的概念。

7.1 事务的基本概念

7.1.1 事务的定义

事务的基本概念

从用户角度看，对数据库的操作应该是一个整体，不能分割。例如，银行转账，从一个账号转一笔资金到另一个账号，应该是一个不能分割的操作，不管DBMS实现时由哪些具体指令构成，但必须保证转账全部完成，要么全都不做，这就引出了事务的概念。

1. 事务的概念

事务是用户定义的一个操作序列，这些操作要么全做要么全不做，是一个不可分割的工作单位，是数据库环境中的逻辑工作单位。

例如，在关系数据库中，一个事务可以是一条SQL语句、一组SQL语句或整个程序。

事务和程序是两个概念，一般程序包含多个事务。事务的开始与结束可以由用户显式定义，如果用户没有显式定义，则由DBMS按默认规定自动划分事务。

2. 显式定义事务的语句

在SQL语言中，定义事务的语句有三条。

```
BEGIN TRANSACTION                    事务开始
#对数据库的更新操作
COMMIT                               事务提交
ROLLBACK                             事务回滚
```

3.MySQL的事务管理

在MySQL命令行下事务都是自动提交的，即执行SQL语句就会马上执行COMMIT操作。因此，要显示一个事务的开启，必须使用命令BEGIN或者START TRANSACTION，或者执行命令SET AUTOCOMMIT=0来完成。

禁止当前回话的自动提交，事务控制语句：

① BEGIN/START TRANSACTION：显示地开启一个事务。

② COMMIT：也可以使用COMMIT WORK，两者是等价的。COMMIT会提交事务，并且已对数据库进行的所有修改是永久性的。

③ ROLLBACK：也可以使用ROLLBACK WORK，两者也是等价的，回滚会结束用户的事务，并且会撤销正在进行的所有未提交的修改。

④ SAVEPOINT identifier：允许在事务中创建一个保存点，一个事务中可以有多个SAVEPOINT。

⑤ release SAVEPOINT identifier：删除一个事务的保存点，当没有制定的保存点时，会抛出一个异常。

SET TRANSACTION：用来设置事务的隔离级别。Innodb存储引擎提供的事务隔离级别有READ UNCOMMITED、READ COMMITED、REPEATABLE READ和SERIALIZABLE。

7.1.2 事务的特性

事务具有四个特性，简称ACID特性。

1.原子性（Atomicity）

事务是数据库的逻辑工作单位，事务中包括的诸操作要么都做，要么都不做。

2.一致性（Consistency）

事务执行的结果必须是使数据库从一个一致性状态变到另一个一致性状态。因此，当数据库只包含成功事务提交的结果时，则称数据库处于一致性状态。如果数据库系统运行中发生故障，有些事务尚未完成就被迫中断，系统将事务中对数据库的所有已完成的操作全部撤销，滚回到事务开始时的一致状态。

3.隔离性（Isolation）

一个事务的执行不能被其他事务干扰，即一个事务内部的操作及使用的数据对其他并发事务是隔离的，并发执行的各个事务之间不能互相干扰。

4.持续性（Durability）

持续性也称永久性（Permanence），指一个事务一旦提交，它对数据库中数据的改变就应该是永久性的。接下来的其他操作或故障不应该对其执行结果有任何影响。

多个事务并行运行时，不同事务的操作交叉执行，数据库管理系统必须保证多个事务的交叉运行不影响这些事务的原子性，这些就是数据库管理系统中并发控制机制的任务。

7.2 并发控制

并发控制就是多个事务同时访问一个数据时而进行的操作控制。数据库的并发访问会引起

丢失修改、不可重复读和读“脏”数据3种问题。下面通过一个例子具体说明。

火车票售票系统是一个全国联网的多用户数据库系统，下面考虑火车票售票系统中的一个活动序列。

① 甲售票点（甲事务）读出某车次的车票余额A，设A=10。

② 乙售票点（乙事务）读出该车次的车票余额A也为10。

③ 甲售票点卖出一张火车票，并修改车票余额A←A-1，所以A为9，把A写回数据库。

④ 乙售票点也卖出一张火车票，同时修改车票余额A←A-1，所以A为9，把A写回数据库。

显然上述活动是卖出了二张火车票，而数据库中车票余额只减少一张，与实际活动不符。

DBMS对事务的并发执行进行控制，就是在保证数据库完整性的同时，避免用户得到不正确的数据。要使事务并行执行与串行执行时得到一致的结果，就必须对数据库并发操作带来的问题进行分析。

7.2.1 丢失修改

丢失修改（Lost Update）是指一事务的修改数据尚未提交，而另一事务又将该未提交的修改数据再次做了修改。

表7-1说明了丢失修改问题。两个事务T1和T2读入同一数据并修改，T2提交的结果破坏了T1提交的结果，导致T1的修改被丢失。上面火车票售票系统的例子就属此类。

表 7-1 丢失修改

T1	T2
Read A=10	
	Read A=10
A=A-1	
Write A=9	
…	A=A-1
T1的修改丢失	Write A=9 …

7.2.2 不可重复读

不可重复读（Non-Repeatable read）是指事务T1读取数据后，事务T2执行更新操作，使T1无法再现前一次读取结果。具体地讲，不可重复读3种情况包括：

① 事务T1读取某一数据后，事务T2对其做了修改，当事务T1再次读该数据时，得到与前一次不同的值。例如，在表7-2中，T1读取B=15进行运算，T2读取同一数据B，对其进行修改后将B=30写回数据库。T1为了对读取值校对重读B，B已为30，与第一次读取值不一致。

② 事务T1按一定条件从数据库中读取了某些数据记录后，事务T2删除了其中部分记录，当T1再次按相同条件读取数据时，发现某些记录神秘地消失了。

③ 事务T1按一定条件从数据库中读取某些数据记录后，事务T2插入了一些记录，当T1再次按相同条件读取数据时，发现多了一些记录。

表 7-2 不可重复读

T1	T2
Read A=10	
Read B=15	
S=A+B	
	Read B=15
	B=B*2
	Write B=30
Read A=10	
Read B=30	
S=A+B	

7.2.3 读“脏”数据

读“脏”数据（Dirty Read）是指事务T1修改某一数据，并将其写回磁盘，事务T2读取同一数据后，T1由于某种原因被撤销，这时T1已修改过的数据恢复原值，T2读到的数据就与数据库中的数据不一致，则T2读到的数据就为“脏”数据，即不正确的数据，如表7-3所示。

为避免并行事务操作出现上述问题，DBMS在进行并发控制时，为保证事务的可串行化执行，采用了基于锁的并发控制协议。

表7-3 读“脏”数据

T1	T2
Read B=15	
B=B*2	
Write B=30	
	Read B=30
ROLLBACK	…

7.3 封锁及封锁协议

封锁协议的基本思想：用封锁（即加锁Locking）来实现并发控制，即在操作前对被操作对象加锁。当一个事务访问某个数据对象时，不允许其他事务更新该数据对象。这类协议是RDBMS中最广泛使用的一种并发控制技术。

封锁及封锁协议

7.3.1 封锁

所谓封锁就是事务T在对某个数据对象（如表、记录等）操作之前，先向系统发出请求，对其加锁。加锁后事务T就对该数据对象有了一定的控制，在事务T释放它的锁之前，其他的事务不能更新此数据对象。

基本的封锁类型有两种：排它锁（Exclusive Locks，X锁）和共享锁（Share Locks，S锁）。

排它锁又称写锁。若事务T对数据对象A加上X锁，则只允许T读取和修改A，其他任何事务都不能再对A加任何类型的锁，直到T释放A上的锁。这就保证了其他事务在T释放A上的锁之前不能再修改A。

共享锁又称读锁。若事务T对数据对象A加上S锁，则事务T可以读A，但不能修改A，其他事务只能再对A加S锁，而不能加X锁，直到T释放A上的S锁。这就保证了其他事务可以读A，但在T释放A上的S锁之前不能对A做任何修改。

7.3.2 封锁协议

在运用X锁和S锁这两种基本封锁对数据对象加锁时，还需要约定一些规则，如应何时申请X锁或S锁、持锁时间、何时释放等，称这些规则为封锁协议（Locking Protocol）。对封锁方式规定不同的规则，就形成了各种不同的封锁协议，下面介绍三级封锁协议。对并发操作的不正确调度可能会带来丢失修改、不可重复读和读“脏”数据等不一致性问题，三级封锁协议分别在不同程度上解决了这一问题，为并发操作的正确调度提供了一定的保证。不同级别的封锁协议达到的系统一致性级别是不同的。

1. 一级封锁协议

一级封锁协议是指事务T在修改数据A之前必须先对其加X锁，直到事务结束才释放。事务结束包括正常结束（COMMIT）和非正常结束（ROLLBACK）。

一级封锁协议可防止丢失修改，并保证事务T是可恢复的。如表7-4所示，事务T1修改A之前先加X锁，事务T1修改A，提交结束才释放X锁，T2一直处于等待状态，在T1释放A的X锁后，才能对A加X锁进行操作。T1的修改不会丢失。

在一级封锁协议中，如果仅仅是读数据不对其进行修改，是不需要加锁的，所以它不能保证可重复读和不读“脏”数据。

2.二级封锁协议

二级封锁协议是指一级封锁协议加上事务T在读取数据A之前必须先对其加S锁，读完后即可释放S锁。

二级封锁协议除防止了丢失修改，还可进一步防止读“脏”数据。如表7-5所示，T2在对B数据读前要加S锁，由于T1对B已加上锁，只能等T1释放锁后才能加锁，避免了读“脏”数据。

表7-4　没有丢失修改

T1	T2
XLOCK A	
Read A=10	
	XLOCK A
A=A-1	WAIT
Write A=9	WAIT
COMMIT	WAIT
UNLOCK A	WAIT
	XLOCK A
…	Read A=9
	A=A-1
	Write A=8
	COMMIT
	UNLOCK A

表7-5　不读“脏”数据

T1	T2
XLOCK B	
Read B=15	
B=B*2	
Write B=30	
	SLOCK B
ROLLBACK	WAIT
UNLOCK B	WAIT
	SLOCK B
	Read B=15
	COMMIT
	UNLOCK B

3.三级封锁协议

三级封锁协议是指一级封锁协议加上事务T在读取数据A、B之前必须先对其加S锁，直到事务结束才释放。

三级封锁协议除了防止丢失修改和不读“脏”数据外，还进一步防止了不可重复读。如表7-6所示，T1在读A和B数据前要加S锁，T1事务结束时才释放对A、B加的锁；T2事务要修改B数据，只能等T1释放B的S锁后才能加对B的X锁，所以防止了不可重复读的问题。

表7-6　可重复读

T1	T2	T1	T2
SLOCK A		COMMIT	WAIT
SLOCK B		UNLOCK A	WAIT
Read A=10		UNLOCK B	WAIT
Read B=15			XLOCK B
S=A+B			Read B=15
	XLOCK B		B=B*2
Read A=10	WAIT		Write B=30
Read B=15	WAIT		COMMIT
S=A+B	WAIT		UNLOCK B

7.3.3 活锁和死锁

一个事务如果申请锁未获批准，则需要等待其他事务释放锁，当出现一直等待时就有可能引起活锁和死锁情况，DBMS采用了相应的处理方法。

1. 活锁

活锁是指如果事务T1封锁了数据A，事务T2又请求封锁A，于是T2等待。T3也请求封锁A，当T1释放了A上的封锁之后系统首先批准了T3的请求，T2仍然等待。然后T4又请求封锁A，当T3释放了A上的封锁之后系统又批准了T4的请求……T2有可能永远等待，这就是活锁的情形，如表7-7所示。

表7-7 活锁

T1	T2	T3	T4
LOCK A			
…	LOCK A		
	WAIT		
	WAIT		
	WAIT	LOCK A	
	WAIT	WAIT	
UNLOCK A	WAIT	Get LOCK A	
	WAIT	…	LOCK A
	WAIT		WAIT
	WAIT	UNLOCK A	Get LOCK A

避免活锁的简单方法是采用先来先服务的策略。

2. 死锁

死锁是指如果事务T1封锁了数据A，T2封锁了数据B，然后T1又请求封锁B，因T2已封锁了B，于是T1等待T2释放B上的锁。接着T2又申请封锁A，因T1已封锁了A，T2也只能等待T1释放A上的锁。这样就出现了T1在等待T2，而T2又在等待T1的局面，T1和T2两个事务永远不能结束，形成死锁，如表7-8所示。

表7-8 死锁

T1	T2
SLOCK A	
	SLOCK B
XLOCK B	
WAIT	XLOCK A
WAIT	WAIT
WAIT	WAIT

（1）预防死锁的方法

在数据库中，产生死锁的原因是两个或多个事务都已封锁了一些数据对象，然后又都请求对已被其他事务封锁的数据对象加锁，从而出现死等待。防止死锁的发生其实就是要破坏产生死锁的条件。预防死锁通常有两种方法。

① 一次封锁法：要求每个事务必须一次将所有要使用的数据全部加锁，否则就不能继续执行。一次封锁法虽然可以有效地防止死锁的发生，但也存在问题，一次就将以后要用到的全部数据加锁，势必扩大了封锁的范围，从而降低了系统的并发度。

② 顺序封锁法：预先对数据对象规定一个封锁顺序，所有事务都按这个顺序实行封锁。顺序封锁法可以有效地防止死锁，但也同样存在问题。事务的封锁请求可以随着事务的执行而动态地决定，很难事先确定每一个事务要封锁哪些对象，因此也就很难按规定的顺序去施加封锁。

（2）死锁检测：对于死锁的处理，在操作系统中广为采用的预防死锁的策略并不很适合数据库的特点，因此DBMS在解决死锁的问题上普遍采用超时法和等待图法的方法。

① 超时法“如果一个事务的等待时间超过了规定的时限，就认为发生了死锁。超时法实现简单，但其不足也很明显。一是有可能存在误判，事务因为其他原因使等待时间超过时限，会误认为发生了死锁；二是时限若设置得太长，死锁发生后不能及时发现。超时时间设置越短，误判机会越多；超时时间设置越长，处理死锁滞后时间越长。

② 等待图法：事务等待图是一个有向图G=（T,U），T为顶点，U为边。T为正在运行的事务的集合；U表示事务等待的情况。若T1等待T2，则T1、T2之间画一条有向边，从T1指向T2。事务等待图动态地反映了所有事务的等待情况。

等待图的构造：当申请加入某个锁时，则进入申请队列，图中增加一条边；当申请的某个锁获准后，则从图中删除相应的边。

死锁检测方法：当且仅当等待图中出现回路时，说明出现了死锁。

由表7-9事务执行序列和图7-1事务等待图分析得知，出现了死锁现象。

表7–9 事务执行序列

T1	T2	T3	T4
SLOCK A			
…	XLOCK B		
	…		XLOCK C
	XLOCK C		…
SLOCK B	WAIT	XLOCK C	
WAIT	WAIT	WAIT	SLOCK B
WAIT		WAIT	WAIT

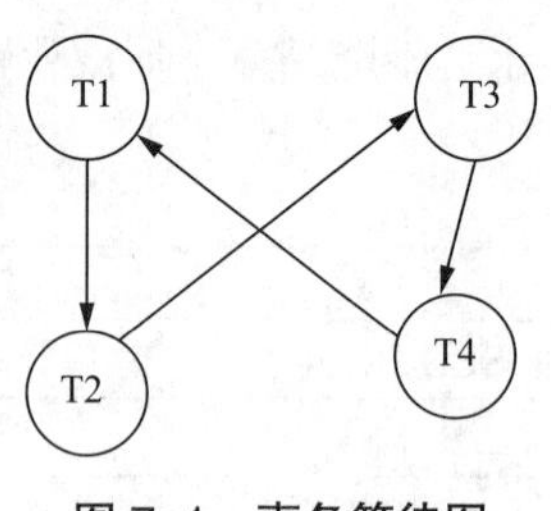

图7–1 事务等待图

（3）死锁处理

DBMS的并发控制子系统一旦检测到系统中存在死锁，就要设法解除。通常采用的方法是选择一个处理死锁代价最小的事务，将其撤销，释放此事务持有的所有的锁，使其他事务得以继续运行下去。当然，对撤销的事务所执行的数据修改操作必须加以恢复。

7.4　并发调度的可串行性

计算机系统对并发事务中并发操作的调度是随机的，而不同的调度可能会产生不同的结果，那么哪个结果是正确的，哪个是不正确的呢？

并发调度的可串行性

7.4.1　可串行化的调度

一个事务执行过程中没有其他事务同时运行，执行完一个事务才开始执行另一个事务，那么该事务的运行结果是正常的或者预想的。因此，将所有事务串行起来的调度策略一定是正确的调度策略。虽然以不同的顺序串行执行事务可能会产生不同的结果，但由于不会将数据库置于不一致状态，所以都是正确的。

当多个事务同时执行时，DBMS需要对多个事务进行调度，使其交错执行，达到并发控制，确保并发事务间访问数据时互不干扰，不出错误。

定义：多个事务的并发执行是正确的，当且仅当其结果与按某一次序串行地执行它们时的结果相同时，称这种调度策略为可串行化（Serializable）的调度。

例如，现在有两个事务，分别包含下列操作：

事务T1：读B；A=B+1；写回A。

事务T2：读A；B=A+1；写回B。

假设A、B的初值均为2。按T1→T2的次序执行，结果为A=3,B=4；按T2→T1的次序执行，结果为B=3, A=4。

表7-10给出了对这两个事务的两种串行的调度方式。

表 7–10　串行调度

串行调度方式一		串行调度方式二	
T1	T2	T1	T2
SLOCK B			SLOCK A
读B=2			读A=2
UNLOCK B			UNLOCK A
XLOCK A			XLOCK B
A=B+1			B=A+1
Write A=3			Write B=3
UNLOCK A			UNLOCK B
	SLOCK A	SLOCK B	
	读A=3	读B=3	
	UNLOCK A	UNLOCK B	
	XLOCK B	XLOCK A	
	B=A+1	A=B+1	
	Write B=4	Write A=4	

续表

串行调度方式一		串行调度方式二	
T1	T2	T1	T2
	UNLOCK B	UNLOCK A	
结果：A=3,B=4		结果：A=4,B=3	

表7-10中为两种不同的串行调度策略，虽然执行结果不同，但它们都是正确的调度。

表7-11中给出了对这两个事务的两种并行的调度方式。在表7-10中，两个事务是交错执行的，由于其执行结果与表7-10中的结果都不同，所以是错误的调度。

表7-11所示的并行调度文式二，虽然两个事务也是交错执行的，其执行结果与串行调度表7-10中串行调度方式一的执行结果相同，所以是正确的调度策略。

表7-11　并行调度

并行调度方式一		并行调度方式二	
T1	T2	T1	T2
SLOCK B		SLOCK B	
读B=2		读B=2	
	SLOCK A	UNLOCK B	
	读A=2	XLOCK A	
UNLOCK B			SLOCK A
	UNLOCK A	A=B+1	Wait
XLOCK A		Write A=3	Wait
A=B+1		UNLOCK A	Wait
Write A=3			读A=3
	XLOCK B		UNLOCK A
	B=A+1		XLOCK B
	Write B=3		B=A+1
UNLOCK A			Write B=4
	UNLOCK B		UNLOCK B
结果：A=3,B=3		结果：A=3,B=4	

为了保证并发操作的正确性，DBMS的并发控制机制必须提供一定的手段来保证调度是可串行化的。目前，DBMS普遍采用两段锁协议实现并发操作调度的可串行性，从而保证调度的正确性。

7.4.2　两段锁协议

两段锁协议（Two-Phase Locking，2PL）规定所有事务必须分两个阶段对数据加锁和解锁。第一阶段称为扩展阶段，这个阶段是获得各种类型的封锁，但不能释放任何封锁。第二阶段称为收缩阶段，这个阶段是释放各种类型的封锁，但不能再申请任何类型的封锁。

例如，事务T1遵守两段锁协议，其封锁序列如图7-2所示。

T2事务不遵守两段锁协议，其封锁序列如图7-3所示。

T1	
SLOCK A	扩展阶段
…	扩展阶段
SLOCK B	扩展阶段
…	扩展阶段
SLOCK C	
…	
UNLOCK A	收缩阶段
…	收缩阶段
UNLOCK C	收缩阶段
…	收缩阶段
UNLOCK B	

图 7–2　遵守两段锁协议

T2		
SLOCK A		收缩阶段
…		收缩阶段
UNLOCK A	扩展阶段	收缩阶段
…	扩展阶段	收缩阶段
SLOCK B	扩展阶段	收缩阶段
…	扩展阶段	收缩阶段
XLOCK C		收缩阶段
…		收缩阶段
UNLOCK C		收缩阶段
…		收缩阶段
UNLOCK B		收缩阶段

图 7–3　不遵守两段锁协议

两段锁协议实质是在对任何数据进行读、写操作之前，首先要申请并获得对该数据的封锁，在释放一个封锁之后，事务不能再申请和获得任何其他封锁，所以T2不遵守两段锁协议。

可以证明，若并发执行的所有事务均遵守两段锁协议，则对这些事务的任何并发调度策略都是可串行化的。

注意：两段锁协议和防止死锁的一次封锁法的异同之处。一次封锁法要求每个事务必须一次将所有要使用的数据全部加锁，否则就不能继续执行，因此一次封锁法遵守两段锁协议；但是两段锁协议并不要求事务必须一次将所有要使用的数据全部加锁，因此遵守两段锁协议的事务仍可能发生死锁，如表7–7中的事务实际上遵守了两段锁协议。

7.5　封锁的粒度

封锁对象的大小称为封锁粒度（Granularity）。封锁的对象可以是逻辑单元（关系、元组、属性值等），也可以是物理单元（数据页、索引页、数据块等）。

封锁的粒度

封锁的粒度越大，系统所能够封锁的数据单元就越少，这样就降低了并发控制能力（并发度），但系统开销也越小；反之，封锁的粒度越小，提高并发控制的能力越强，系统需要控制的锁增加，也就增加了系统开销。

在DBMS中支持多种封锁粒度供不同的事务选择，这种封锁方法称为多粒度封锁。选择封锁粒度时应该同时考虑封锁开销和并发度两个因素，适当选择封锁粒度以求得最优的效果。

例如，若事务需要处理一个关系中的大量元组时，事务可以以该关系为封锁粒度，而对于处理少量元组的用户事务，以元组为封锁粒度则比较合适；需要同时处理相互关联的多个关系中的大量元组时，事务可以以数据库为封锁粒度。

7.5.1 多粒度锁协议

为方便讨论我们把要封锁的对象称为结点，可封锁的对象根据包含的关系，定义成多粒度树，依此来讨论多粒度封锁的封锁协议。图7-4所示为粒度树。

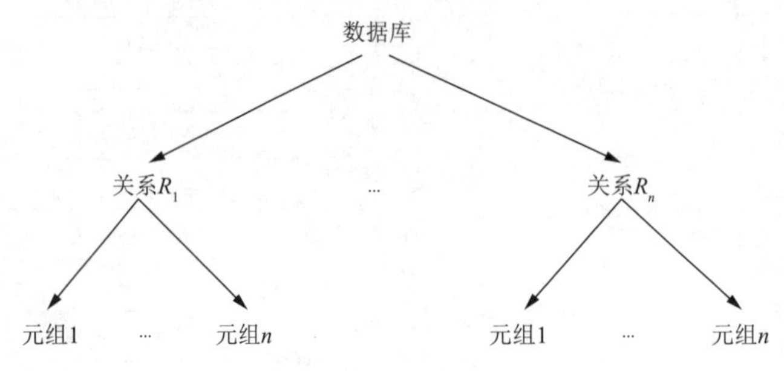

图7-4 粒度树

多粒度封锁协议允许多粒度树中的每个结点被独立地加锁。对一个结点加锁意味着这个结点的所有后裔结点也被加以同样类型的锁。因此，在多粒度封锁中一个数据对象可能以两种方式封锁：显式封锁和隐式封锁。

显式封锁是应事务的要求直接加到数据对象上的封锁；隐式封锁是该数据对象没有独立加锁，是由于其上级结点加锁而使该数据对象加上了锁。

系统要对某个数据对象加锁时，要检查该数据对象上有无显式封锁与之冲突，还要检查其所有上级结点，看本事务的显式封锁是否与该数据对象上的隐式封锁（即由于上级结点已加的封锁造成的）冲突；还要检查其所有下级结点，看上面的显式封锁是否与本事务的隐式封锁（将加到下级结点的封锁）冲突。显然，这样的检查方法效率很低。为此人们引进了一种新型锁，称为意向锁（Intention Lock）。

*7.5.2 意向锁

意向锁表示一种封锁意向，当要对某一结点加锁时，必须先对它的上层结点加意向锁。

当对任一元组加锁时，必须先对它所在的关系加意向锁。例如，事务T要对关系R_1加X锁时，系统只要检查根结点数据库和关系R_1是否已加了不相容的锁，而不再需要搜索和检查R1中的每一个元组是否加了X锁。意向锁可以提高并发性能，降低封锁成本。

意向锁包括意向共享锁（Intent Share Lock,IS锁），意向排它锁（Intent Exclusive Lock,IX锁），共享意向排它锁（Share Intent Exclusive Lock，SIX锁）。

1. 意向共享锁

要对一个数据对象加IS锁，则表示它的后继结点拟（意向）加S锁。例如，要对某个元组加S锁，则要首先对关系和数据库加IS锁。

2. 意向排它锁

要对一个数据对象加IX锁，则表示它的后裔结点拟（意向）加X锁。例如，要对某个元组加X锁，则要首先对关系和数据库加IX锁。

3. 共享意向排它锁

要对一个数据对象加SIX锁，则表示对它加S锁，再加IX锁，即SIX = S + IX。例如，对某个表加SIX锁，则表示该事务要读整个表（所以要对该表加S锁），同时会更新个别元组（所以要对该表加IX锁）。

表7-12给出了这些锁的相容矩阵，从中可以发现这5种锁的强度有如图7-5所示的偏序关系。所谓锁的强度是指它对其他锁的排斥程度。一个事务在申请封锁时以强锁代替弱锁是安全的，反之则不然。

具有意向锁的多粒度封锁方法中任意事务T要对一个数据对象加锁，必须先对它的上层结点加意向锁。申请封锁时应该按自上而下的次序进行；释放封锁时则应该按自下而上的次序进行。

表7-12 锁的相容矩阵

T1	T2					
	S	X	IS	IX	SIX	—
S	Y	N	Y	N	N	Y
X	N	N	N	N	N	Y
IS	Y	N	Y	Y	Y	Y
IX	N	N	Y	Y	N	Y
SIX	N	N	Y	N	N	Y
—	Y	Y	Y	Y	Y	Y

注：Y表示相容的请求；N表示不相容的请求

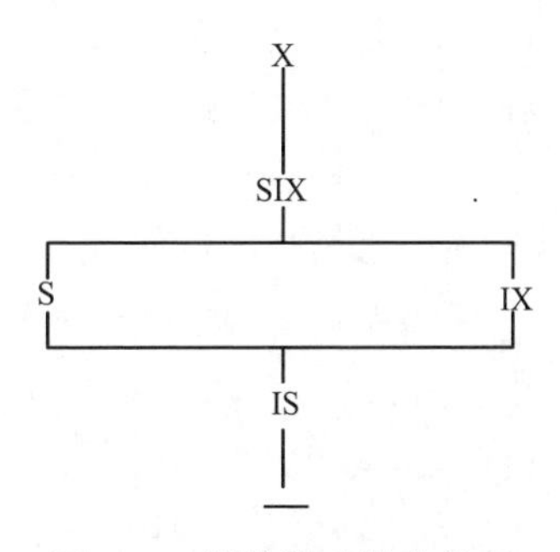

图7-5 锁的强度偏序关系

具有意向锁的多粒度封锁方法提高了系统的并发度，减少了加锁和解锁的开销，它已经在实际的数据库管理系统产品中得到广泛应用。例如，新版的Oracle数据库系统就采用了这种封锁方法。

小　结

本章首先介绍了数据库并发访问时容易带来的三种问题，即丢失修改、读脏数据、不可重复读，然后介绍了解决这三种问题的方法，即采用三级封锁协议，但三种封锁协议仍然会出现死锁与活锁的现象。针对这种情况，本章又分析了预防与解决死锁与活锁方法，最后着重介绍了两段锁协议的使用规则，并提供了具体的应用实例加以分析。

本章重点：三级封锁协议及两段锁协议。

思考与练习

一、填空题

1.常用的封锁有＿＿＿＿和＿＿＿＿。

2.事务在修改数据R之前必须先对其加X锁，直到事务结束才释放，称为＿＿＿＿协议。

3.如果多个事务依次执行，则称为事务的＿＿＿＿；如果利用分时的方法，同时处理多个事务，则称为事务的＿＿＿＿。

4.如果一个事务并发调度的结果与某一串行调度执行结果等价，则这个并发调度称为

_______，否则，是_______。

5. 使事务永远处于等待状态，得不到执行的现象称为_______。有两个或两个以上的事务处于等待状态，每个事务都在等待其中另一个事务解除封锁，它才能继续下去，结果任何一个事务都无法执行，这种现象称为_______。

6. 多粒度封锁中的一个数据对象有_______和_______两种方式加锁。

二、简答题

1. 数据库并发访问时会出现哪些问题？
2. 什么是封锁？
3. 什么是封锁协议？基本的封锁协议有哪些？
4. 什么是活锁？试述其产生的原因及解决的方法。
5. 什么是死锁？试述其产生的原因及解决的方法。
6. 请给出预防死锁的方法。
7. 什么是并发调度的可串行化？
8. 设T1、T2是两个事务如下：

T1： A: =A+2, B: =B*2;

T2： A: =A*2, B: =B+2;

设A、B的初值都为0：

(1)若这两个事务允许并发执行，则有多少种可能的正确结果？请一一列举出来。

(2)请给出一个可串行化的调度，并给出执行结果。

(3)请给出一个非串行化的调度，并给出执行结果。

(4)若这两个事务都遵守两段锁协议，请给出一个不产生死锁的可串行化的调度。

(5)若这两个事务都遵守两段锁协议，请给出一个产生死锁的可串行化的调度。

9. 举例说明两段锁协议的概念。
10. 请说明意向锁的含义是什么？它包含哪些种？

第8章

数据库技术的发展

进入20世纪80年代以来，为适应非传统数据库应用需求，人们提出了不少新模型、新思想、新方法，例如，在演绎数据库、面向对象数据库、工程数据库和多媒体数据库等非传统数据库的研究方面取得一定的成绩。人们都在探索新一代数据库应具有的功能和特征，当时最有代表性的观点反映在两个宣言中：一是1989年12月在日本京都召开的第一届演绎面向对象数据库国际会议上（DOOD’89），M.Aikinson等人在会上发表了著名“面向对象数据库系统（OODBS）”宣言；二是1990年4月由加州大学伯克莱分校的M.Stonebraker和L.A.Rowe等人组成的高级DBMS功能委员会，针对新一代数据库系统应具有的特征，发表了“第三代数据库系统”宣言。前者将OODBMS作为新一代数据系统，而后者把在关系数据库之后出现的DBMS都视为新一代数据库系统。

内容介绍

8.1 新一代数据库系统

8.1.1 面向对象数据库系统宣言

该宣言是M.Aikinson等人在DOOD’89会议上，从面向对象程序设计语言出发，试图在这个统一的语言框架内，结合数据库的需求提出一种新的数据库系统——面向对象数据库系统。宣言中指出，作为一个OODBS需要具备的条件可分为三类。

新一代数据库系统

1. 必须条件

需求OODBS具有如下几个概念和功能：符合对象、对象可标识性、封装化、型和类别、型层次和类别层次、再定义、多重定义、延迟约束、计算完备性、扩充可能性、永久性、二次存储管理、同时执行控制、故障恢复，以及即席查询功能。

2. 附加条件

这些条件是为达到更好的效果而提出的附加条件，具体五个概念和功能包括：多（重）继承、型检查和型推理、分散型、设计事物处理、版本管理。

3. 选用条件

允许DBMS设计者从若干个可选用分支中自动地选择条件，具体指几个概念和功能，包括：程序设计语法、表现系统、型系统、一致性。

8.1.2 第三代数据库系统宣言

该宣言提出了第三代数据库系统的三条基本原则以及从这些原则导出的13个命题，下面简要说明。

原则1：除传统的数据管理服务外，第三代DBMS将支持更加丰富的对象结构和规则。

原则2：第三代DBMS 必须包含第二代DBMS，如第二代DBMS的非过程化数据存取和数据独立性等特点应为第三代DBMS所包含。

原则3：第三代DBMS必须对其他子系统开放，表明第三代DBMS必须是开放系统，即支持各种工具在各种环境下进行访问。

从以上三条原则可以导出更为详细的三组命题，第一组命题从原则1导出，论述了对象管理和规则管理的需求；第二组命题是从第三代DBMS必须包含第二代DBMS这一要点导出的；第三组命题是从第三代DBMS必须是开放的要求导出的。

1. 一组命题是关于对象和规则管理

命题1.1：第三代DBMS必须有一个丰富的类型系统，下属成分都是合乎需要的。

① 用于构造新的基类型的一个抽象数据类型系统。

② 一个数组类型构造符。

③ 一个序列类型构造符。

④ 一个记录类型构造符。

⑤ 一个集合函数构造符。

⑥ 函数作为一种类型。

⑦ 一个并类型构造符。

⑧ 以上构造的递归组合。

命题1.2：具有继承性。

命题1.3：具有函数（包括数据库过程和方法）和封装。

命题1.4：只有用户定义的主键用不上时，记录的唯一标识符（UID）才能由DBMS赋值。

命题1.5：规则（触发器、约束）将成为未来系统的一个主要特征，它们将独立于特定的函数或汇集。这里汇集是指一命名的记录集合，其中每条记录都由数量相同且类型相同的数据元素组成。

2. 第二组命题是关于增加DBMS功能

命题2.1：从本质上说，所有对数据库的程序性存取都应当通过非过程性的高级存取语言进行。

命题2.2：说明汇集至少有两种方法，一是枚举成员，二是使用查询语言来说明隶属关系。

命题2.3：可修改视图是必不可少的。

命题2.4：数据模型对性能问题几乎无能为力，而且也不应出现在数据模型中。

3. 第三组命题是关于开放性系统的命题

命题3.1：第三代DBMS必须能从多种HLL（高级语言）中存取。

由于不同的应用可以用不同的HLL编写，因此应用仍将以各种程序语言编码。其次，

DBMS必须允许外部编写的应用子系统进行存取。所以，HLL的类型系统不必与DBMS的类型系统相匹配。

命题3.2：以某种持久性程序设计语言取代某些程序设计语言，后者将在单一DBMS基础上通过编译器扩充可系统的支持。

命题3.3：确认SQL是一种国际性标准语言。

命题3.4：查询及其结果应当是顾客和服务员间最低级的通信。

第三代数据库系统宣言所提出的原则和命题，对研制和开发新一代数据库系统有一定指导意义和参考价值。

尽管第三代数据库系统仍处于研究发展中，某些观点并未完全一致，但普遍认为第三代数据库系统将是以功能更强的数据模型（特别是面向对象数据模型）和数据库技术与相关学科的技术相结合产生更强大的数据管理功能为主要特征，以满足传统数据库难以支持的非传统数据库应用需求的新一代数据库系统。

8.1.3　数据库技术与相关技术相结合形成新型的数据库系统

① 数据库技术与面向对象、人工智能、分布式处理、并行处理、多媒体等相关技术相结合，是新一代数据库技术的一个显著特征，从而涌现出多种类型数据库系统。

② 数据库技术与面向对象程序设计方法相结合产生的面向对象数据库系统。

③ 关系数据技术与面向对象的核心概念相结合产生的对象-关系数据库系统（Object-Relation Database System，O-RDBS）。

④ 数据库技术与计算机辅助系统（CAD/CAM、CAT、CASE等）相结合产生的工程数据库系统（Engineering Database System，EDBS）。

⑤ 数据库技术与并行处理技术相结合产生的并行数据库系统（Parallel Database System，PDBS）。

⑥ 数据库技术与人工智能（Artificial Intelligence，AI）、知识工程（Knowledge Engineering，KE）等技术相结合产生的知识库（Knowledge Base，KB）、演绎数据库（Deductive Database，DDB）、主动数据库（Active Database，ADB）等智能数据库系统（Intelligent Database System，IDBS）。

⑦ 数据库技术与分布式处理技术相结合产生的分布式数据库系统（Distributed Database System，DDBS）。

⑧ 数据库技术与计算机多媒体技术相结合产生的多媒体数据库系统（Multimedia Database System，MSBS）。

⑨ 数据库技术与计算机多媒体技术相结合产生的多媒体数据库系统（Multimedia Database System ，MDBS），以满足对超长文本数据、图形、图像数据、视频、声音数据等多媒体数据处理的需求。

⑩ 数据库技术与空间数据处理技术相结合产生的空间数据库系统（Spatial Database System，SDBS）。

⑪ 数据库技术与模糊数据处理技术相结合产生的模糊数据库系统（Fuzzy Database System，

FDBS）。

⑫ 数据技术与数据统计处理技术相结合产生的统计数据库系统（Statistical Database System，SDBS）。

⑬ 数据库技术与Web的数据库系统。

⑭ 随着计算机科学技术的飞速发展，数据管理技术作为它的一个重要分支将会一直发展下去，社会信息化进程越快，对数据管理技术的要求也越高，人们期望着一个“后关系数据库”时代的到来。

8.2 大数据管理技术

8.2.1 大数据的概念

大数据管理技术

大数据（Big Data），指的是所涉及的数据量规模巨大到无法通过目前主流软件工具，在合理时间内达到撷取、管理、处理，并整理成为帮助企业经营决策的资讯。

2008年9月，Science发表了一篇文章*Big Data ：Science in the Petabyte Era*，“大数据”这个词开始广泛传播。当前，人们从不同的角度对大数据进行了定义。例如，一般意义上，大数据是指无法在可容忍的时间内用现有的IT技术和软硬件工具对其进行感知、获取、管理、处理和服务的数据集合。又如，大数据通常是PB（10^3TB）或EB（10^6TB）或更高数量级的数据，包括结构化的、半结构化的数据。其规模或复杂程度超出了传统数据库和软件技术所能够管理和处理的数据集范围。再如，大数据指无法在一定时间范围内用常规软件工具进行捕捉、管理和处理的数据的集合，是需要新处理模式才能具有更强的决策力、洞察发现力和流程优化能力的海量、高增长率和多样化的信息资产。

8.2.2 大数据的特点

通常认为大数据具有5V特点，即Volume（容量）、Velocity（速度）、Variety（多样性）、Veracity（真实性）、Value（价值）。

① 容量：容量指被大数据解决方案所处理的数据量的大小，并且在持续增长。数据容量大会影响数据的独立存储和处理需求，同时还会对数据准备、数据恢复、数据管理等操作产生影响。例如，IDC最近的报告预测称，到2020年，全球数据量将扩大50倍。目前，大数据的规模尚是一个不断变化的指标，单一数据集的规模范围从几十TB到数PB不等。简而言之，存储1 PB数据将需要一万台配备100 GB硬盘的个人计算机。此外，各种意想不到的来源都能产生数据。

② 速度：大数据的高速性是指数据增长快速、处理快速，每一天各行各业的数据都在呈现指数性爆炸增长。在许多场景下，数据都具有时效性，如搜索引擎要在几秒内呈现出用户所需数据。企业或系统在面对快速增长的海量数据时，必须要高速处理，快速响应。

典型的高速大数据产生示例，如一分钟可以生成下列数据：35万条推文、300小时的YouTube视频、1.71亿份电子邮件，以及330 GB飞机引擎的传感器数据。

③ 多样性：大数据的多样性是指数据的种类和来源是多样化的，数据可以是结构化的、半

结构化的及非结构化的，数据的呈现形式包括但不仅限于文本、图像、视频、HTML页面等。

④ 真实性：大数据的真实性是指数据的准确度和可信赖度，进入大数据环境的数据需要确保质量，这样可以使数据处理消除掉不真实的数据和噪声。噪声数据是无法转换为信息与知识的，因此它们没有价值。信噪比越高的数据，真实性越高。

⑤ 价值：大数据的低价值密度性是指在海量的数据源中，真正有价值的数据少之又少，许多数据可能是错误的，是不完整的，是无法利用的。总体而言，有价值的数据占据数据总量的密度极低，提炼数据好比浪里淘沙。

8.2.3　传统关系型数据库面临的问题

传统关系型数据库在计算机数据管理的发展史上是一个重要的里程碑，这种数据库具有数据结构化、冗余度低、较高的独立性，以及易于扩充及编写应用程序等优点，目前较为成熟的信息系统都是建立在关系数据库设计之上的。

传统关系型数据库在数据存储上主要面向结构化数据，聚焦于便捷的数据查询分析能力、按照严格规则快速处理事务的能力、多用户并发访问能力及数据安全性的保证。但是，面向结构化数据存储的关系型数据库已经不能满足当今互联网数据快速访问、大规模数据分析挖掘的需求。具体体现在下述方面：

① 关系模型束缚对海量数据的快速访问能力。关系模型是一种按照内容访问的模型，即在传统关系数据库中，根据列的值来定位相应的行。这种访问模型，会在数据访问过程中引入耗时的输入/输出，从而影响快速访问的能力。虽然传统的数据库系统可以通过分区技术（水平分区和垂直分区）来减少查询过程中数据输入/输出的次数以减少相应时间，提高数据处理能力，但是在海量数据的规模下，这种分区所带来的性能改善并不显著。

② 缺乏海量数据访问灵活性。在现实情况中，用户在查询时希望具有极大的灵活性。用户可以提任何问题，可以针对任何数据提问题，可以在任何时间提问题。无论提的是什么问题，都能快速得到回答。传统数据库不能提供灵活的解决方案，不能随机地查询并做出快速响应，因为它需要等待系统管理人员对特殊查询进行调优，这导致很多公司不具备这种快速反应能力。

③ 对非结构化数据处理能力薄弱。传统的关系型数据库对数据类型的处理只局限于数字、字符等，对多媒体信息的处理只是停留在简单的二进制代码文件的存储。然而，随着用户应用需求的提高、硬件技术的发展和Internet提供的丰富的多媒体交流方式，用户对多媒体技术处理的要求从简单的存储上升为识别、检索和深入加工，因此，如何处理占信息总量85%的声音、图像、时间序列信号、视频、E-mail等复杂数据类型，是很多数据库厂家面临的难题。

8.2.4　NoSQL数据库

针对关系数据库技术在存储、管理及分析处理大数据时存在的不适用性，NoSQL数据库技术应运而生。NoSQL指的是用于研发下一代具有高扩展性和容错性的非关系型数据库技术。

NoSQL（Not-only SQL）数据库是一个非关系型数据库，具有高度的可扩展性、容错性，并且专门设计用来存储半结构化和非结构化数据。NoSQL数据库通常会提供一个能被应用程序调用的基于API的查询接口。NoSQL数据库也支持SQL以外的查询语言，因为SQL是为了查询存储在关系型数据库中的结构化数据而设计的。例如，优化一个SQL数据库用来存储XML文件通常会使用XQuery作为查询语言。同样，设计一个NoSQL数据库用来存储RDF数据将使用SPARQL来查询它包含的关系。

根据不同存储数据的方式，NoSQL存储可以分为4种类型：列式数据库、键-值数据库、文档数据库和图数据库。

1.列式数据库

列式数据库是以列相关存储架构进行数据存储的数据库，主要适合于批量数据处理和即时查询。相对应的是行式数据库，数据以行相关的存储体系架构进行空间分配，主要适合于大批量的数据处理，常用于联机事务型数据处理。

数据库以行、列的二维表的形式存储数据，但是却以一维字符串的方式存储，如表8-1所示。

表8-1 二维表

EmpId	Lastname	Firstname	Salary
1	Smith	Joe	40000
2	Jones	Mary	50000
3	Johnson	Cathy	44000

这个简单的表包括员工代码（EmpId），姓名字段（Lastname and Firstname）及工资（Salary）。

这个表存储在计算机的内存（RAM）和外存（硬盘）中。虽然内存和硬盘在机制上不同，但计算机的操作系统是以同样的方式存储的。数据库必须把这个二维表存储在一系列一维的“字节”中，由操作系统写到内存或硬盘中。

行式数据库把一行中的数据值串在一起存储起来，然后再存储下一行的数据，依此类推。结果如下：

```
1,Smith,Joe,40000;2,Jones,Mary,50000;3,Johnson,Cathy,44000;
```

列式数据库把一列中的数据值串在一起存储起来，然后再存储下一列的数据，依此类推。结果如下：

```
1,2,3;Smith,Jones,Johnson;Joe,Mary,Cathy;40000,50000,44000;
```

列式数据库的代表包括：Sybase IQ、infobright、infiniDB、GBase 8a、ParAccel、Sand/DNA Analytics和Vertica。

2.键-值（Key-Value）数据库

从API的角度来看，键-值数据库是最简单的NoSQL数据库。客户端可以根据键查询值，设置键所对应的值，或从数据库中删除键。“值”只是数据库存储的一块数据而已，它并不关心也无须知道其中的内容；应用程序负责理解所存数据的含义。由于键值数据库总是通过主键访问，所以它们一般性能较高，且易于扩展。

键-值存储通过键值查找，因为数据库对存储的数据集合的细节是未知的。同时，更新操作只能是删除或者插入。键-值存储通常不含有任何索引，所以写入非常快，且高度可扩展。一个键-值存储的例子如表8-2所示。

表8-2　键－值（Key-Value）数据库

Key	Value
键1	NAME(MaLi,ChaLi)
键3	Sex (Man,Woman)
键4	Age(19,20,21)

3.文档数据库

文档数据的灵感来自于Lotus Notes办公软件，而且它同第一种键-值存储相类似。文档导向的数据库是键-值数据库的子类，可以看作键-值数据库的升级版，允许嵌套键值。它们的差别在于处理数据的方式：在键-值数据库中，数据是对数据库不透明的；而面向文档的数据库系统依赖于文件的内部结构，它获取元数据以用于数据库引擎进行更深层次的优化。虽然这一差别由于系统工具而不甚明显，但在设计概念上，这种文档存储方式利用了现代程序技术来提供更丰富的体验。

"文档"其实是一个数据记录，这个记录能够对包含的数据类型和内容进行"自我描述"。XML文档、HTML文档和JSON文档就属于这一类。SequoiaDB就是使用JSON格式的文档数据库，它存储的数据如下：

```
{
  "ID": 1,
  "SNO": 2017100001
  "SNAME": "ZhangHai"
  "GRADE": {
     "MATH":90,"ENGLISH":80,"COMPUTER":85
  }
  "ClASS","GRADE2019.1"
}
```

（1）文档数据库与关系型数据库的区别

文档数据库不同于关系型数据库，关系型数据库是高度结构化的，而Lotus Notes的文档数据库允许创建许多不同类型的非结构化的或任意格式的字母，与关系型数据库的主要不同在于，它不提供对参数完整性和分布事务的支持，但和关系型数据库也不是相互排斥的，它们之间可以相互交换数据，从而相互补充、扩展。

（2）文档数据库与文件系统的区别

文档数据库与20世纪五六十年代管理数据的文件系统不同，仍属于数据库范畴。首先，文件系统中的文件是为某一特定应用服务的，所以，要想对现有的数据再增加一些新的应用是很困难的，系统不容易扩充，数据和程序缺乏独立性。而文档数据库具有数据的物理独立性和逻辑独立性，数据和程序分离。

典型的文档数据库包括CouchDB、MongoDB，国内也有文档数据库SequoiaDB。

4.图数据库

图模型记为$G(V,E)$，V为结点（Node）集合，每个节点具有若干属性，E为边（Edge）集合，也可以具有若干属性。该模型支持图结构的各种基本算法，可以直观地表达和展示数据之间的联系。

日常生活中应用关系数据模型需要表示多对多关系时，常常需要创建一个关联表来记录不同实体的多对多关系，而且这些关联表常常不用来记录信息。如果两个实体之间拥有多种关系，就需要它们之间创建多个关联表。当实体之间的联系类型多样且复杂，且管理及处理的对象以关系为主时，关系模型会因为变得异常烦琐而不适用。产生这一现象的原因在于关系型数据库是为实体建模这一基础理念设计的。该设计理念并没有提供对这些实体间关系的直接支持。在需要描述这些实体之间的关系时，常常需要创建一个关联表以记录这些数据之间的关联关系，而且这些关联表常常不用来记录除外键之外的其他数据。也就是说，这些关联表也仅仅是通过关系型数据库所拥有的功能来模拟实体之间的关系。这种模拟导致了两个非常糟糕的结果：数据库需要通过关联表间接地维护实体间的关系，导致数据库的执行效能低下；同时关联表的数据急剧上升。

相对于关系数据库中的各种关联表，图数据库中的关系可以通过关系能够包含属性这一功能来提供更为丰富的关系展现方式。因此，相较于关系型数据库，图数据库的用户在对事物进行抽象时将拥有一个额外的"武器"，那就是丰富的关系。

图数据库技术在社交网络、知识图谱、个性化推荐等领域得到了广泛的应用。典型的图数据库包括Neo4j、AllegroGrap、FlockDB和GraphDB。

8.3 数据仓库

随着Internet的兴起与飞速发展，大量的信息和数据迎面而来。用科学的方法去整理数据，从而从不同视角对企业经营各方面信息进行精确分析、准确判断，比以往更为迫切。传统数据库系统已经无法满足数据处理多样化的要求，人们尝试对DB中的数据进行再加工，形成一个综合的、面向分析的环境，以更好地支持决策分析，从而形成了数据仓库技术。

数据仓库技术就是基于数学及统计学严谨逻辑思维并达成"科学的判断、有效的行为"的一个工具。数据仓库技术也是一种达成"数据整合、知识管理"的有效手段。

8.3.1 数据仓库的概念

数据仓库（Data Warehouse），可简写为DW或DWH，是为企业所有级别的决策制定过程，提供所有类型数据支持的战略集合。它是单个数据存储，出于分析性报告和决策支持目的而创建。为需要智能业务的企业，提供指导业务流程改进、监视时间、成本、质量及控制。

目前，"数据仓库"一词尚没有一个统一的定义，著名的数据仓库专家W.H.Inmon在其著作*Building the Data Warehouse*一书中给出如下描述：数据仓库是一个面向主题的、集成的、相对稳定的、反映历史变化的数据集合，用于支持管理决策。对于数据仓库的概念可以从两个层次予以理解。首先，数据仓库用于支持决策，面向分析型数据处理，它不同于企业现有的操作型数据库；其次，数据仓库是对多个异构的数据源有效集成，集成后按照主题进行重组，并包含历史数据，而且存放在数据仓库中的数据一般不再修改。

根据数据仓库概念的含义，数据仓库拥有四个特点。

① 面向主题。主题是一个抽象的概念，是指用户使用数据仓库进行决策的时所关心的重点方面，一个主题通常与多个操作型信息系统相关。

② 集成的。数据仓库中的数据是在对原有分散的数据库数据抽取、清理的基础上经过系统加工、汇总和整理得到的，必须消除源数据中的不一致性，以保证数据仓库内的信息是关于整个企业的一致的全局信息。

③ 相对稳定。数据仓库的数据主要供企业决策分析之用，所涉及的数据操作主要是数据查询，一旦某个数据进入数据仓库以后，一般情况下将被长期保留，也就是数据仓库中一般有大量的查询操作，但修改和删除操作很少，通常只需要定期加载、刷新。

④ 反映历史变化。数据仓库中的数据通常包含历史信息，系统记录了企业从过去某一时点（如开始应用数据仓库的时点）到目前各个阶段的信息，通过这些信息，可以对企业的发展历程和未来趋势做出定量分析和预测。

8.3.2　数据仓库的体系结构

数据仓库系统是一个包含四个层次的体系结构，如图 8-1 所示。

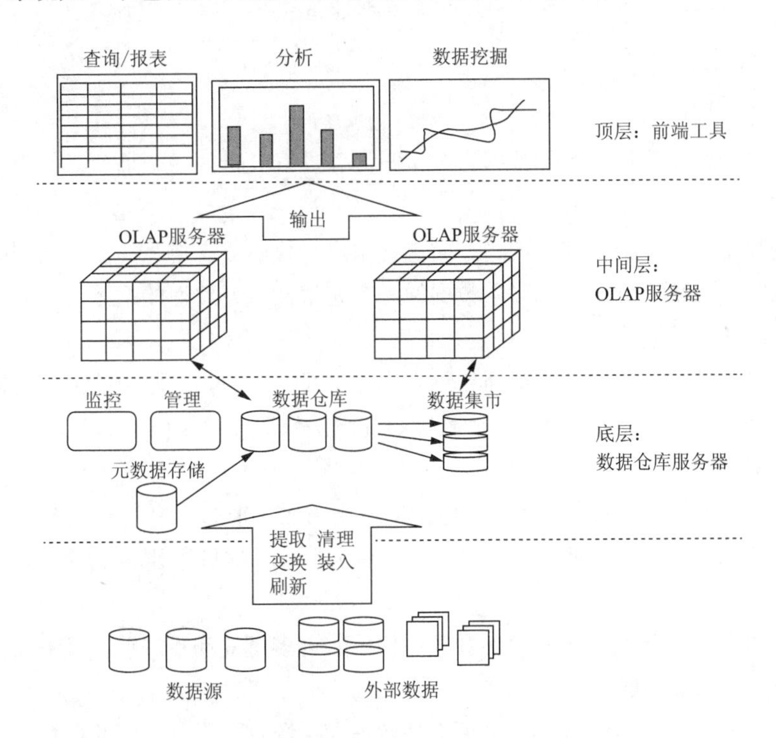

图 8-1　数据仓库体系结构

1. 数据源

数据源是数据仓库系统的基础，是整个系统的数据源泉。通常包括企业内部信息和外部信息。内部信息包括存放于RDBMS中的各种业务处理数据和各类文档数据；外部信息包括各类法律法规、市场信息和竞争对手的信息等。

2.数据仓库

数据仓库是整个数据仓库体系的核心。数据仓库的真正关键是数据的存储和管理。数据仓库的组织管理方式决定了它有别于传统数据库，同时也决定了其对外部数据的表现形式。要决定采用什么产品和技术来建立数据仓库的核心，则需要从数据仓库的技术特点着手分析。针对现有各业务系统的数据进行抽取、清理，并有效集成，按照主题进行组织。数据仓库按照数据的覆盖范围可以分为企业级数据仓库和部门级数据仓库（通常称为数据集市）。

3.OLAP服务器

对分析需要的数据进行有效集成，按多维模型予以组织，以便进行多角度、多层次的分析，并发现趋势。其具体实现可以分为ROLAP、MOLAP和HOLAP。ROLAP基本数据和聚合数据均存放在RDBMS之中；MOLAP基本数据和聚合数据均存放于多维数据库中；HOLAP基本数据存放于RDBMS之中，聚合数据存放于多维数据库中。

4.前端工具

前端工具主要包括各种报表工具、查询工具、数据分析工具、数据挖掘工具，以及各种基于数据仓库或数据集市的应用开发工具。其中，数据分析工具主要针对OLAP服务器，报表工具、数据挖掘工具主要针对数据仓库。

8.3.3 数据仓库的运用

1.面向主题

面向主题是企业系统信息中的数据综合、归类并进行分析的一个抽象，对应企业中某一个宏观分析领域所涉及的分析对象。

例如，购物是一个主题，那么购物里面包含用户、订单、支付、物流等数据综合，对这些数据要进行归类并分析，分析这个对象数据的一个完整性、一致性的描述，能完整、统一地划分对象所涉及的各项数据。

如果此时要统计一个用户从浏览到支付完成的时间，在购物主题中缺少了支付数据或订单数据，那么这个对象数据的完整性和一致性就可能无法保证。

2.数据集成

数据仓库的数据是从原有分散的数据库中的数据抽取而来的。

操作型数据和支持决策分析型（DSS）数据差别甚大，这里需要做大量的数据清洗与数据整理工作。

① 每一个主题的源数据在原有分散数据库中的有许多重复和不一致，且不同数据库的数据是和不同的应用逻辑捆绑的。

② 数据仓库中的综合性数据不能从原有的数据库系统直接得到，因此在数据进入数据仓库之前要经过统一和综合。

3.不可更新

数据仓库的数据主要在提供决策分析时用到，设计的数据主要是数据查询，一般情况下不做修改。这些数据反映的是一段较长时间内历史数据的内容，有一些修改了会影响整个历史数据的过程数据。

数据仓库的查询量往往很大，所以对数据查询提出了更高的要求，要求采用各种复杂的索引技术，并对数据查询界面的友好性和数据凸显性提出了更高的要求。

4. 随时间不断变化

数据仓库中的数据不可更新是针对应用来说的，从数据的进入到删除的整个生命周期中，数据仓库的数据是永远不变的。

数据仓库的数据随着时间变化而不断增加新的数据。数据仓库随着时间变化不断删去旧的数据，其数据时限一般是5~10年。数据仓库中包含大量的综合性数据，这些数据很多是跟时间有关的，数据特征都包含时间项，以标明数据的历史时期。

8.3.4　数据仓库的作用

数据仓库主要有三方面的作用。

① 数据仓库提供了标准的报表和图表功能，其中的数据来源于不同的多个事务处理系统，因此，数据仓库的报表和图表是关于整个企业集成信息的报表和图表。

② 数据仓库支持多维分析。多维分析是通过把一个实体的多项重要的属性定义为多个维度，使得用户能方便地汇总数据集，简化了数据的分析处理逻辑，并能对不同维度值的数据进行比较，而维度则表示了对信息的不同理解角度，例如，时间和地区是经常采用的维度。应用多维分析可以在一个查询中对不同的数据进行纵向或横向比较，这在决策工程中非常有用。

③ 数据仓库是数据挖掘技术的关键基础。

总之，数据仓库的主要作用是通过多维模式结构、快速分析能力和强大的信息输出能力为决策分析提供支持。

小　　结

本章主要介绍了新一代的数据库发展技术，包括面向对象的数据库、大数据管理，以及数据仓库技术，探讨了这些领域的特点与先进性，阐述了未来数据库发展的方向。

思考与练习

1. 简述第三代数据库系统的基本原则。
2. 列举一些见过的数据库系统，简述其特点及存在的弊端。
3. 预测数据库技术的几个发展方向，应用领域。

第 9 章

数据库接口技术及应用

数据库接口技术是数据库与应用软件连接的关键，一般应用软件均要通过一种数据库接口技术与数据库相连，以实现应用软件对数据库的访问。本章主要介绍了ADO与ODBC两种数据库接口技术是如何与应用软件相连接的，文中以C++Builder工具为例，详细介绍了两种数据库接口技术的核心，并给出实际案例，供读者实验。同时，本章还针对基于Web编程的数据库接口给出了分析，为读者提供了基于Web程序开发的数据库接口技术。由于本书篇幅有限，每个应用案例主要介绍了接口及框架的应用，完整程序请大家扫描二维码下载参考。

9.1 常用的数据库接口技术

9.1.1 ADO的数据库接口技术简介

1.ADO技术简介

微软公司的ADO (ActiveX Data Objects) 是一个用于存取数据源的COM组件。它提供了编程语言和统一数据访问方式OLE DB的一个中间层。允许开发人员编写访问数据的代码而不用关心数据库是如何实现的，而只用关心到数据库的连接。访问数据库时，关于SQL的知识不是必要的，但是特定数据库支持的SQL命令仍可以通过ADO中的命令对象来执行。它继承了微软早期的数据访问对象层，包括RDO（Remote Data Objects）和DAO(Data Access Objects)，并且在1996年冬发布。

常用的数据库接口技术

ADO包含一些顶层的对象，包括：

① 连接：代表到数据库的连接。

② 记录集：代表数据库记录的一个集合。

③ 命令：代表一个SQL命令。

④ 记录：代表数据的一个集合。

⑤ 流：代表数据的顺序集合。

⑥ 错误：代表数据库访问中产生的意外。

⑦ 字段：代表一个数据库字段。

⑧ 参数：代表一个SQL参数。

⑨ 属性：保存对象的信息。

利用ADO编程，可实现的功能有：

① 显式定义对象类型功能。

② 绑定列到具体的字段对象。

③ 用SQL语句和存储过程进行数据更新。

④ 使用集合操作单条的SELECT语句。

⑤ 只查询所需要的数据。

⑥ 正确选择游标的位置、类型和锁方式。

⑦ 调整记录集对象的CacheSize属性。

⑧ 定义Command对象的参数。

⑨ 使用原始的OLE DB提供者。

⑩ 断开Connection连接。

⑪ 使用adExecuteNoRecords选项。

⑫ 使用session/connection缓冲池。

ADO的优点是比较灵活，无须后台设置，只要给出数据库路径即可实现连接；缺点是安全性比较差，特别是在一些网页脚本中，很容易发现数据库的位置，从而影响数据库的安全。

2.ADO技术实现

ADO接口技术在基于单机或C/S架构中一般通过软件提供的ADO控件实现，而在B/S架构中则通过代码实现。

9.1.2　ODBC的数据库接口技术简介

1.ODBC技术简介

ODBC（Open Database Connection，开放式数据互连）是访问数据库的一个统一接口标准，它允许开发人员使用ODBC API（应用程序接口）来访问多种不同的数据源，并执行数据操作。

当使用应用程序时，应用程序首先通过使用ODBC API与驱动管理器进行通信。ODBC API由一组ODBC函数调用组成，通过API调用ODBC函数提交SQL请求；然后，驱动管理器通过分析ODBC函数并判断数据源的类型，并配置正确的驱动器，把ODBC函数调用传递给驱动器；最后，驱动器处理ODBC函数调用，把SQL请求发送给数据源，数据源执行相应操作后，驱动器返回执行结果，管理器再把执行结果返回给应用程序。

ODBC使用的是微软提供的通用数据库连接，所以效率不高。ADO就好些，主要是针对微软数据库做了优化，降低了系统资源的使用率，所以效率比ODBC要高一些，特别是并发用户多时更能体现速度上的差异。ODBC是微软公司开放服务结构（Windows Open Services Architecture，WOSA）中有关数据库的一个组成部分，它建立了一组规范，并提供了一组对数据库访问的标准API（应用程序编程接口）。这些API利用SQL来完成其大部分任务。ODBC本身也提供了对SQL语言的支持，用户可以直接将SQL语句传送给ODBC。

一个基于ODBC的应用程序对数据库的操作不依赖任何DBMS，不直接与DBMS打交道，所有的数据库操作由对应的DBMS的ODBC驱动程序完成。也就是说，不论是FoxPro、Access

还是Oracle数据库，均可用ODBC API进行访问。由此可见，ODBC的最大优点是能以统一的方式处理所有的数据库，此外ODBC的安全性比ADO强。

在ODBC中，ODBC API不能直接访问数据库，必须通过驱动程序管理器与数据库交换信息。驱动程序管理器负责将应用程序对ODBC API的调用传递给正确的驱动程序，而驱动程序在执行完相应的操作后，将结果通过驱动程序管理器返回给应用程序。

2.ODBC的特点

① 使用户程序有很高的互操作性，相同的目标代码适用于不同的DBMS。

② 由于ODBC的开发性，它为程序集成提供了便利，为客户机/服务器结构提供了技术支持。

③ 由于底层网络和DBMS分开，简化了开发维护上的困难。

④ 安全性高，需要通过程序才能访问。

也正是因为ODBC的这些特点，所以本系统采用了这一数据接口技术。

ODBC现在提供了通用数据访问接口，应用程序开发人员可以使用 ODBC，同时访问、查看和修改多个数据库中的数据表，这就方便了用户的操作。开放的客户-服务器应用程序不会被束定在某个特定的数据库上，ODBC可以为不同的数据库提供相应的驱动程序。

3.ODBC的实现

实现ODBC接口技术，首先要建立数据源，从“控制面板”→“管理工具”→“ODBC32数据源”进入（Windows 8以前版本）或直接搜索ODBC，注意选择ODBC32或ODBC64数据源需要根据操作系统的版本以及数据库的版本而定。选择完数据源后如图9-1所示。

图 9-1　ODBC 数据源设置

选择“系统DSN”选项卡，单击右侧的“添加”按钮，从中选择要连接的数据库类型，这里选用MySQLODBC5.1，如图9-2所示。当前系统安装的是MySQL 5.7数据库，故需要调用MySQL ODBC 5.1 系列ODBC驱动程序，MySQL 5.7专门配有ODBC驱动程序，此程序在MySQL 5.7数据库下载程序安装包里提供，下载安装即可。对于高版本的MySQL数据库，如

MySQL 9.0,则需要调用高版本的ODBC程序。一般数据库安装后会自动装入ODBC驱动程序，如Oracle、SQL-SErverr等。

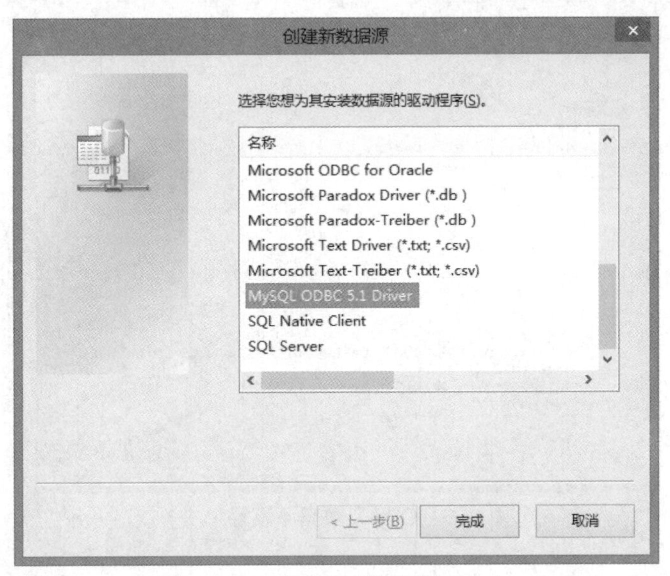

图 9-2　ODBC 数据源设置（一）

选择数据库驱动程序后，单击“完成”按钮，数据源名字自定，这里命名MySQL，如图9-3所示。

TCP/IP Server：本地为127.0.0.1，如果是远程数据库，则将远程计算机的IP填写在此处；User：root；Password：123456；选择的Database为MySQL里指定的某一数据库，这里是ckgl。

本案例选用的是MySQL数据库，如果是其他数据库，与此配置差不多，读者可以自己试一下。填写好后，可以单击 Test 按钮进行连接测试，如果连通了，则会有测试成功的提示，如图9-4所示。

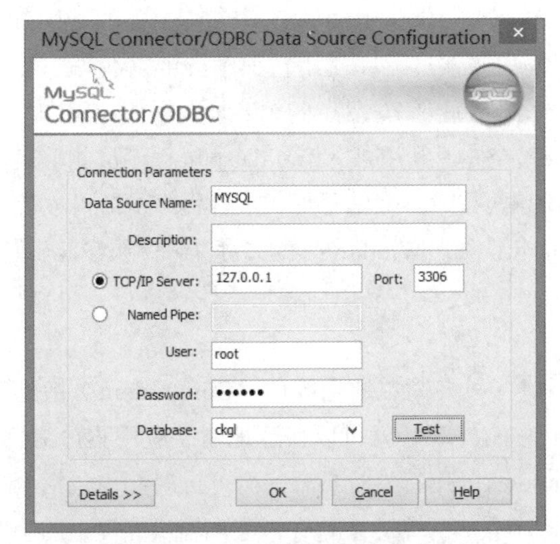

图 9-3　ODBC 数据源设置（二）

图 9-4　测试成功提示对话框

配置成功后，在“系统DSN”选项卡中将会出现MySQL的标志，这样就可以为后续程序调用，如图9-5所示。

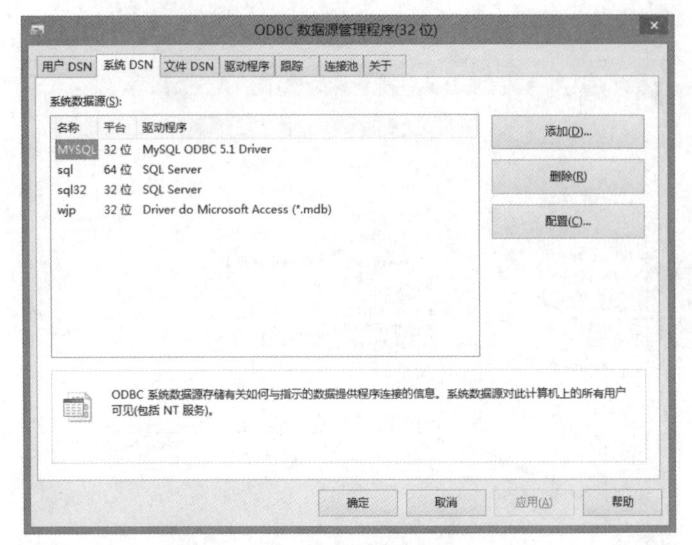

图 9-5 ODBC 数据源设置（三）

9.2 基于C++ Builder 6.0数据库接口技术应用

9.2.1 C++ Builder 6.0环境简介

C++ Builder 6.0是由Borland公司推出的一款可视化集成开发工具。Borland C++ Builder 6.0是一种快速应用程序开发（Rapid Application Development，RAD）工具，基于面向对象的C++语言。可以说，C++ Builder 6.0是集C++语言的高效性和RAD开发工具的快速性等优点的完美结合产物，也是基于Pascal程序设计语言的Delphi强大功能的合理扩展。C++ Builder 6.0是一个功能全面的Windows应用程序开发工具，它的应用范围非常广泛，使用它程序员可以编写一般的Windows应用程序和控制台程序，也可以编写复杂的企业级数据库应用和Web服务程序，还可以编写各种动态链接库和ActiveX控件。利用C++ Builder 6.0,程序员能够最便捷地使用业界的各种新技术，如COM+和COMBRA技术。在编程形式上，程序员既可以使用Borland提供的高层次类库VCL来编写代码，也能够深入Windows底层，直接采用API函数甚至内联汇编代码来强化程序的功能。C++ Builder 6.0还具有易用性和灵活性等特点，可以说，C++ Builder 6.0是目前最好的RAD工具。

C++Builder 6.0
环境简介

C++ Builder 6.0具有快速的可视化开发环境：只要简单地把控件（Component）拖到窗体（Form）上，定义一下它的属性，设置一下它的外观，就可以快速地建立应用程序界面；C++ Builder 6.0内置了100多个完全封装了Windows公用特性且具有完全可扩展性（包括全面支持ActiveX控件）的可重用控件；C++ Builder 6.0具有一个专业C++开发环境所能提供的全部功能：快速、高效、灵活的编译器优化，逐步连接，CPU透视，命令行工具等。它实现了可视化的编程环境和功能强大的编程语言（C++）的完美结合。

C++ Builder 6.0优化的32位原码（Native Code）编译器建立在Borland公司久经考验的编译技术基础之上，提供了高度安全性、可靠性、快速性的编译优化方法，完全编译出原始机器码而非中间码，软件执行速度大大提高。在编译和连接过程中，C++ Builder 6.0自动忽略未被修改的源代码和没有使用的函数，从而大大提高了编译和连接速度。另外，C++ Builder 6.0还提供了一个专业开发环境所必需的命令行工具，以帮助建立C++程序或者准备编译和连接的程序进行更精细的控制。

同时，用户可以利用C++ Builder 6.0 提供的IDE（Integrated Development Environment，集成开发环境）来帮助完成整个应用程序的设计，而不需要再依靠其他工具，以便使程序开发环境能够简单一致，提高整体的工程开发效率。总之，C++ Builder 6.0是一款全新的软件开发工具。

9.2.2　C++ Builder 6.0的基本功能使用

C++ Builder 6.0提供了强大的数据库应用程序开发功能和数据库辅助工具，程序员利用这些工具能够迅速开发出功能强大的数据库应用程序。本系统采用C++Builder 6.0环境，其主界面如图9-6所示。

图 9-6　C++Builder 6.0 运行环境主界面

由图9-6中可以看出，C++Builder 6.0运行环境主要分为四大部分。

① 菜单区：执行C++Builder 6.0相关的管理命令。

② 功能控件区：提供设计表单的各种控件及数据接口。

③ 属性区：对于各种控件的属性进行设置。

④ 表单设计区：用于程序的表单设计。

1. 建立新表单

如图9-7所示，选择File→New→Form命令，新建表单。建立好的新表单自动命名为Form2（注意：进入C++Builder系统自动会产生第一张表单Form1，后边再新建表单会按序号依此类推）。

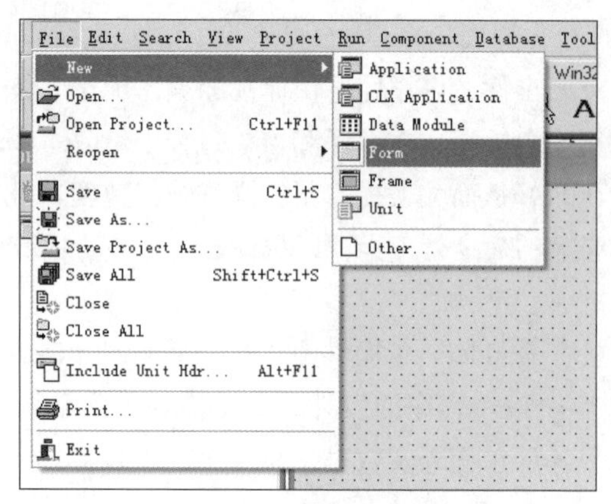

图 9-7　建立新表单

2.表单之间的相互调用

C++ Builder 6.0中的表单之间相互调用命令采用如下形式：

假设从表单Form1调用表单Form2，先要装入Form2的库文件，即include # unit2.h，然后调用Form2命令如下：

```
Form2->Show();
```

隐藏Form1命令：

```
Form1->Hide();
```

具体操作步骤如下：

① 在表单Form1建立一个按钮，命名为“调表2”，按钮的文字中通过左边属性窗口的Caption属性设置，文字大小及字形等通过Font属性设置，如图9-8所示。

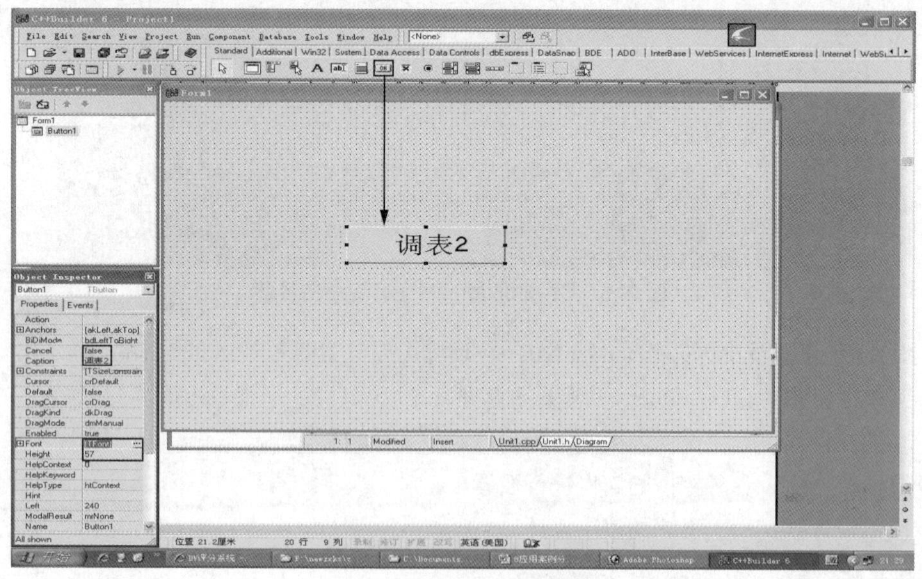

图 9-8　Form1 的设置

② 在表单Form2上建立同样的按钮，命名为“返回表单1”，如图9-9所示。

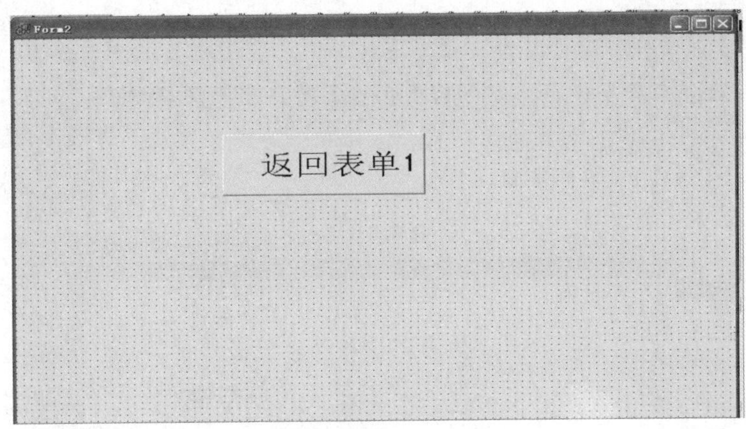

图 9-9　表单 2 设置

③ 回到表Form1双击表单窗体，出现如图9-10所示的程序代码窗口，在相应的位置加入include # Unit2.h。

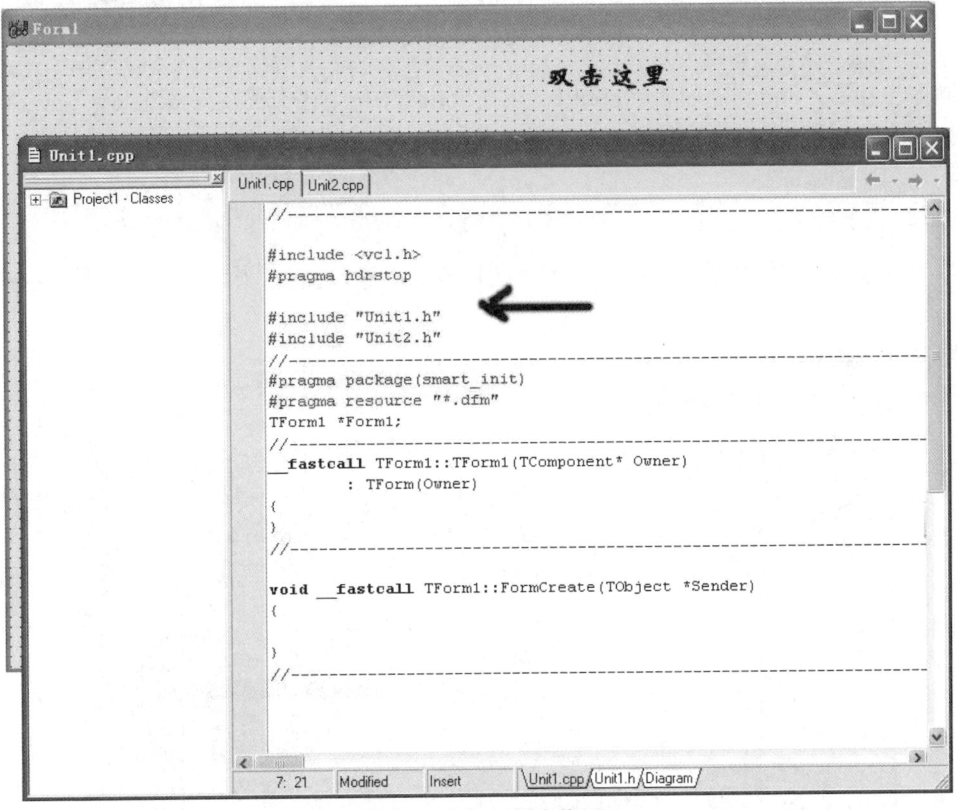

图 9-10　加入程序代码

④ 双击Form1中的“调表2”按钮，出现如图9-11所示的程序窗口，在其中输入如下语句：

```
Form2->Show();
Form1->Hide();
```

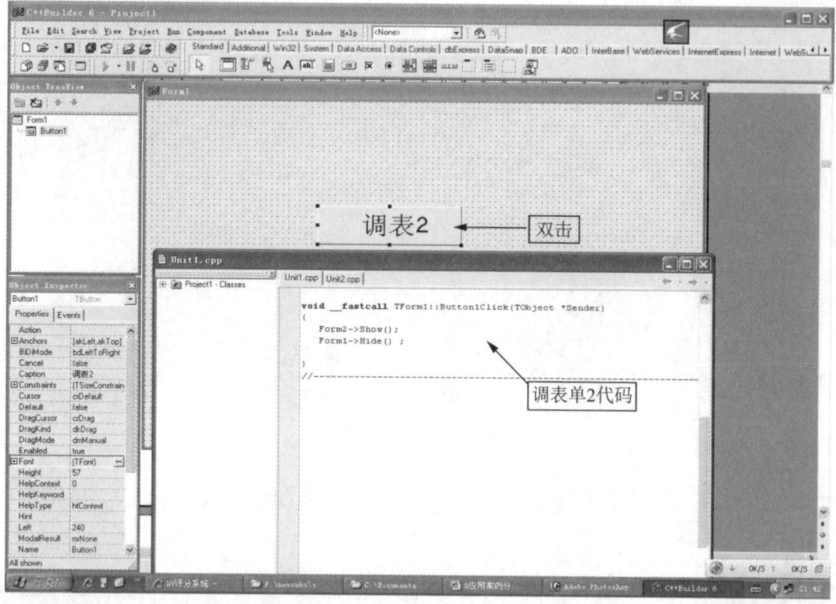

图 9-11　表单调用代码窗口

同理，若要从Form2返回表单Form1，则在Form2中按上述方法装入include # Unit1.h,然后在按钮“返回表单1”的过程内加入如下语句：

```
Form1->Show();
Form2->Hide();
```

按【F9】键或单击程序执行按钮，即可实现Form1调Form2，然后由Form2返回Form1的操作命令。

3.部分菜单按钮功能

表单切换按钮如图9-12所示。

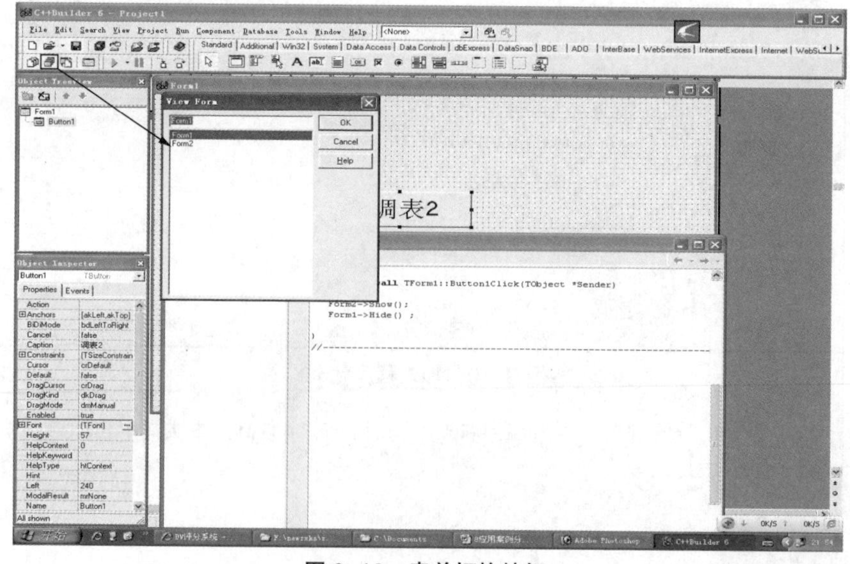

图 9-12　表单切换按钮

属性窗口与目录树窗口按钮如图9-13所示，如果不小心将属性窗口关闭，可通过此按钮再现属性窗口。

文件保存命令如图9-14所示，在程序完成时要进行文件保存，首先要先保存工程文件，然后再按提示依次保存表单文件。

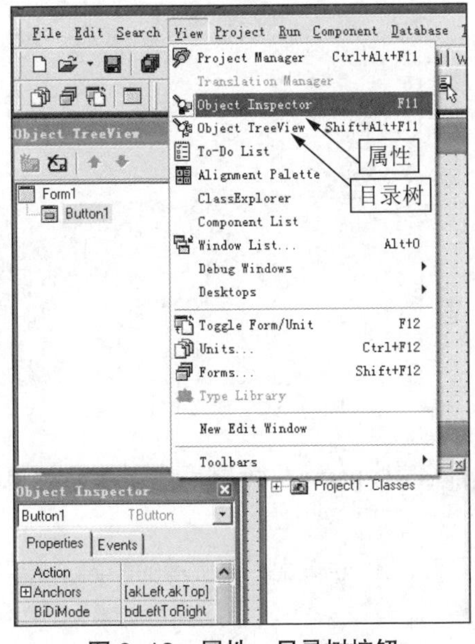

图 9-13　属性、目录树按钮

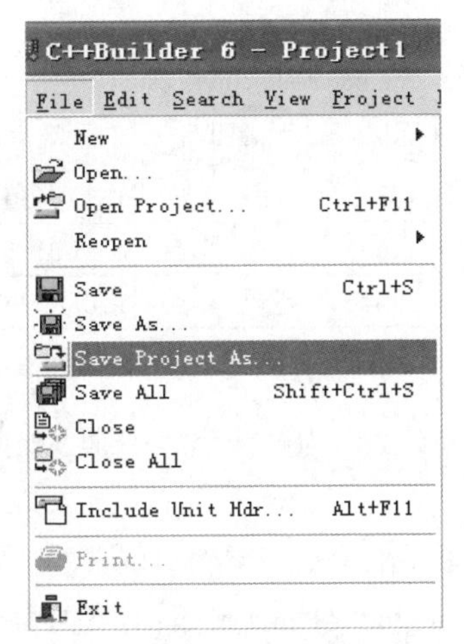

图 9-14　文件保存按钮

注意：

① Save Project A命令用于保存工程文件，如果希望C++的文件保存到自己想要的目录下，需要选择此命令，系统会依次保存各表单文件如unit1.cpp、unit2.cpp……最后会提示保存工程文件Project1.bpr文件，如果不选择此命令，系统会在默认目录下保存相应的文件。

② Save：保存当前的表单文件，如unit1.cpp。

③ Save As：另存当前的表单文件。

9.2.3　基于C++ Builder 6.0仓库管理系统登录窗口及主菜单设计

C++Builder 6.0提供了数据集的功能，即可以建一个数据集的表单，在该表单里填加一个ADOQuery1控件。通过学习控件，用户可以以ADO或ODBC的方式连接自己的数据库，而且只需要连接一次，以后各个表单需要连接数据库时，只需要调用这个数据集即可。

基于C++ Builder 6.0仓库管理系统登录窗口及主菜单设计

本节将给出在C++builder 6.0下通过ADO或ODBC连接数据库的方法。

首先在已安装的数据库中建立一个数据库（如ckgl），然后再建一张登录账户表，假设取名为glyb表，如表9-1所示。

下面用软件的登录窗口来介绍基于C++Builder 6.0的数据集接口技术，先建立三张表单：登录窗口（Form1）、主菜单（Form2）、数据集（DataModule3）。

1. 登录窗口表单的建立

① 设计一张如图9-15所示的登录窗口表单。

图9-15　登录窗口表单

表9-1　glyb表

gno	gpass	gname	gsex	gtele
zhanghai	12345	张海	男	18977430186
wangmei	12345	王梅	女	13900111101
zhaofan	12345	赵帆	男	15088229789

其中，gno为账户名，密码为gpass，管理员姓名为gname，管理员性别gsex，电话为gtele。

② 将光标移到登录窗口屏幕的任意位置，双击屏幕，出现如图9-16所示的界面。

在#include "Unit1.h"下面增加两行代码，如下：

```
#include "Unit2.h"
#include "Unit3.h"
```

即将Form2、Form3的头文件包含在Form1中，供Form1调用它们时使用（C++Builder 6.0在表单互相调用时，必须要将对方的头文件包含在自己的表单之内）。

③ 双击“确认”按钮，填加“确认”按钮的代码，如图9-17所示。

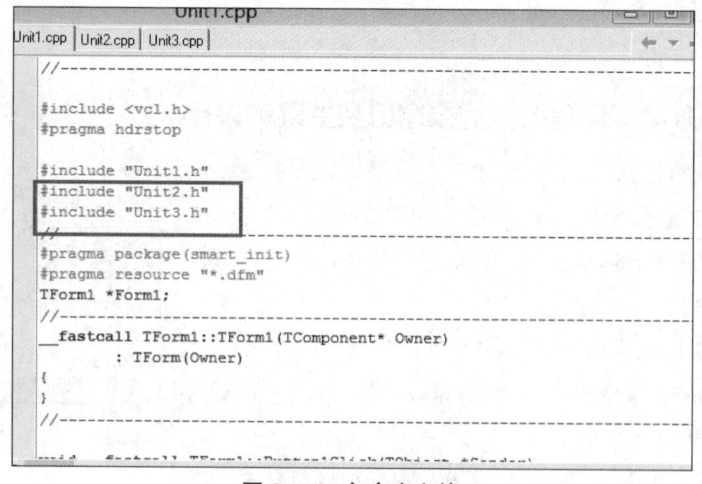

图9-16　包含库文件

图9-17　设置“确认”按钮

④ 在TForm1::Button1Click(TObject *Sender)过程的位置，填加程序代码，如图9-18所示。

```
Unit1.cpp
Unit1.cpp | Unit2.cpp | Unit3.cpp

void __fastcall TForm1::Button1Click(TObject *Sender)
{
    if(Edit1->Text=="" || Edit2->Text=="")
     { ShowMessage("对不起，用户名或密码不得为空");
       return;
     }
     AnsiString an1="select * from glyb where ";
     an1+=" gno='"+Edit1->Text+"' and gpass='"+Edit2->Text+"' ";
     DataModule3->ADOQuery1->SQL->Clear() ;  //清除缓冲区
     DataModule3->ADOQuery1->SQL->Add(an1);  //将SQL命令加入到缓冲区
     DataModule3->ADOQuery1->Open() ;//执行SQL命令
     if(DataModule3->ADOQuery1->RecordCount ==0)
      { ShowMessage("对不起，用户名或密码不正确");
        return;
      }
    Form2->Show() ;
    Form1->Hide() ;
}
```

图 9-18　填加“确认”按钮的程序代码

注意，程序中用到了如下代码：

```
DataModule3->ADOQuery1->SQL->Clear();        //清除缓冲区
DataModule3->ADOQuery1->SQL->Add(an1);       //将SQL命令加入到缓冲区
DataModule3->ADOQuery1->Open();              //执行SQL命令
```

这里用到了数据集DataModule3的方式来调用ADOQuery1的方法。即在ADO模式前加上DataModule3，表示从数据集DataModule3调用。

⑤ 设置“退出”，双击“退出”按钮，输入代码，如图9-19所示。

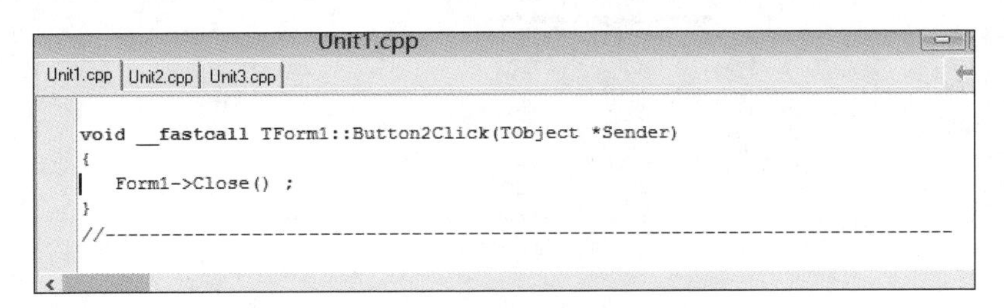

图 9-19　“退出”按钮的设置

2. 主菜单窗口表单的创建

主菜单窗口是整个软件系统的功能集合窗口，一般程序都由此窗口出发，到程序的各个功能窗口，下面建立主菜单窗口Form2，如图9-20所示。然后建立主菜单，这里以仓库管理系统为例，建立仓库管理系统的主菜单，其中“返回”按钮，返回到登录窗口Form1中。

接下来设计主菜单窗口中的部分程序代码，同登录窗口一样，需要选设计库文件包含，因为主菜单要返回登录文件，所以在文件头处首先要包含登录窗口的库文件Unit1.h，之后如果主菜单要调用其他的表单，如录入、查询、修改……则需要将每一张表单对应的头文件包含在主菜单的文件头处，如图9-21所示。

图 9-20　主菜单窗口的设计

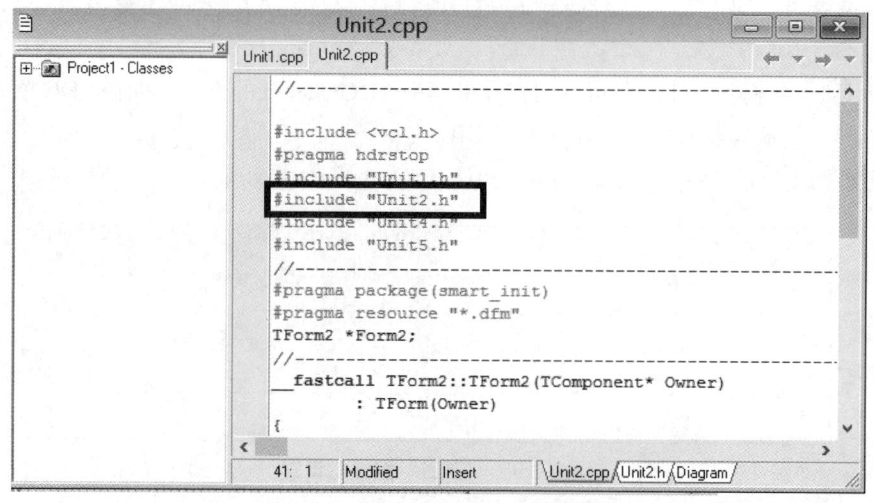

图 9-21　主菜单窗口的设计

然后，双击主菜单表单中的“返回”按钮，设计主菜单的返回代码。在TForm2::Button1Click (TObject *Sender)填写如下代码：

```
Form1->Show();   //调用Form1窗口
Form2->Hide();   //隐藏Form2窗口
```

这样，单击“返回”按钮后，即可返回登录窗口。

3.数据集窗口的设计

C++Builder 6.0提供了建立一个或多个数据集的功能，目的是让每个调用数据库的表单实现共享，如图9-22所示。具体操作步骤如下：

① 选择File→New→Data Module命令建立DataMoDule3数据集（数据集的编号是按表单

的编号来排列的，当前数据集为第三张表单，故为DataMoDule3），然后单击ADO按钮，选择ADOQuery1控件，拖入到DataMoDule3数据集的空白处。

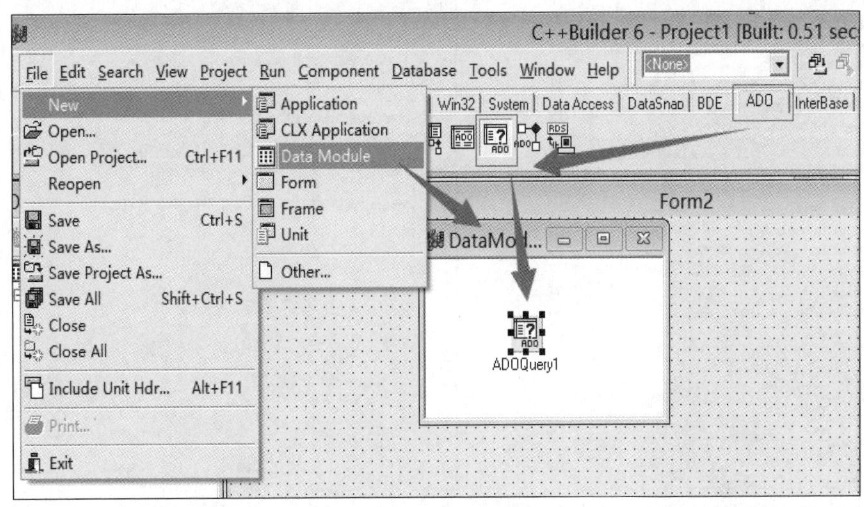

图 9-22　设计数据集

② 单击数据集中的ADOQuery1控件，选择左边属性栏中的 ConnectionString 属性，打开驱动程序选择对话框，单击Build按钮，如图9-23所示。

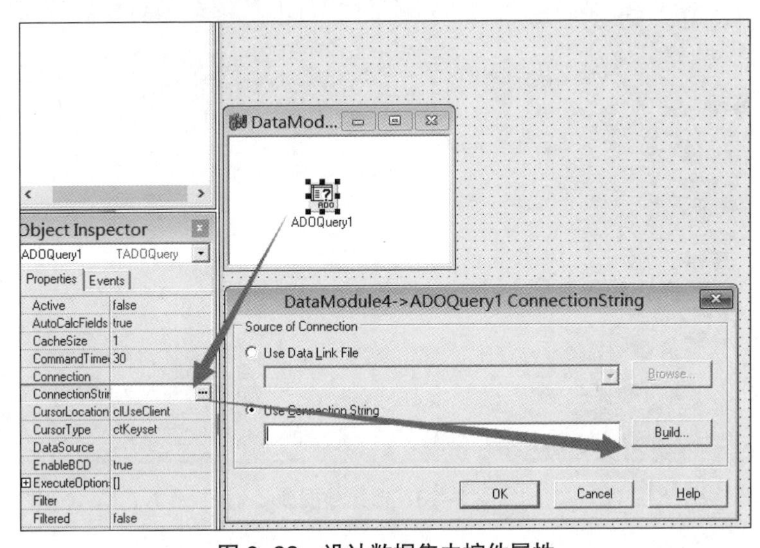

图 9-23　设计数据集中控件属性

③ 在如图9-24所示的界面中，可以ADO的方式选择数据库的驱动程序，也可以ODBC的方式选择数据库的驱动程序。

例如，以ADO的方式填加Access数据库则可以选择：Microsoft Jet 4.0 OLE DB Provider，然后单击“一下步”按钮，然后在“1.选择或输入数据库名称”处（见图9-25）选择Access数据库。找到要选择的Access数据库的存放地址，选择Access数据库即可，如图9-26所示。

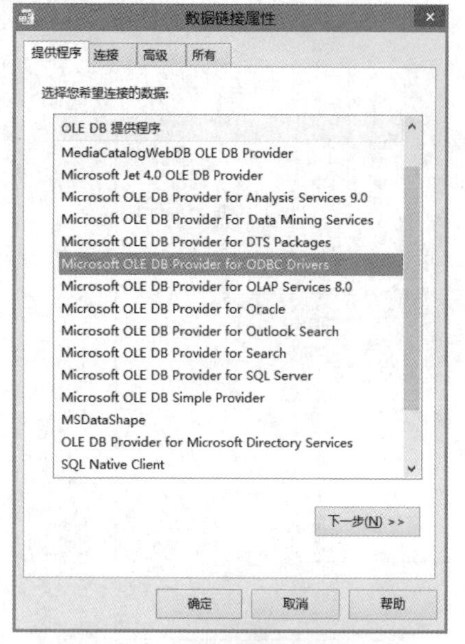

图 9-24　选择数据库的驱动程序

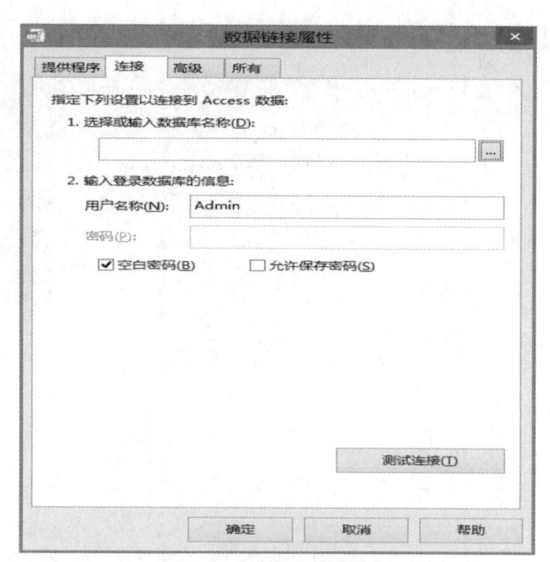

图 9-25　输入数据库名称

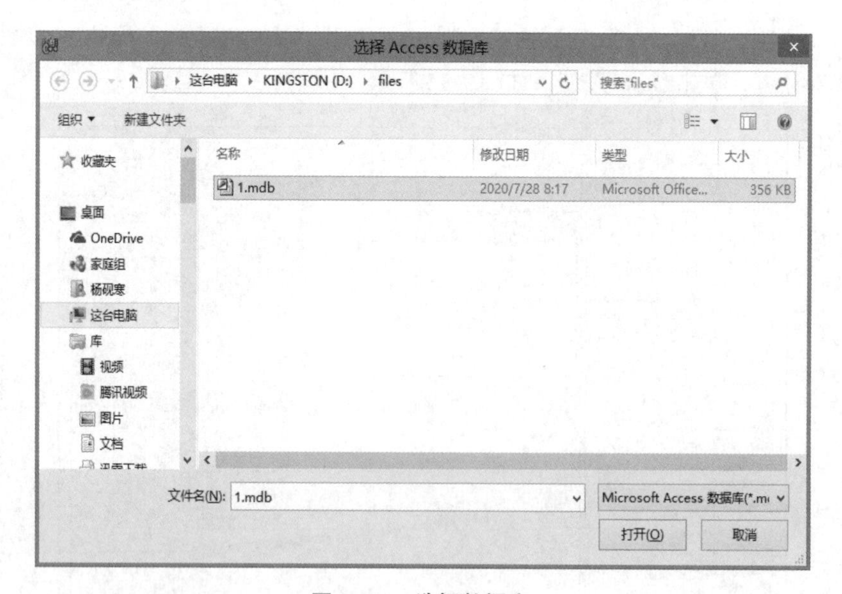

图 9-26　选择数据库

如果有的数据库的ADO驱动程序未包含在图9-24提供的程序中，则需要先按9.1.2节ODBC接口技术建立数据库的ODBC连接。

如果用ODBC的方法连接MySQL数据库，可以在图9-24中选择Microsoft OLE DB Provider for ODBC Drivers（所有数据库的ODBC接口均选此项）。

如图9-27所示，在“使用数据源”名称处，选择已建好的ODBC数据源，这里选择的是已经建好的MySQL的ODBC数据源，在用户名及密码处填上MySQL的用户名和密码，然后单击“测试连接”按钮，提示连接成功即可。

完成以上三张表单的设计，就可以实现登录窗口与不同数据库的接口调用。

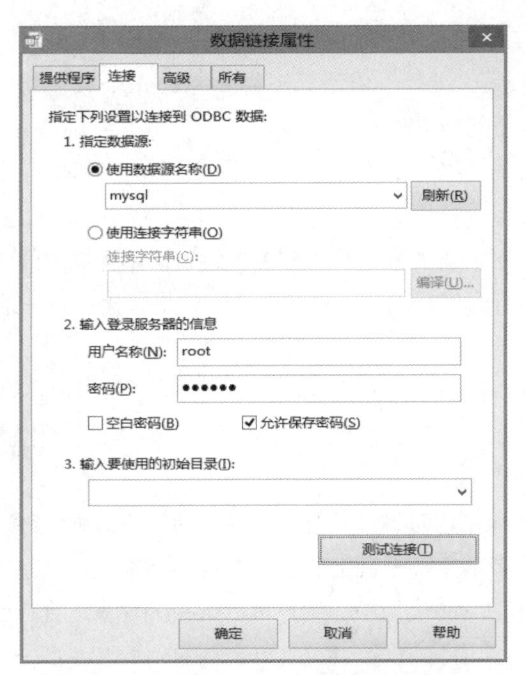

图 9–27　用 ODBC 方法连接数据库

9.3　基于 ASP.NET 的数据库接口技术及应用

随着互联网的发展，基于Web的应用程序层出不穷，从一般的动态网站到基于B/S架构的应用软件，均要通过数据库接口技术与数据库相连接，以实现应用程序访问数据库。

ASP.NET技术简介

基于Web的应用程序的数据库连接方式与一般单机或C/S（客户/服务器）架构下的方式基本相同，其中ADO与ODBC方式也是其中主要的方式，只是访问的语句有所不同。本节以ASP.NET网络开发技术为例，介绍一下在ASP.NET下，如何通过ODBC访问数据库并实现客户管理。

9.3.1　ASP.NET 简介

ASP.NET是Microsoft公司推出的新一代Web应用程序开发平台，它不仅是 Active Server Page（ASP）的下一个版本，而且是一种建立在通用语言上的程序构架，能被用于一台Web服务器来建立强大的Web应用程序。

2000年ASP.NET 1.0正式公布，标志着Web应用开发由解释性脚本语言向编译性编程框架的转变。它是在服务器上运行编译好的代码，可以利用早期绑定，实施编译来提高效率。2003年ASP.NET晋级为1.1版本，2005年11月又公布了ASP.NET 2.0。ASP.NET 2.0的公布是.NET技术走向成熟的标志，它在运用上添加了便利、适用的新特性，使Web开发变得快速而高效，运行效率大幅度提升。2008年推出了ASP.NET 3.5，性能进一步提高。2015年推出ASP.NET 4.6之后，微软计划的下一代ASP.NET要具备“跨平台”特性。也就是说，它并不再依赖于.NET Framework，这个项目代号为ASP.NET vNext 的产品后来一度被称作ASP.NET 5，直到2016年才被正式更名为ASP.NET Core并发布1.0版。所以，ASP.NET Core并不是ASP.NET的继任者，其架构与ASP.NET相差较大，并且不依赖于System.Web.dll，使网络顺序开拓更倾向于智能开拓，运转起来像Windows下运行软件一样流畅。

ASP.NET是目前主流的网络开拓技术之一，具有很多优点和新特性。

1. 执行效率大幅提高

ASP.NET是把基于通用语言的程序在服务器上运行。不像以前的ASP即时解释程序，而是将程序在服务器端首次运行时进行编译，这样的执行效果，比一条一条地解释强很多。

2. 世界级的工具支持

ASP.NET构架可以用 Visual Studio.net开发环境进行开发，具有WYSIWYG（What You See Is What You Get所见即为所得）的编辑特点。这些仅是ASP.NET强化软件支持的一小部分。

3. 强大性和适应性

因为ASP.NET是基于通用语言编译运行的程序，所以它的强大性和适应性，几乎可以使它运行在Web应用软件开发者的全部平台上。通用语言的基本库、消息机制、数据接口的处理都能无缝地整合到ASP.NET的Web应用中。用户可以选择一种最适合自己的语言来编写ASP.NET程序，或者把程序用很多种语言来写，现在已经支持的有C#（C++和Java的结合体）、VB、JScript等。将来，这种多种程序语言协同工作的方式可保护基于COM+开发的程序，待其能够完整地移植向ASP.NET。

4. 简单性和易学性

ASP.NET使运行一些很平常的任务（如表单的提交、客户端的身份验证、分布系统和网站配置）变得非常简单。例如，ASP.NET页面构架允许用户建立自己的分界面，使其不同于常见的界面。

5. 高效可管理性

ASP.NET使用一种字符基础的、分级的配置系统，使服务器环境和应用程序的设置更加简单。因为配置信息都保存在简单文本中，新的设置有可能不需要启动本地的管理员工具就可以实现。一个ASP.NET应用程序在一台服务器系统安装时，只需要简单地复制一些必需的文件，不需要系统重新启动，非常简单。

6. 多处理器环境的可靠性

ASP.NET已经被刻意设计成为一种可用于多处理器的开发工具，它在多处理器的环境下用特殊的无缝连接技术，可大幅提高运行速度且非常稳定。

7. 自定义性和可扩展性

ASP.NET设计时考虑了让网站开发人员可以在自己的代码中自己定义plug-in模块。这与原来的包含关系不同，ASP.NET可以加入自己定义的任何组件。

8. 安全性

ASP.NET 是一个已编译的、基于 .NET 的环境，把基于通用语言的程序在服务器上运行。将程序在服务器端首次运行时进行编译，比ASP即时解释程序速度上要快很多，而且可以用任何与 .NET 兼容的语言（包括 Visual Basic .NET、C# 和 JScript .NET）创作应用程序。另外，任何 ASP.NET 应用程序都可以使用整个 .NET Framework。开发人员可以方便地获得这些技术的

优点，其中包括托管的公共语言运行库环境、类型安全、继承等

基于Windows认证技术和应用程序配置，可以确定原程序是绝对安全的。

9.3.2　用户管理数据库的设计

本系统以MySQL 5.7数据库为例，建立一个名为ckgl的数据库，在该数据库中再建一张数据表，命名为glyb表，结构如表9-2所示。

表 9-2　管理员信息表（glyb）

字 段 名 称	数 据 类 型	长　度	描　述
gno	varchar	10	用户编号、主键
gpass	varchar	20	用户密码
gname	varchar	10	用户名
gsex	varchar	4	用户性别
gtele	varchar	20	用户电话

9.3.3　建立ODBC数据源

本程序的数据库连接，采用的是ODBC连接方式，先运行ODBC for MySQL 5.7驱动程序，然后就可以参照第9.1.2节ODBC数据源的建立方法，从“控制面板”→“管理工具”→“ODBC32数据源”进入ODBC设置程序，如图9-28所示。选择“系统DSN”选项卡，单击“添加”按钮，然后选择MySQL ODBC 5.1 Driver驱动程序；Data Source Name数据源名字自己定，这里是yhgl；Database数据库选ckgl,这样就创建了yhgl数据源，供后面程序调用。

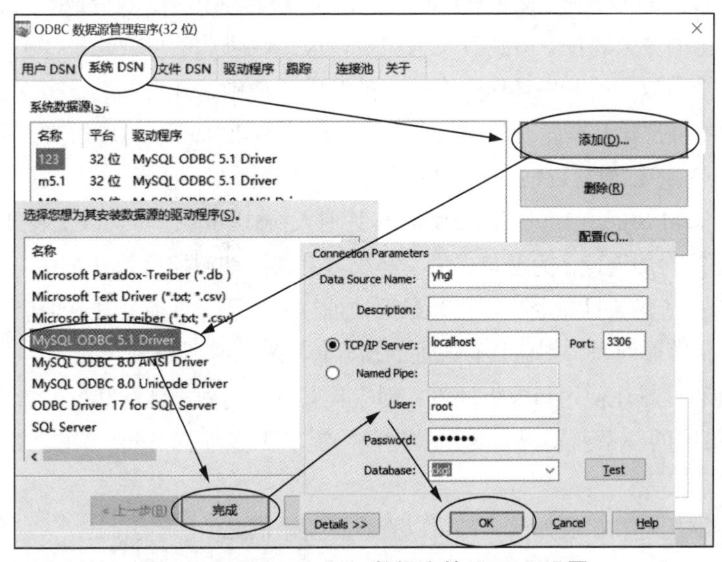

图 9-28　SQL Server 数据库的 ODBC 设置

9.3.4　ASP.NET系统开发及运行环境

1.系统环境配置

① 操作系统：Windows或macOS。

基于ASP.NET的数据库系统开发及运行环境

② Web服务器：IIS6.0以上。

③ 开发工具：Microsoft Visual Studio2005~2019均可。

（2019版下载地址https://visualstudio.microsoft.com/zh-hans/vs/，选择community版）

④ 数据库：MySQL 5.7或8，本案例以MySQL 5.7为例。

（下载地址https://dev.mysql.com/downloads/mysql/5.7.html）

⑤ 浏览器：google chrome、火狐或IE 8.0以上版本。

2.Microsoft Visual Studio编程工具简介

Microsoft Visual Studio（简称VS）由美国微软公司开发，它包括整个软件生命周期中所需要的大部分工具，如UML工具、代码管控工具、集成开发环境（IDE）等。所写的目标代码适用于微软支持的所有平台，包括Microsoft Windows、Windows Mobile、Windows CE、.NET Framework、.NET Compact Framework和Microsoft Silverlight及Windows Phone。

Visual Studio是目前最流行的Windows平台应用程序的集成开发环境，较新版本为Visual Studio 2019版本，基于.NET Framework 4.7.2。

Microsoft Visual Studio是一套完整的开发工具，用于生成ASP.NET Web应用程序、XML Web Services、桌面应用程序和移动应用程序。Visual Basic、Visual C#和Visual C++都可以使用Visual Studio进行工具程序编辑，并能够轻松地通过Visual Studio创建混合语言解决方案。另外，这些语言使用.NET Framework的功能，它提供了可简化ASP Web应用程序和XML Web Services开发的关键技术。

Visual Studio 2019可用于开发跨平台的应用程序，如开发使用微软操作系统的手机程序等。它是一款功能齐全的庞大软件，专业开发人员可以应用改进后的可视化设计工具、编程语言和代码编辑器，享受高效率的开发环境；在统一的开发环境中，开发并调试多层次的服务器应用程序；使用集成的可视化数据库设计和报告工具，创建SQL Server 2019解决方案。

Visual Studio 2019除兼容以前各版本的功能外，还增加了一些新功能，有：

① 集成了Visual Studio Live Share实时与其他人协作功能，并默认安装开启。支持C++、VB.NET和Razor等附加语言，为客户提供了解决方案视图和源控件差异共享。

② 通过打开或新建项目命令，来打开最近处理过的代码，或者新建新的启动窗口，按受欢迎程度排序使用新模板列表，创建具有改进的搜索体验和过滤器的新项目。

③ 按受欢迎程度排序使用新模板列表，创建具有改进的搜索体验和过滤器的新项目。

④ 通过Shell中的一系列新视觉变化，为代码提供更多垂直空间，并提供现代化的外观和感觉。

⑤ 无论显示器配置和扩展如何，都可以查看更清晰的IDE版本。

⑥ 在Visual Studio中使用改进的搜索功能来处理菜单、命令、选项和可安装组件。

⑦ 使用文档指示器快速了解代码文件的“运行状况”，通过指标中的一键式代码清理运行和配置。

⑧ 使用“选项”对话框中的新“预览功能”页面，轻松管理选择的预览功能。

⑨ 在更广泛的应用程序开发方案中应用现有的技能。同时它还提供了一组新的工具和功

能，以满足目前大规模企业应用程序开发的需要。

3.Visual Studio 2019应用

① Visual Studio 2019在安装完成后，可以通过“开始”→“程序”→Visual Studio 2019进入，如图9-29所示。

图 9-29　Microsoft Visual Studio 2019 初始界面

② 单击“创建新项目”，选择ASP.NET Web应用程序（.NET Framework）选项，如图9-30所示。

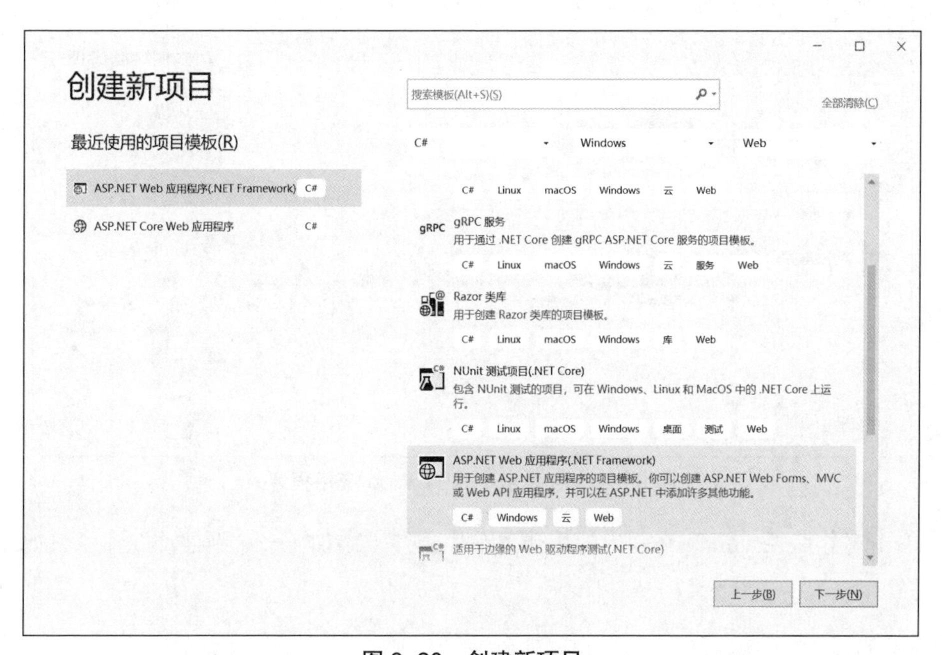

图 9-30　创建新项目

③ 输入项目名称和路径，这里将为项目名称设为work，项目路径设为D:\work，如图9-31所示。

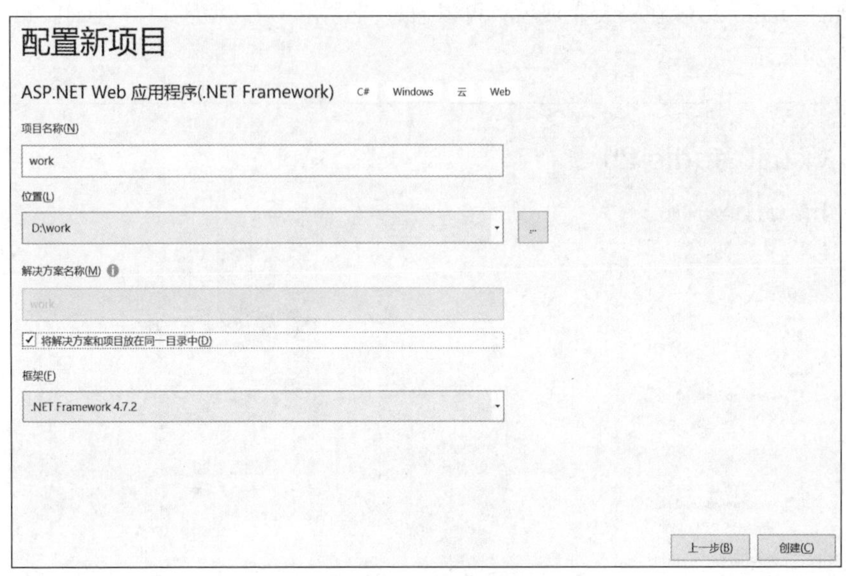

图 9-31　配置新项目

④ 选择Web Forms，并选中“Web 窗体”“为HTTPS配置”复选框，如图9-32所示。

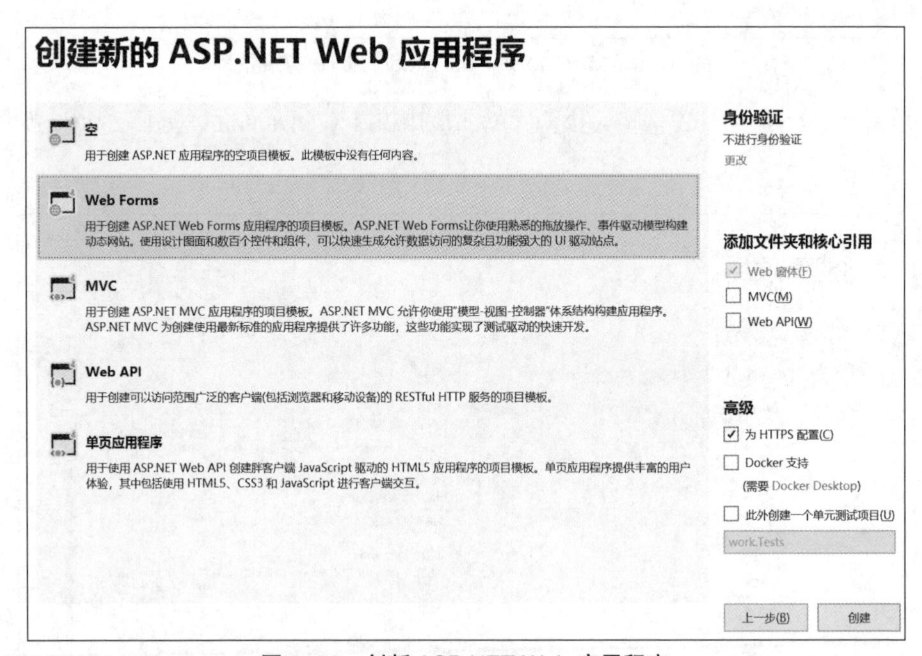

图 9-32　创新 ASP.NET Web 应用程序

⑤ 右击工作路径work，在弹出的快捷菜单中选择“添加”→“新建项”命令，如图9-33所示。

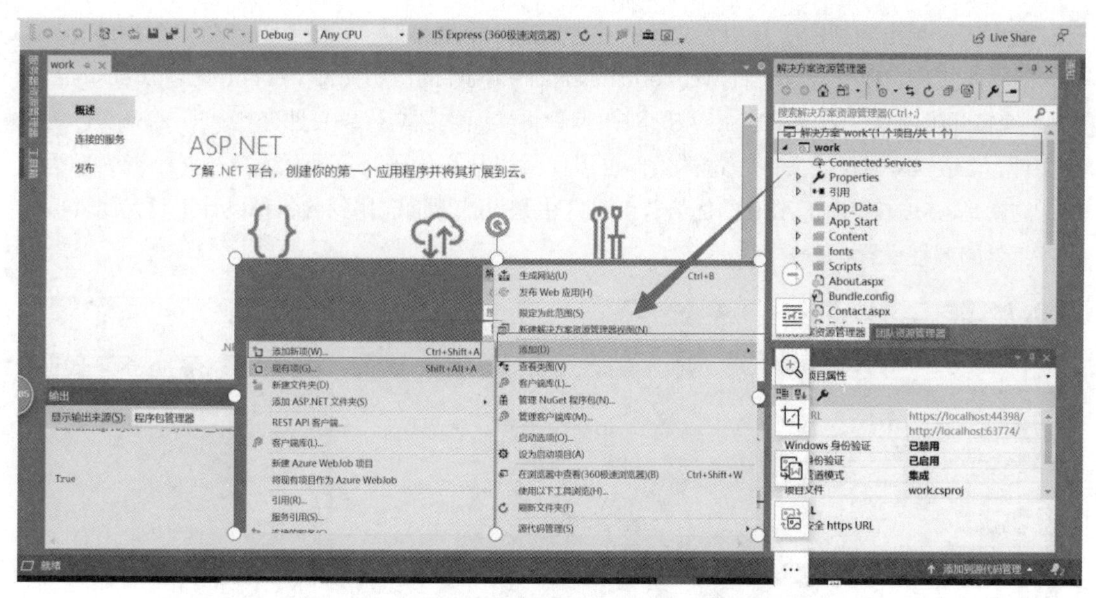

图 9–33　Microsoft Visual Studio 2019 工具使用

⑥ 选择文件类型，创建网站，如图 9–34 所示。一般从下面四种文件中选取。

- Web 窗体：普通网页窗口。
- 包含母版页的 Web 窗体：带着母版页背景的网页窗口。
- Web Forms 母版页：创建母版页。
- Web Forms 母版页（嵌套）：从其他母版页来创建母版页。

如果是创建后台管理页面，建议先创建 Web Forms 母版页。

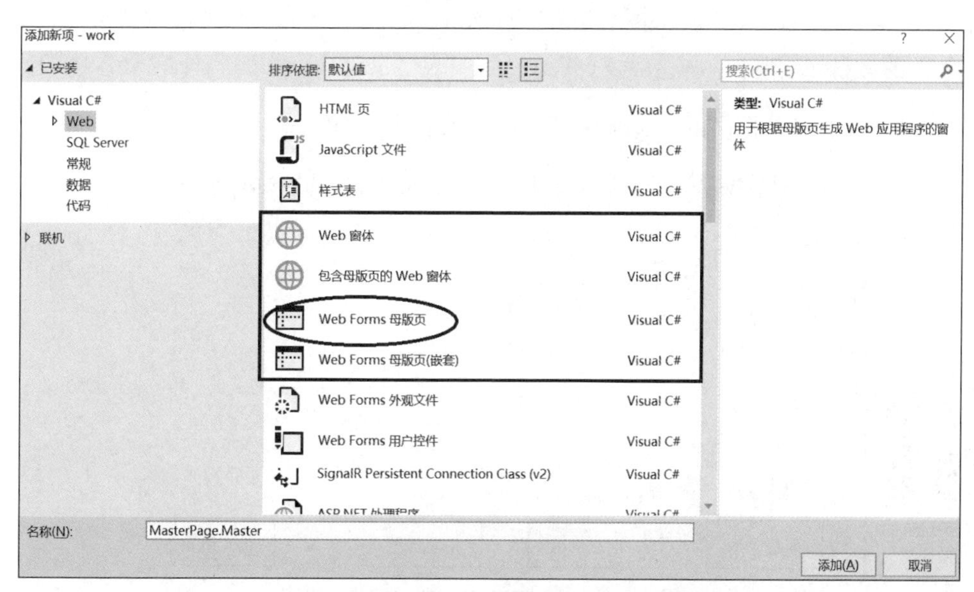

图 9–34　Microsoft Visual Studio 2019 工具使用

在进入 Visual Studio 2019 编辑界面后（见图 9–35），主要分为几个工作区。程序编辑区，主要用于编辑程序，单击“设计”按钮可以进行界面设计，单击“源”按钮可以进行代码设计；文件区，列出网站的所有相关文件，其中新建一个网站时，系统默认产生一个WebForm1.aspx的界面文件，以及代码文件WebForm1.aspx.cs和控件的声明文件WebForm1.aspx.designer.cs（无须编辑此类文件，自动生成），ASP.NET编程将界面文件与代码文件分离，即.aspx文件为界面文件，.aspx.cs为代码文件，这样操作可以使编辑与写代码互不干扰，执行时二者又融为一体，这就是ASP.NET优于ASP的优势；工具区中是设计界面时用到的各种设计工具；属性区用于各工具的属性设置。

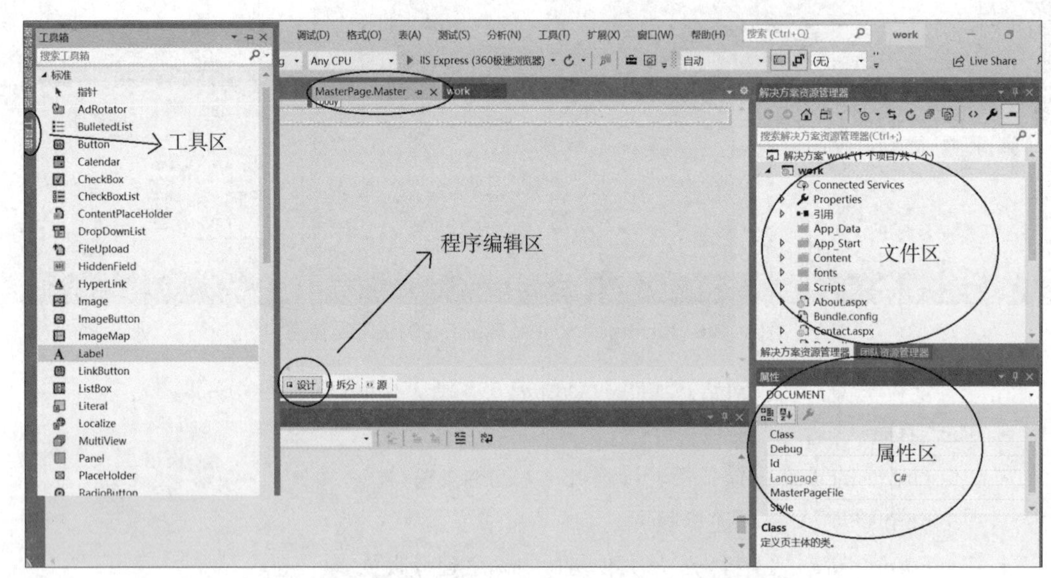

图 9-35　Microsoft Visual Studio 2019 工具工作区图

由于篇幅有限，这里对Visual Studio工具不进行过多介绍，有兴趣的读者可参考Visual Studio相关的教材与手册。

9.3.5　基于ASP.NET的企业网站用户管理系统的设计

本节主要通过企业网站用户管理的设计来说明ASP.NET的数据库应用方法，网站功能如图9-36所示。

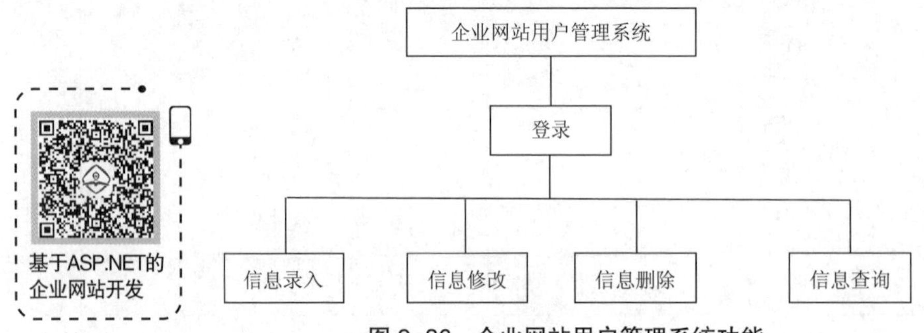

图 9-36　企业网站用户管理系统功能

网站功能主要包括登录、信息录入、信息修改、信息删除和信息查询几部分。其系统文件结构如图9-37所示，这里说明一下主要的文件。

① 根目录\work\下的login.aspx文件为登录文件，Web.config为系统配置文件。

② 子目录\work\admin下的default.aspx为后台管理主界面，MasterPage.Master.为后台管理的母版页文件。

③ 子目录\work\admin\gly下的glyadd.aspx为增加用户文件，edituser.aspx为用户编辑文件。

④ 子目录\work\APP Code\下的Db.cs为数据库连接共享文件。

⑤ 子目录\work\image下存放所有页面图形文件。

下面针对每个文件功能分别进行介绍。

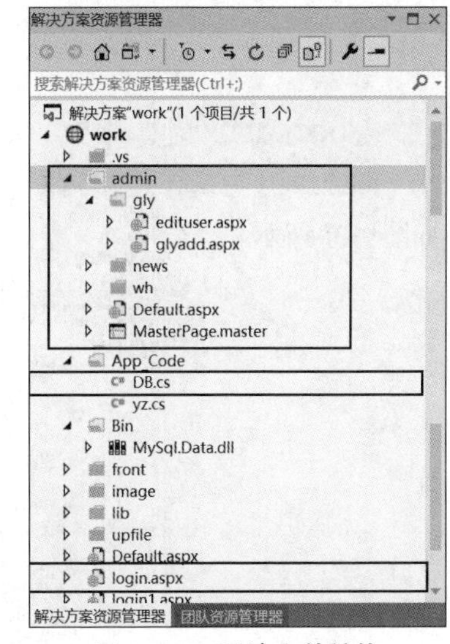

图 9-37　系统文件结构

1.Db.cs

Db.cs为数据库连接共享文件，主要存放数据库连接程序。这里给出了ODBC与ADO两种连接方式，本案例主要采用ODBC连接方式。后面的程序凡是需要连接数据库的只要调用本程序中的lianjie()函数即可。

程序代码如下：

```
1: using System;
2: using System.Collections.Generic;
3: using System.Linq;
4: using System.Web;
5: using System.Data.SqlClient;
6: using System.Data.OleDb;
7: using MySql.Data.MySqlClient;                        //ADO命名空间
8: using System.Data.Odbc;                              //ODBC命名空间
9: public class DB
10: {
11:     public static OdbcConnection lianjie()   //ODBC连接方式
12:    {
13:      //定义ODBC方式MYSQL数据库连接
14:      string strconn="Driver={MySQL ODBC 5.1 Driver};Server=127.0.0.1;
   Database=ckgl;User=root; Password=123456;Option=3;";
15:      OdbcConnection con=new OdbcConnection(strconn);
16:      return con;
17:    }
18:   public static MySqlConnection lianjie1() //定义ADO方式MySQL数据库连接
19:    {
20:     string connection="server=localhost;user id=root; password=123456;
   database=ckgl; pooling=true;";
21:      MySqlConnection con = new MySqlConnection(connection);
22:      return con;
```

```
23:     }
24: }
```

2.login.aspx

login.aspx为系统登录模块，本模块使用了TextBox控件、Button控件和Label控件，其界面如图9-38所示。

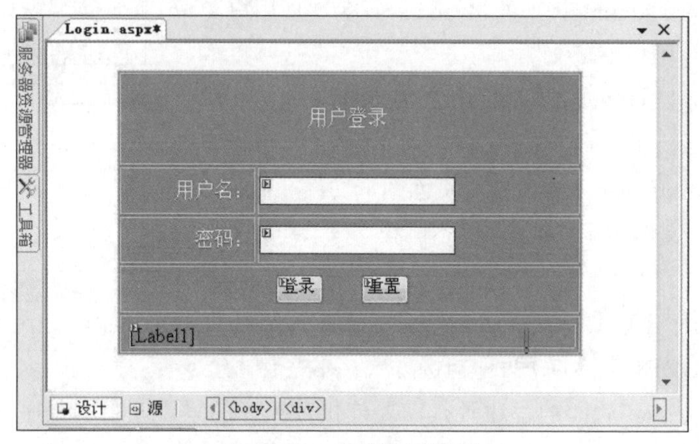

图9-38　系统登录界面

用户登录时，系统根据其身份的不同，将进入不同的系统功能页。在用户身份验证通过后，利用Session变量来记录用户的身份，伴随用户对系统进行操作的整个声明周期。其代码文件Login.aspx.cs实现的代码如下：

```
1: using System;
2: using System.Collections.Generic;
3: using System.Linq;
4: using System.Web;
5: using System.Web.UI;
6: using System.Web.UI.WebControls;
7: using System.Data.SqlClient;     //SQLSERVER命名空间
8: using System.Data.OleDb;
9: using System.Data.Odbc;          //ODBC命名空间
10: public partial class login:System.Web.UI.Page
11: {
12:     protected void Button1_Click(object sender, EventArgs e)
13:     {
14:         if (TextBox1.Text==""||TextBox2.Text=="")
15:         {
16:             Response.Write("<script language=javascript> alert('对不起，
   用户名或密码不得为空'); </script> ");
17:             return;
18:         }
19:         OdbcConnection con=DB.lianjie(); //ODBC方式调用连接类
20:         con.Open();        //打开数据库
```

```
21:          //定义SQL语句
22:         string sql="select*from glyb where  gno='"+TextBox1.Text+"' and
    gpass='" + TextBox2.Text + "' ";
23:          //执行SQL命令
24:          OdbcCommand myCommand=new OdbcCommand(sql, con);
25:          OdbcDataReader sdr=myCommand.ExecuteReader();
26:          if (sdr.Read())
27:          {
28:              Session["gno"]=TextBox1.Text;
29:              Session["gpass"]=TextBox2.Text;
30:              sdr.Close();
31:              Response.Redirect("admin/default.aspx");
32:          }
33:          else
34:          {
35:             Response.Write("<script language=javascript> alert('对不起,
   用户名或密码不存在，请重试'); </script> ");
36:             return;
37:          }
38:       }
39:      protected void Button2_Click(object sender, EventArgs e)
40:      {
41:          TextBox1.Text="";
42:          TextBox2.Text="";
43:      }
```

3.MasterPage.Master.aspx

MasterPage.Master.aspx为后台管理的母版页文件，其界面如图9-39所示。左边菜单用TreeView控件来创建。

图 9-39　后台管理的母版页

4.default.aspx

default.aspx为后台管理主界面文件，登录成功后调用的是此文件，如图9-40所示。

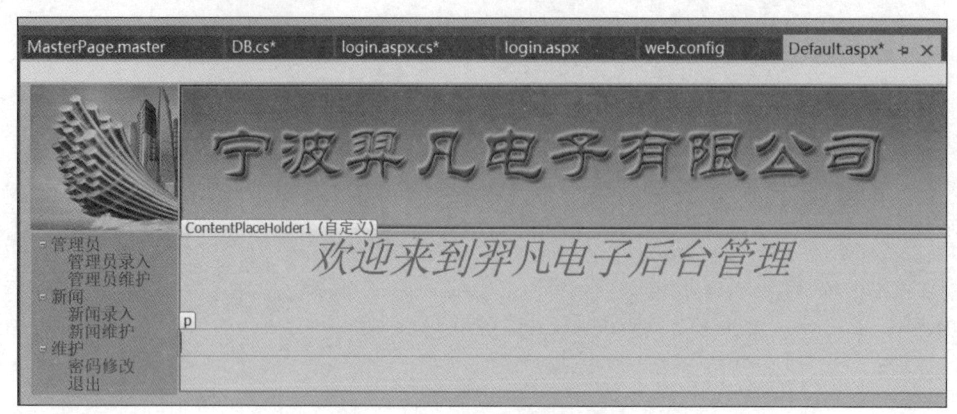

图 9-40　后台管理的主页面

5.glyadd.aspx

glyadd.aspx为增加用户文件，其界面如图9-41所示。

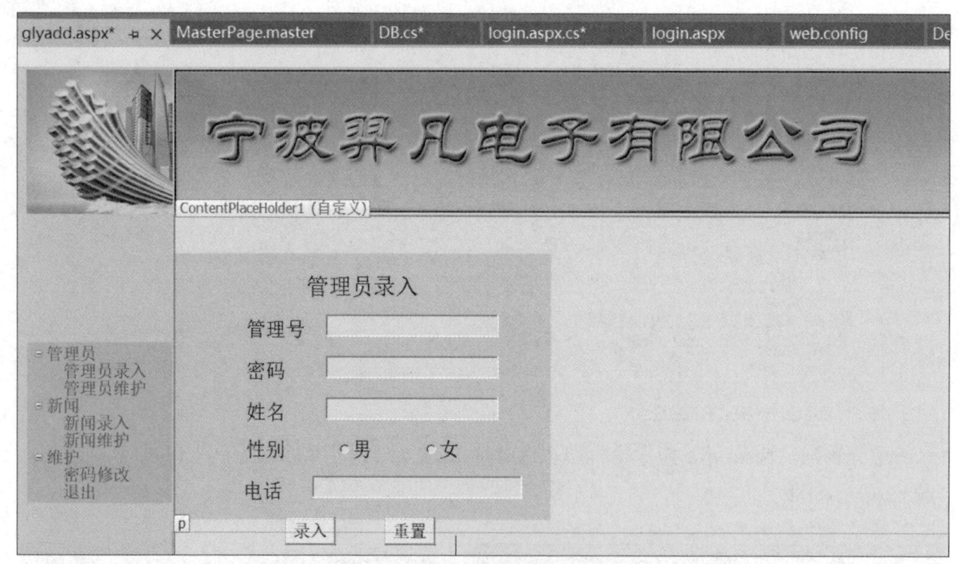

图 9-41　管理员录入页面

glyadd.aspx.cs代码如下：

```
1: using System;
2: using System.Collections.Generic;
3: using System.Linq;
4: using System.Web;
5: using System.Web.UI;
6: using System.Web.UI.WebControls;
7: using System.Data.SqlClient;
8: using System.Data.OleDb;
9: using System.Data.Odbc;          //ODBC命名空间

10: public partial class admin_gly_glyadd : System.Web.UI.Page
```

```
11: {
12:     protected void Button1_Click(object sender, EventArgs e) //录入按钮
13:     {
14:         if (TextBox1.Text=="" || TextBox2.Text == ""||TextBox3.Text ==""
    || TextBox4.Text== "")
15:         {
16:             Response.Write("<script language=javascript> alert('对不起，
    你的工号，姓名，密码或电话有为空的项，请检查');</script> ");
17:             return;
18:         }
19:         if (RadioButton1.Checked==false && RadioButton2.Checked == false)
20:         {
21:            Response.Write("<script language=javascript> alert('对不起，
    你没有选性别');</script> ");
22:             return;
23:         }
24:         string xb;
25:         if (RadioButton1.Checked == true)
26:             xb="男";
27:         else
28:             xb="女";
29:         OdbcConnection con=DB.lianjie(); //ODBC方式调用连接类
30:         con.Open();
31:         string sql="select*from glyb where gno='"+TextBox1.Text+"'";
32:         OdbcCommand myCommand=new OdbcCommand(sql, con);
33:         OdbcDataReader sdr=myCommand.ExecuteReader();
34:         if (sdr.Read())
35:         {
36:             Response.Write("<script language=javascript> alert('对不起，
    应该工号已存在，请更换');</script> ");
37:             sdr.Close();     //关闭缓冲区
38:             return;
39:         }
40:         else
41:         {
42:             sdr.Close();     //关闭缓冲区
43:             string sql1=" insert into glyb values('"+TextBox1.Text
    +"', '"+TextBox2.Text+"','"+TextBox3.Text+"','"+xb+"','"+
    TextBox4.Text + "')";
44:             OdbcCommand myCommand1=new OdbcCommand(sql1, con);
45:             myCommand1.ExecuteNonQuery(); //在录入，修改，删除时用
46:             Response.Write("<script language=javascript> alert('录入成
    功');</script> ");
47:             sdr.Close();//关闭缓冲区
```

```
48:             return;
49:         }
50:     }

51:     protected void Button2_Click(object sender, EventArgs e) //重置按钮
52:     {
53:         TextBox1.Text="";
54:         TextBox2.Text="";
55:         TextBox3.Text="";
56:         TextBox4.Text="";
57:         RadioButton1.Checked=false;
58:         RadioButton2.Checked=false;
59:     }
```

6.edituser.aspx

edituser.aspx为用户编辑文件，主要用于用户信息的浏览和更新，界面如图9-42所示。此页面主要使用的控件及属性设置，如表9-3所示。

表9-3　用户管理页面的控件

控　　件	ID	属　　性
Button	Btn_exit	Onclick="Btn_exit_Click"
Label	Label1	ForeColor="red"
GridView	GridView1	见下面的HTML代码
HyperLink	HyperLink1	Text=" 添加用户 " NavigateUrl="adduser.aspx"

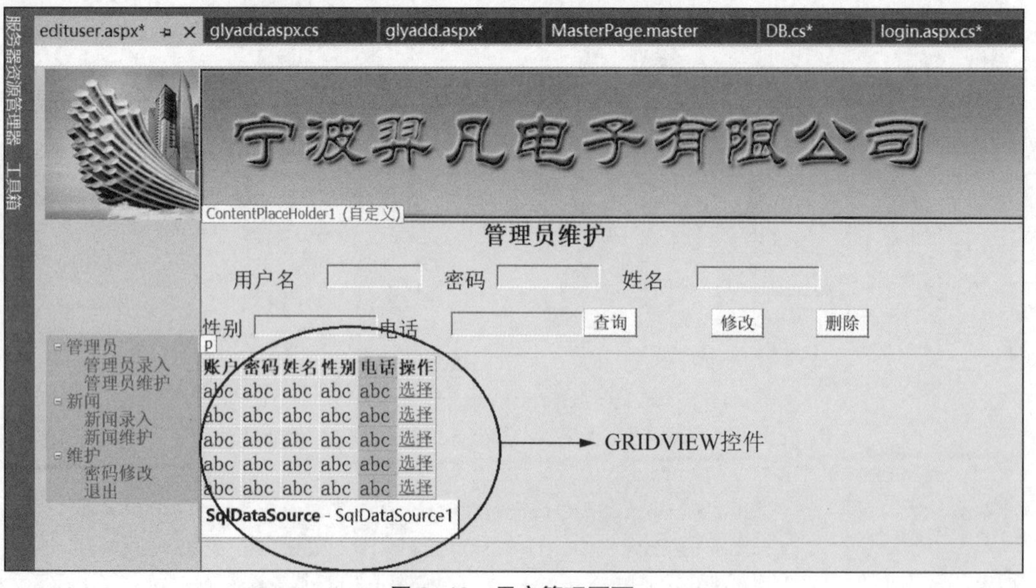

图9-42　用户管理页面

edituser.aspx.cs 代码如下：

```
1: using System;
2: using System.Collections.Generic;
3: using System.Linq;
4: using System.Web;
5: using System.Web.UI;
6: using System.Web.UI.WebControls;
7: using System.Data.SqlClient;
8: using System.Data.OleDb;
9: using System.Data.Odbc;          //ODBC命名空间

10: public partial class admin_gly_edituser:System.Web.UI.Page
11: {
12:     protected void Button1_Click(object sender, EventArgs e)// "查询" 按钮
13:     {
14:         OdbcConnection con=DB.lianjie(); //ODBC方式调用连接类
15:         con.Open();            //打开数据库
16:         //定义SQL语句
17:         String sql ="select*from glyb where ";
18:         if (TextBox1.Text!="")
19:             sql+="gno='"+TextBox1.Text+"' and ";
20:         if (TextBox2.Text!="")
21:             sql+="gname='"+TextBox2.Text +"' and ";
22:             sql+=" '1'='1'";   //条件关口语句
23:         OdbcCommand myCommand=new OdbcCommand(sql, con);//加载SQL
24:         OdbcDataReader sdr=myCommand.ExecuteReader();//执行SQL
25:         //将查询结果绑定在GRIDVIEW显示框
26:         SqlDataSource1.SelectCommand=sql;
27:         GridView1.DataBind();
28:     }
29:     protected void Button2_Click(object sender, EventArgs e)//删除按钮
30:     {
31:         if (TextBox1.Text=="")
32:         {
33:             Response.Write("<script language=javascript> alert('对不起,
    用户名不得为空'); </script> ");
34:             return;
35:         }
36:         OdbcConnection con=DB.lianjie(); //ODBC方式调用连接类
37:         con.Open();        //打开数据库
38:         GridView1.DataKeyNames=new string[] { "gno" }; //定义GRIDVIEW主键
39:         string sql="Delete From glyb Where gno='"+TextBox1.Text + "'";
40:         OdbcCommand myCommand=new OdbcCommand(sql, con);  //加载SQL
```

```
41:          myCommand.ExecuteNonQuery(); //在录入、修改、删除时用
42:          GridView1.DataBind(); //绑定GridView1
43:      }
44:     protected void GridView1_RowCommand(object sender, GridViewCommand
    EventArgs e)    //GridView1的RowCommand事件，将当前表中值赋予文本框
45:      {
46:          int rowSelected=Convert.ToInt32(e.CommandArgument);//设置当前项
47:          TextBox1.Text=GridView1.Rows[rowSelected].Cells[0].Text;
48:          TextBox2.Text=GridView1.Rows[rowSelected].Cells[1].Text;
49:          TextBox3.Text=GridView1.Rows[rowSelected].Cells[2].Text;
50:          TextBox4.Text=GridView1.Rows[rowSelected].Cells[3].Text;
51:          TextBox5.Text=GridView1.Rows[rowSelected].Cells[4].Text;
52:      }
53:      protected void Button3_Click(object sender, EventArgs e)//更新按钮
54:      {
55:          if (TextBox1.Text == "")
56:          {
57:              Response.Write("<script language=javascript> alert('对不起，用
    户名不得为空'); </script> ");
58:              return;
59:          }
60:          OdbcConnection con=DB.lianjie(); //ODBC方式调用连接类
61:          con.Open();       //打开数据库
62:          GridView1.DataKeyNames=new string[] { "gno" }; //定义GRIDVIEW主键
63:          string sql="update  glyb set gname='" + TextBox3.Text + "'
    ,gpass='" + TextBox2.Text+ "',";
64:          sql+= " gsex='" +TextBox4.Text +"',gtele='"+TextBox5.Text + "'
    Where gno='" + TextBox1.Text + "'";
65:          Response.Write(sql);
66:          OdbcCommand myCommand=new OdbcCommand(sql, con);//加载SQL
67:          myCommand.ExecuteNonQuery(); //在录入，修改，删除时用
68:          GridView1.DataBind();  //绑定GridView1
69:      }
```

9.4 基于PHP的数据库接口技术及应用

PHP技术简介

PHP是一种易于学习和使用的服务器端脚本语言。只需要很少的编程知识就能使用PHP建立一个真正交互的Web站点。PHP是能让用户生成动态网页的工具之一。PHP网页文件被当作一般HTML网页文件来处理并且在编辑时可以用编辑HTML的常规方法编写PHP。

9.4.1　PHP 技术简介

PHP（Hypertext Preprocessor，超文本预处理）是一种 HTML 内嵌式的语言，与微软的 ASP颇有几分相似，都是一种在服务器端执行的嵌入HTML文档的脚本语言，语言的风格类似于C语言，现在被很多的网站编程人员广泛运用。

PHP最初是由勒多夫在1995年开始开发的，现在PHP的标准由the PHP Group维护。PHP以PHP License作为许可协议，但因为这个协议限制了PHP名称的使用，所以和开放源代码许可协议GPL不兼容。

1997年，任职于 Technion IIT 公司的两个以色列程序设计师Zeev Suraski 和 Andi Gutmans，重写了 PHP 的剖析器，成为 PHP 3 的基础。经过几个月测试，开发团队在1997年11月发布了PHP/FI 2。随后就开始 PHP 3 的开放测试，最后在1998年6月正式发布 PHP 3。Zeev Suraski 和 Andi Gutmans 在 PHP 3 发布后开始改写 PHP 的核心，这个在1999年发布的剖析器称为 Zend Engine。

在2000年5月22日，以Zend Engine 1.0为基础的PHP 4正式发布，2004年7月13日则发布了PHP 5，PHP 5则使用了第二代的Zend Engine。PHP包含了许多新特色，如强化的面向对象功能、引入PDO（PHP Data Objects，一个存取数据库的延伸函数库），以及许多效能上的增强。目前PHP 4已经不会继续更新，鼓励用户转移到PHP 5。

至今PHP已经有多个版本，较新的版本为PHP 8.0.0 Alpha 3 available for testing。而phpstudy是PHP程序员最常用的一个PHP环境集成包。

9.4.2　PHP 技术特点

PHP 独特的语法混合了 C、Java、Perl 以及 PHP 自创新的语法，它可以比 CGI 或者 Perl 更快速地执行动态网页。

用PHP做出的动态页面与其他的编程语言相比，具有以下优点：

① PHP是将程序嵌入到HTML文档中执行，执行效率比完全生成HTML标记的CGI要高许多。

② PHP还可以执行编译后代码，编译可以达到加密和优化代码运行，使代码运行更快。

③ PHP具有非常强大的功能，所有CGI功能PHP都能实现，而且几乎支持所有流行的数据库以及操作系统。

④ PHP可以用C、C++进行程序的扩展。

9.4.3　PHP 系统开发工具及运行环境

1. 系统开发工具

① 操作系统：Windows或Macos。

② PHP安装包：php-7.4.8-nts-Win32-VC15-x64.zip版本或更高版本（相关PHP网站可以下载，本书以php-7.4.8为例进行讲解）。

PHP系统开发工具及运行环境

③ Web服务器：Apache HTTP Server（简称Apache）。

本书以Apache 2.4.29为例进行讲解。

④ 开发工具：EditPlus、NetBeans、Zend Studio、phpDesigner、

Dreamweaver、PHPStorm均可。

⑤ 数据库：MySQL 5.7或MySQL 8

⑥ 浏览器：Google Chrome、火狐或IE 6.0以上版本。

2.Apache HTTP Server的配置与安装

（1）Apache HTTP Server的配置

将下载的httpd-2.4.29-Win64-VC15.zip压缩包中Apache2目录下的文件解压到C:\Apache24路径下，如图9-43所示。

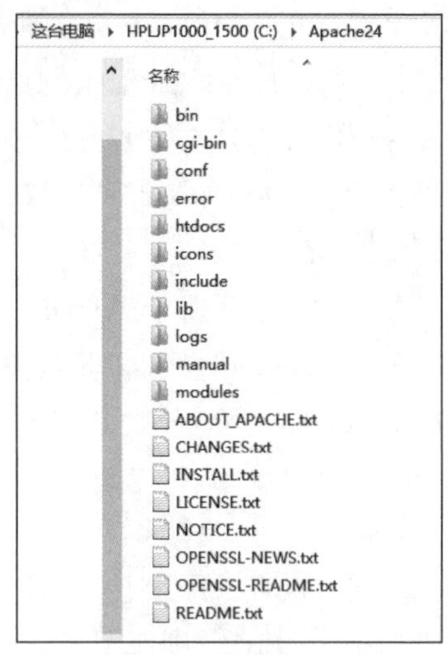

图 9-43　Apache24 文件

其中：

① bin 是Apache应用程序所在的目录。

② conf 是配置文件目录。

③ htdocs 是默认的网站根目录网页文档目录。

④ modules 是Apache支持的动态加载模块所在的目录。

接下来需要修改Apache的配置文件才能进行安装。

配置文件位于conf\httpd.conf，使用文本编辑器（如记事本）打开它，然后按照表9-4搜索配置项，注意每个配置项前的“#”字号需要去掉。

表 9-4　Apache24 配置项

配　置　项	说　　明
ServerRoot “C:\Apache24”	Apache服务器的根目录，即安装目录
Listen 80	服务器监听的端口号，例如80、8080
LoadModule	服务器监听的端口号，例如80、8080
ServerAdmin admin@example.com	需要加载的模块
ServerName www.example.com:80	服务器管理员的邮箱地址
ServerAdmin admin@example.com	服务器的域名
DocumentRoot “C:\Apache24/htdocs”	网站根目录
ErrorLog “logs/error.log”	用于记录错误日志

（2）Apache HTTP Server的安装

下面通过Apache提供的命令行方式开始安装，具体操作步骤如下：

① 选择“开始”→“所有程序”→“附件”，找到“命令提示符”，右击，选择“以管理员身份运行”命令，启动命令行窗口。

② 在命令模式下，按图9-44输入命令代码开始安装。

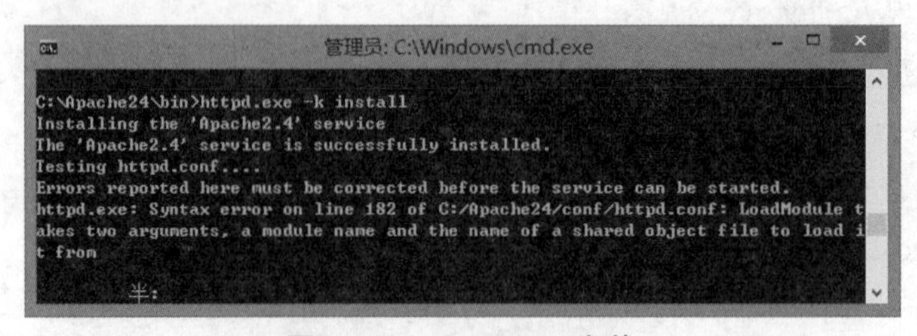

图 9-44　Apache24 安装

在上述代码中，httpd.exe –k install为安装命令，C:\Apache24\bin\为可执行文件httpd.exe所在的目录安装效果，如图9–44所示。

③ 如果需要卸载Apache，可以使用httpd.exe –k uninstall命令进行卸载。

安装Apache后，Apache就作为Windows的服务项可以被启动或关闭。

Apache提供了服务监视工具Apache Service Monitor，用于管理Apache服务，程序位于bin\ApacheMonitor.exe。

打开ApacheMonitor.exe，Windows系统任务栏右下角状态栏会出现Apache的小图标管理工具，在图标上单击会弹出控制菜单，即可控制拨动与关闭。

④ 启动Apache服务。先启动Apache服务，可以用ApacheMonitor.exe启动，也可以到“控制面板→管理工具→服务”中启动。Apache服务启动后，在浏览器地址栏输入http://localhost后按【Enter】键，如果看到如图9–45所示的界面，说明Apache正常运行。

图9–45所示的“It works！”是Apache默认站点下的首页，即htdocs\index.html这个网页的显示结果。用户也可以将其他网页放到htdocs目录下，然后通过“http://localhost/网页文件名”进行访问。

图 9–45　Apache24 安装

3.PHP的安装与配置

① 安装Apache之后，开始安装PHP模块，它是开发和运行程序的核心。PHP的官方网站（http://php.net）提供了PHP最新版本的下载，这里下载的版本是php-7.4.8-nts-Win32-VC15-x64.zip，将文件解压到C:\php目录下，如图9–46所示。

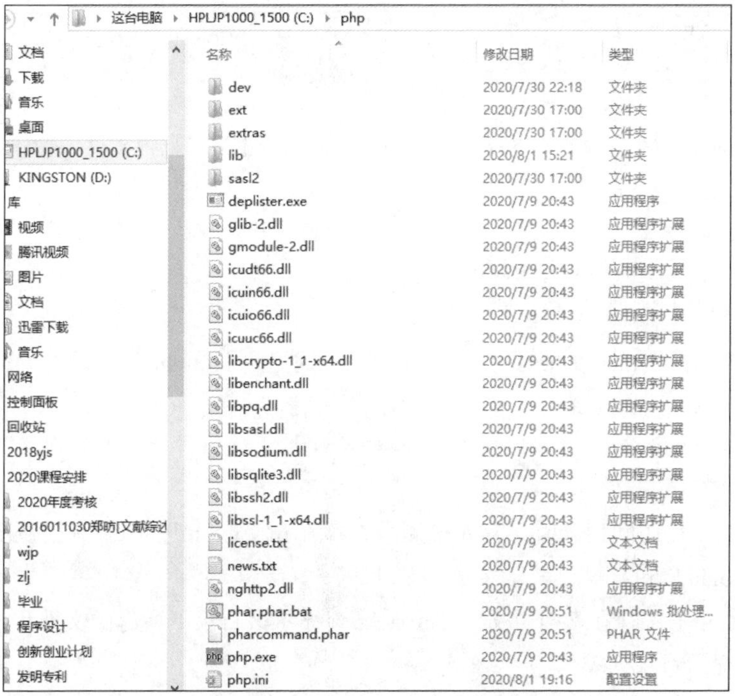

图 9–46　PHP–7.4.8 文件列表

② 将其中的文件php.ini-development复制一份，并命名为php.ini。使用文本编辑器打开php.ini，搜索文本extension_dir找到下面一行配置。

```
;extension_dir = "ext"
```

在PHP配置文件中，以分号开头的一行表示注释文本，不会生效。这行配置用于指定PHP扩展所在的目录，应将其修改为：

```
extension_dir = "c:\php\ext"
```

③ 还需要配置PHP的时区，搜索文本date.timezone，找到下面一行配置。

```
;date.timezone =
```

时区可以配置为UTC（协调世界时）或PRC（中国时区）。配置后如下所示：

```
date.timezone = PRC
```

④ 在 php.ini 文件末尾，插入以下语句（注这是PHP 7.48版专有的文件）

```
extension=pdo_firebird
extension=php_pdo_firebird
extension=php_pdo_MySQL.dll
extension=pdo_MySQL
extension=pdo_oci
extension=pdo_odbc
extension=pdo_pgsql
extension=pdo_sqlite
extension=php_pdo_firebird
extension=php_pdo_oci
extension=php_pdo_odbc
extension=php_pdo_pgsql
extension=php_pdo_sqlite.dll
extension=php_MySQLi.dll
```

⑤ 配置Apache初始化文件，在C:\Apache24\conf\httpd.conf配置文件中搜索DirectoryIndex，找到以下代码：

```
<IfModule dir_module>
    DirectoryIndex index.html
</IfModule>
```

上述代码第二行的index.html即是默认索引页。这里将 login.html也添加为默认索引页。

```
<IfModule dir_module>
    DirectoryIndex index.html login.html
</IfModule>
```

上述配置表示在访问目录时，首先检测是否存在index.html，如果有则显示，否则就继续检查是否存在login.html。

如果一个目录下不存在索引页文件，Apache会显示该目录下所有的文件和子文件夹（前提是允许Apache显示目录列表）。

⑥ 在C:\Apache24\conf\httpd.conf 配置文件中，添加对Apache 2.x的PHP模块的引入（见图

9-47），具体代码如下：

在文件181行处插入：

```
#php7 support
LoadModule php7_module "c:/php/php7apache2_4.dll"
AddType application/x-httpd-php .php
PHPIniDir "c:/php"
```

上述代码中：

第一行：表示注释，说明下面的内容。

第二行：表示将PHP作为Apache的模块来加载。

第三行：添加对PHP文件的解析，告诉Apache将“.php”扩展名的文件交给PHP处理。

第四行：指定php.ini的位置。

```
176 #LoadModule usertrack_module modules/mod_usertrack.so
177 #LoadModule version_module modules/mod_version.so
178 #LoadModule vhost_alias_module modules/mod_vhost_alias.so
179 #LoadModule watchdog_module modules/mod_watchdog.so
180 #LoadModule xml2enc_module modules/mod_xml2enc.so
181 #php7 support
182 LoadModule php7_module "c:/php/php7apache2_4.dll"
183 AddType application/x-httpd-php .php
184 PHPIniDir "c:/php"
185 #LoadModule php5_module "c:/php/php7apache2_4.dll"
186 #AddType application/x-httpd-php.php
187
188 #PHPIniDir "c:/php"
189 <IfModule unixd_module>
190 #
```

图 9-47　在 Apache 中引入 PHP 模块

修改Apache配置文件后，需要重新启动Apache服务器，才能使配置生效。

9.4.4　基于PHP7技术的学生信息系统的设计

基于PHP7技术的学生信息系统的设计

1.数据库设计

用户可在MySQL数据库上创建一个数据库xskc，然后在xskc下创建两张数据表student表和mm表，具体表结构如表9-5、表9-6所示。

表 9-5　学生信息表（student）

字段名称	数据类型	长　度	描　述
sno	varchar	10	学号，主键
sname	varchar	8	姓名
sex	varchar	4	性别
Sdept	Int	30	系部
csrq	date		出生日期

表 9-6　密码表（mm）

字段名称	数据类型	长　度	描　述
user1	varchar	30	用户名，主键
Password1	varchar	30	密码
sno	varchar	10	学号

2.学生信息管理系统的实现

（1）程序文件列表

如图9-48所示，PHP文件系统包含的两大类文件：以html结尾的为表单文件，主要用于设计界面；以.php结尾的为程序文件，用于程序设计。当然，还有一些文件，如jsscript、css、image等文件用于设计弹出窗口、分级菜单和图片等，用于修饰表单的文件各自放在自己的目录处。这里仅以最简单的学生信息管理为例进行讲解，具体文件说明如表9-7所示。

HPLJP1000_1500 (C:) ▸ Apache24 ▸ htdocs

名称	修改日期
css	2020/8/2 6:47
images	2020/8/2 6:47
js	2020/8/2 6:47
新建文件夹	2020/8/3 22:05
checkLogin.php	2020/8/3 23:17
conn.php	2020/8/3 22:27
index.php	2020/8/3 19:36
init.php	2020/8/3 22:30
list.html	2020/8/3 20:42
login.html	2020/8/3 19:22
s_add.html	2020/8/3 20:50
s_add.php	2020/8/3 20:55
s_del.php	2020/8/3 9:03
s_edit.html	2020/8/3 20:56
s_edit.php	2020/8/2 22:51
s_editok.php	2020/8/3 8:51

图9-48　学生信息管理系统文件列表

表9-7　学生信息管理系统文件列表

文 件 名	说 明
init.php	初始化程序
conn.php	数据库接口程序
login.html	登录界面
checklogin.php	登录验证程序
index.php	主程序（注用户可在此程序填加主菜单）
list.html	学生信息管理界面
s_add.html	学生信息增加界面
s_add.php	学生信息增加程序
s_edit.html	学生信息修改界面
s_edit.php	学生信息修改调入程序（注调入原信息）
s_editok.php	学生信息修改程序
s_del.php	学生信息删除程序

（2）初始化程序（init.php）

该程序可以存放各类自定义函数或程序提示等公共程序，本案例主要存放表单单参传递、弹窗、数组元素匹配等自定义函数，如果用户还想增加其他的（如分页）也可以放于此。

```
1: <?php
2: //接收GET变量
3: function input_get($name){
4:     return isset($_GET[$name]) ? $_GET[$name]: '';
5: }
6: //接收POST变量
7: function input_post($name){
8:     return isset($_POST[$name]) ? $_POST[$name]: '';
9: }
10: /**
11:   * 对字符串数据进行过滤
12:   * @param string $data 待转义字符串
13:   * @return string 转义后的字符串
14:   */
15: function filter($data,$func=array('trim','htmlspecialchars'))
16: {
```

```
17:     foreach($func as $v){
18:         //调用可变函数过滤数据
19:         $data=$v((string)$data);
20:     }
21:     return $data;
22: }
23: //JavaScript弹窗并返回
24: function alert_back($msg){
25:     echo "<script>alert('$msg');history.back();</script>";
26:     exit;}
27: ?>
```

（3）数据接口程序（conn.php针对PHP7）

PHP7 数据库接口及数据库访问与此前的版本有所不同，它有两种接口方式：MySQLi的方式和PDO的方式。这里以MySQLi方式为例，建立一个公共接口程序conn.php,其他程序需要连接数据时，只要将conn.php包含到程序中即可。conn.php程序代码如下：

```
1: <?php
2: $servername="localhost";
3: $username="root";
4: $password="123456";
5: $dbname="xskc";
6: // 创建连接
7: $conn=new MySQLi($servername, $username, $password, $dbname);
8: // Check connection
9: if ($conn->connect_error) {
10:     die("连接失败: " . $conn->connect_error);
11: }
12: ?>
```

这里给出的是本案例的数据库用户名、密码及案例库，用户可根据自己安装的情况自行修改。

（4）登录界面（login.html、checkLogin.php）

这是用任何一种网页编辑器都可以设计的页面，效果如图9-49所示。

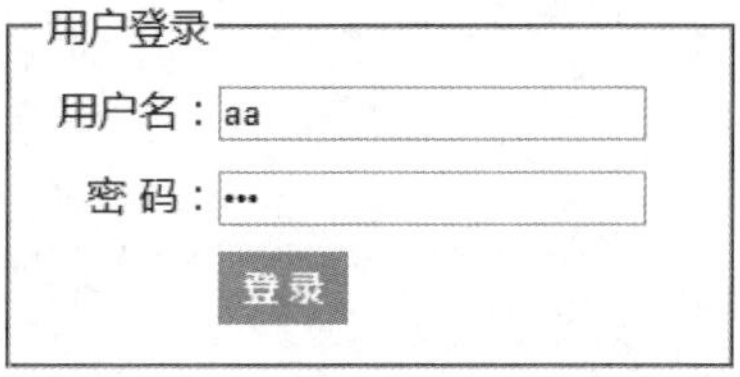

图 9-49　登录界面

login.html程序代码如下：

```
1: <!doctype html>
2: <html>
3: <head>
4: <meta charset="gb2312">
5: </style>
6: </head>
7: <body>
8:   <form action="checkLogin.php" method="post">
```

```
9:    <fieldset>
10:     <legend>用户登录</legend>
11:     <ul>
12:         <li>
13:           <label for="">用户名: </label>
14:           <input type="text" name="username"/>
15:         </li>
16:         <li>
17:           <label for="">密  码: </label>
18:           <input type="password" name="password1" />
19:         </li>
20:         <li>
21:           <label for=""> </label>
22:           <input type="submit" value="登 录" class="login_btn" />
23:         </li>
24:       </ul>
25:   </fieldset>
26:   </form>
27: </body>
28: </html>
```

登录响应程序checkLogin.php代码如下：

```
1: <?php
2: include('init.php');    //调用初始化程序
3: include('conn.php');    //调用数据库接口程序
4: $username=$_POST['username'];          //取用户名
5: $password1=$_POST['password1'];       //取密码
6: $sql="SELECT*FROM mm where user1='$username' and password1='$password1'";
                                     //SQL语句设计
7: $result=$conn->query($sql);     //SQL语句执行
8: if($result->num_rows >0)        //判断查询数量
9: {
10:  require 'index.php';          //调用主程序
11: }
12: else {
13:     echo '用户名密码错误, 点击此处 <a href="login.html">login</a> 登录! <br />';
14: }
15: ?>
```

（5）主程序（index.php、list.html）

主程序一般是程序系统的核心，这里可以放系统的功能菜单，本案例仅放一学生信息管理的列表，即list.html，其功能如图9-50所示。

学生信息列表

按学号进行查询

快速查询：[ ] 提交

学号	姓名	性别	系部	出生日期	相关操作
2017000002	宿莉莉	女	计算机系	1999-07-19 00:00:00	编辑 删除
2017000003	杨新蕾	女	计算机系	2002-10-09 00:00:00	编辑 删除
2017000004	段文星	男	计算机系	2000-06-16 00:00:00	编辑 删除
2017000005	乐德元	男	计算机系	2001-07-05 00:00:00	编辑 删除
2017000006	公良凝雪	女	外语系	1998-12-19 00:00:00	编辑 删除
2017000007	耿雅韵	女	外语系	2000-12-13 00:00:00	编辑 删除
2017000008	屠英悟	男	外语系	2002-09-26 00:00:00	编辑 删除
2017000009	荀寻芳	女	外语系	1999-05-22 00:00:00	编辑 删除
2017000010	唐明达	男	外语系	2000-01-07 00:00:00	编辑 删除
2017000011	章庆雪	女	管理系	1999-06-25 00:00:00	编辑 删除
2017000012	包元青	男	管理系	2001-01-10 00:00:00	编辑 删除
2017000013	井灵卉	女	管理系	2002-09-01 00:00:00	编辑 删除
2017000014	丰俊语	男	管理系	2001-02-04 00:00:00	编辑 删除
2017000015	童国安	男	管理系	2002-01-09 00:00:00	编辑 删除
2017000016	晋阳飙	男	数学系	1997-02-07 00:00:00	编辑 删除
2017000017	逯昊空	男	数学系	2001-10-16 00:00:00	编辑 删除
2017000018	宿弘壮	男	数学系	1998-03-12 00:00:00	编辑 删除
2017000019	爱元勋	男	数学系	1997-09-17 00:00:00	编辑 删除
2017000020	戎忆彤	女	数学系	2001-02-28 00:00:00	编辑 删除

添加学生

图 9–50　功能列表

在应该功能列表上，可以看到有对学生信息增加、修改、删除、查询的相应功能按钮。

list.html代码如下：

```
1: <html>
2: <head>
3: <meta charset="utf-8">
4: <title>学生信息列表</title>
5: <link rel="stylesheet" href="./css/common.css" />
6: </head>
7: <body>
8: <div class="box list" style="width: 661px; height: 167px">
9: <div class="title">学生信息列表</div>
10: <div class="search"><form>快速查询: <input type="text"
11: name="search"/> <input type="submit" value="提交"/></form></div>
12: <table width="64%">
13:     <tr>
14:         <th width="12%">学号</a></th>
15:         <th width="11%">姓名</a></th>
16:         <th width="9%">性别</a></th>
17:         <th width="20%">系部</a></th>
18:         <th width="25%">出生日期</a></th>
19:         <th width="19%">相关操作</th>
```

```
20:     </tr>
21:     <?php if(empty($rows)):  //如果查到的值为空 ?>
22:     <tr>
23:         <td colspan="6">查询的结果不存在! </td>
24:     </tr>
25:     <?php else: foreach($rows as $v): ?>
26:     <tr>
27:         <td><?php echo $v['sno']; //输出遍历的数组值?></td>
28:         <td width="11%"><?php echo $v['sname']; ?></td>
29:         <td width="9%"><?php echo $v['sex'];?></td>
30:         <td width="20%"><?php echo $v['sdept']; ?></td>
31:         <td width="25%"><?php echo $v['csrq'];?></td>
32:         <td>
33:     <a class="icon icon-edit"href="s_edit.php?id=<?php echo $v['sno'];
  ?>">编辑</a>
34:     <a class="icon icon-del"href="s_del.php?id=<?php echo $v['sno'];
  ?>" onClick="return confirm('你确认删除吗? ');">删除</a>
35:         </td>
36:       </tr>
37:       <?php endforeach; endif; ?>
38:     </table>
39:     <div class="action">
40:       <a href="./s_add.html">添加学生</a>
41:     </div>
42:     </div>
43:     </body>
44:     </html>
```

主程序index.php代码如下：

```
1: <?php
2: include('init.php');    //调用初始化程序
3: require './conn.php';  //调用数据接口文件
4: //学生列表功能
5: $sno=input_get('search');
6: //准备SQL语句
7: if(empty($sno))  //判断是否取到查询的学号
8: {$sql="SELECT*FROM student";}  //没取到
9: else
10:{$sql="SELECT*FROM student where sno='$sno'";}  //取到
11: //执行SQL语句,并判断取得结果为真时遍历结果集
12: if ($result=$conn->query($sql)){
13:     while( $row=$result->fetch_assoc())
14:     {$rows[]=$row;  //将每个查到的表记录赋给数组rows }
15: }
```

```
16: $conn->close();  //关闭数据库
17: //加载list.html页面，显示数据
18: require'./list.html';
19: ?>
```

（6）添加学生（s_add.html、s_add.php）

大家可以在list.html页面的右下角，看到一个“添加学生”按钮，单击此按钮就可以进入学生增加的页面，用户可先设计一个学生增加的表单，如图9-51所示

用户可以在表单上增加学生信息，s_add.html代码如下：

图9-51　登录窗口

```
1: <html>
2: <head>
3: <meta charset="UTF-8">
4: <title>学生信息添加</title>
5: <link rel="stylesheet" href="./css/common.css" />
6: <link rel="stylesheet" href="./js/jquery.datetimepicker.css" />
7: <script src="./js/jquery.js"></script>
8: <script src="./js/jquery.datetimepicker.js"></script>
9: <script>
10:     //jQuery日历插件
11:     $(function(){
12:         var options={lang:'ch',format:'Y-m-d',timepicker:false};
13:         $('#birth').datetimepicker(options);
14:         $('#entry').datetimepicker(options);
15:     });
16: </script>
17: </head>
18: <body class="profile">
19: <div class="main">
20:     <h1>添加学生</h1>
21:     <form action="s_add.php" method="post">
22:     <table>
23:         <tr><th>学号：</th><td><input type="text" name="sno" /></td></tr>
24:         <tr><th>姓名：</th><td><input type="text" name="sname" /></td></tr>
25:         <tr><th>性别：</th><td><input type="text" name="sex" /></td></tr>
26:          <tr><th>系部门：</th><td><select name="sdept" size="1">
27:            <option value="0">未选择</option>
28:            <option>计算机系</option>
29:            <option>外语系</option>
30:            <option>数学系</option>
31:            <option>管理系</option>
32:          </select></td></tr>
33:          <tr><th>出生年月：</th><td><input id="birth" name="csrq"
```

```
34:             type="text"></td></tr>
35:          <tr><td colspan="2" class="td-btn">
36:          <input type="submit" value="保存" class="button" />
37:          <input type="button" value="返回" class="button"
38:            onclick="location.href='index.php'" />  </td></tr>
39:      </table>
40:      </form>
41:      </div>
42:      </body>
43:      </html>
```

学生信息增加响应程序，s_add.php代码如下：

```
1: <?php
2: include('init.php');   //调用初始化程序
3: require './conn.php';  //调用数据接口文件
4: //表单处理
5: $sno=$_POST['sno'];
6: $sname=$_POST['sname'];
7: $sex=$_POST['sex'];
8: $sdept=$_POST['sdept'];
9: $csrq=$_POST['csrq'];
10: //SQL语句
11: $sql="insert into student  values
12: ('$sno','$sname','$sex','$sdept','$csrq')";
13:  //执行SQL语句
14:       $result=$conn->query($sql);
15:       if ($result)
16:       {echo "增加成功"; }
17:      else
18:      {echo "增加失败";  }
19:      header('Location:index.php');  //返回主程序
20: ?>
```

（7）学生修改（s_edit.html、s_edit.php,s_editok.php）

学生修改，主要是根据学生列表（list）中选中的要修改的学生的学号，调出应改的学生信息，显示在如图9-50所示的修改界面上，然后针对要修改的内容进行修改，修改好后再调用更新程序进行内容更新。

修改界面，s_edit.html代码如下：

```
1: <html>
2: <head>
3: <meta charset="UTF-8">
4: <title>学生信息编辑</title>
5: <link rel="stylesheet" href="./css/common.css" />
6: <link rel="stylesheet" href="./js/jquery.datetimepicker.css" />
```

```
7: <script src="./js/jquery.js"></script>
8: <script src="./js/jquery.datetimepicker.js"></script>
9: <script>
10:     //jQuery日历插件
11:     $(function(){
12:         var options={lang:'ch',format:'Y-m-d',timepicker:false};
13:         $('#birth').datetimepicker(options);
14:         $('#entry').datetimepicker(options);
15:     });
16: </script>
17: </head>
18: <body class="profile">
19: <div class="main">
20:     <h1>编辑学生</h1>
21:     <form action="s_editok.php" method="post">
22:     <table>
23:      <tr><th>学号: </th><td><input type="text" name="sno" value="<?php
   echo $row['sno']; ?>" /></td></tr>
24:     <tr><th>姓名: </th><td><input type="text" name="sname" value="<?php
   echo $row['sname']; ?>" /></td></tr>
25: <tr><th>性别: </th><td><input type="text" name="sex" value="<?php echo
   $row['sex']; ?>" /></td></tr>
26:      <tr><th>系部: </th><td><select name="sdept">
27:         <option value=<?php echo $row['sdept']; ?>><?php echo $row
   ['sdept']; ?></option>
28:           <option value="计算机系">计算机系</option>
29:           <option value="数学系">数学系</option>
30:           <option value="外语系">外语系</option>
31:           <option value="管理系">管理系</option>
32:          </select></td></tr>
33:     <tr><th>出生日期:</th><td><input id="birth" name="csrq" type="text"
   value="<?php echo date('Y-m-d',strtotime($row['csrq'])); ?>"></td></tr>
34: <tr><td colspan="2" class="td-btn">
35:     <input type="submit" value="保存" class="button" />
36:     <input type="button" value="返回" class="button"
37:         onclick="location.href='index.php'" />
38:     </td></tr>
39: </table>
40: </form>
41: </div>
42: </body>
43: </html>
```

调入原修改内容程序，s_edit.php代码如下：

```
1: <?php
2: //学生修改功能
3: include('init.php');     //调用初始化程序
4: require './conn.php';    //调用数据接口文件
5: $sno=input_get('id');
6: //获取学生原来的信息
7: $sql="select*from student   where sno='$sno'";
8: //执行sql语句
9: $result=$conn->query($sql);
10: //将查询结果分配给变量row
11: $row=$result->fetch_assoc();
12: //加载视图页面，显示数据
13: require './s_edit.html';
14: ?>
```

学生修改更新程序，s_editok.php代码如下：

```
1: <?php
2: //学生修改功能
3: require'./conn.php';    //数据库接口文件
4: $sno=$_POST['sno'];
5: $sname=$_POST['sname'];
6: $sex=$_POST['sex'];
7: $sdept=$_POST['sdept'];
8: $csrq=$_POST['csrq'];
9: //更新SQL
10: $sql="update student set sname='$sname',sex='$sex',
11: sdept='$sdept',csrq='$csrq'  where sno='$sno'";
12: //执行sql语句
13: $result=$conn->query($sql);
14:     if($result)
15:     { echo "增删改成功";}
16:     else
17:     { echo "增删改失败";}
18: header('Location:index.php');//返回主程序
19: ?>
```

（8）学生删除（s_del.php）

删除程序，s_del.php的代码如下：

```
1: <?php
2: //学生删除功能
3: include('init.php');     //调用初始化程序
4: require'./conn.php';    //数据库接口文件
5: $sno=input_get('id');
6: $sql="delete from student  where sno='$sno'";
```

```
7: echo $sql;
8: //执行SQL
9:     $result=$conn->query($sql);
10:      if ($result)
11:      {echo "增删改成功"; }
12:      else
13:      {echo "增删改失败"; }
14: header('Location:index.php');  //返回主程序
15: ?>
```

9.5　基于 Java 的数据库接口技术及应用

Java是由Sun公司（已于2009年被Oracle公司收购）推出的面向对象程序设计语言（以下简称Java语言）和Java平台的总称，由James Gosling和同事们共同研发，并在1995年正式推出。Java最初被称为Oak，是1991年为消费类电子产品的嵌入式芯片而设计的。1995年更名为Java，并重新设计用于开发Internet应用程序。用Java实现的HotJava浏览器（支持Java Applet）显示了Java的魅力：跨平台、动态Web、Internet计算。从此，Java被广泛接受并推动了Web的迅速发展。另一方面，Java技术也不断更新，且发展迅速，在全球云计算和移动互联网的产业环境下，Java更具备了显著优势和广阔前景。本节基于Java环境，介绍通过JDBC接口技术访问数据库及用户登录窗口的设计。

9.5.1　JDBC简介

JDBC（Java Database Connectivity，Java数据库连接），是一套用于执行SQL语句的Java API。应用程序可通过这套API连接到关系型数据库，并使用SQL语句来完成对数据库中数据的查询、新增、更新和删除等操作。

不同类的数据库（如MySQL、SQL-Server、Oracle等）处理数据的方式是不同的，如果直接使用数据厂商提供的访问接口操作数据库，应用程序的可移植性就会变得很差。例如，用户在当前程序中使用的是MySQL提供的接口操作数据库，如果换成Oracle数据库，就需要重新使用Oracle数据库提供的接口，这样代码的改动量会非常大。有了JDBC后，这种情况就不复存在了，因为它要求各个数据库厂商按照统一的规范来提供数据库驱动程序。在程序中由JDBC和具体的数据库驱动程序联系，所以用户就不必直接与底层的数据库进行交互，使代码的通用性更强。

应用程序使用JDBC访问数据库的方式如图9-52所示。

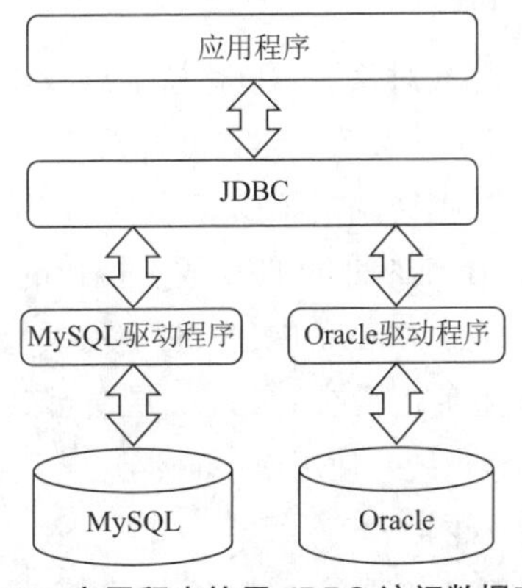

图 9-52　应用程序使用 JDBC 访问数据库方式

从图9-52可以看出，JDBC在应用程序与数据库之间起到了一个桥梁作用，当应用程序使用JDBC访问特定的数据库时，需要通过不同数据库驱动程序与不同的数据库进行连接，连接后即可对该数据库进行相应的操作。

9.5.2 JDBC常用的API

JDBC数据库接口技术使用测试

在使用JDBC程序前，先了解一下JDBC常用的API。JDBC API主要位于java.sql包中，该包定义了一系列访问数据库的接口和类。常用的有Driver接口、DriverManager类、Connection接口、Statement接口、PreparedStatement接口、ResultSet接口等，本节不再对该包内常用接口和类进行详细讲解。有需要的读者可参考Java API使用说明。

通常，JDBC的使用可以按照下面几个步骤进行。

① 加载并注册数据库驱动程序。

② 通过DriverManager获取数据库连接。

③ 通过Connection对象获取Statement对象。

④ 使用Statement执行SQL语句。

⑤ 操作ResultSet结果集。

⑥ 关闭连接，释放资源。

9.5.3 基于Java的客户管理系统的设计

本节主要通过SSM（Spring+SpringMVC+MyBatis）框架结合MySQL数据库知识实现一个简易的客户管理系统。该系统通过整合三大框架实现系统的登录模块和客户管理模块。

1.系统功能介绍

系统使用SSM框架编写后端程序，前端页面使用当前主流的响应式Web的BootStrap和jQuery框架完成信息展示功能。两大功能模块：用户登录模块和客户管理模块主要功能如图9-53所示。

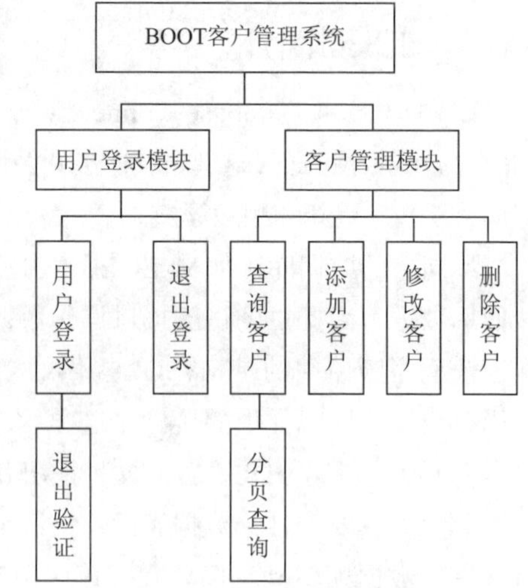

图9-53 系统功能结构

2.系统架构设计

系统根据功能的不同，项目结构可以划分为下面几个层次。

① 持久对象层（也称持久层或持久化层）：该层由若干持久化类（实体类）组成。

② 数据访问层（DAO层）：该层由若干DAO接口和MyBatis映射文件组成。接口的名称统一以Dao结尾，且MyBatis的映射文件名称要与接口的名称相同。

③ 业务逻辑层（Service层）：该层由若干Service接口和实现类组成。在本系统中，业务逻辑层的接口统一使用Service结尾，其实现类名称统一在接口名后加Impl。该层主要用于实现系统的业务逻辑。

④ Web表现层：该层主要包括Spring MVC中的Controller类和JSP页面。Controller类主要

负责拦截用户请求，并调用业务逻辑层中相应组件的业务逻辑方法来处理用户请求，然后将相应的结果返回给JSP页面。

能够让读者更清晰地了解各个层次间的关系，通过一张图来描述各个层次间的关系和作用，如图9-54所示。

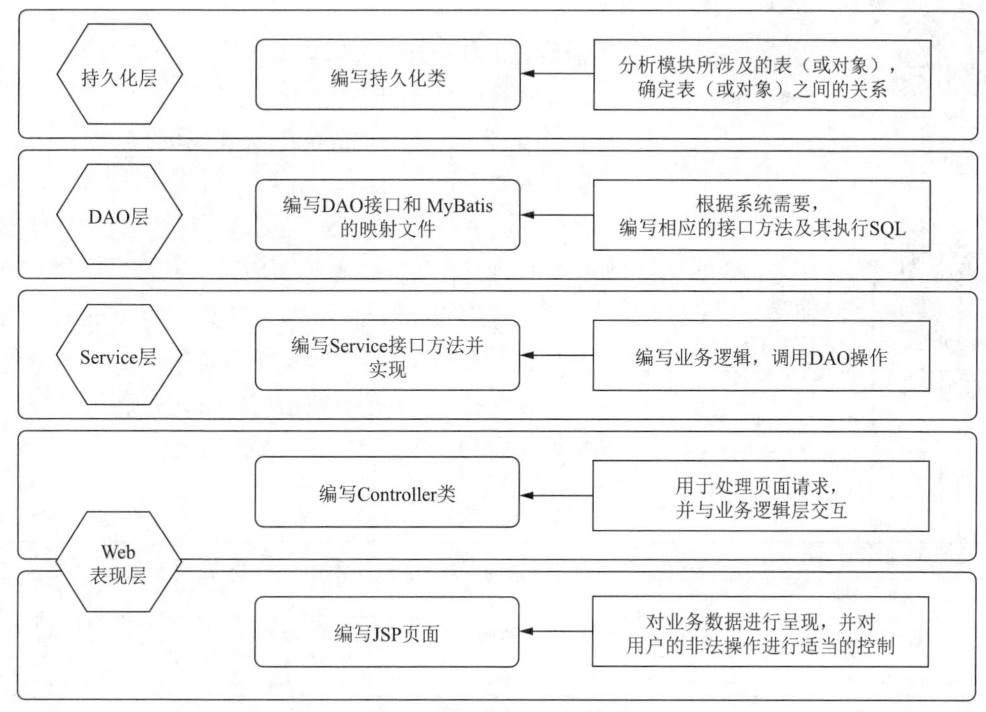

图 9–54　系统层次结构图

3.项目文件组织结构

在项目设计开发之前，先了解一下项目中所涉及的包文件、配置文件，以及页面文件等在项目中的组织结构，如图9-55所示。

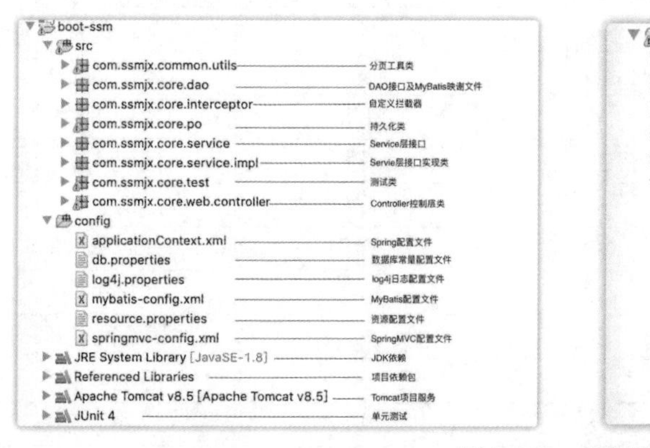

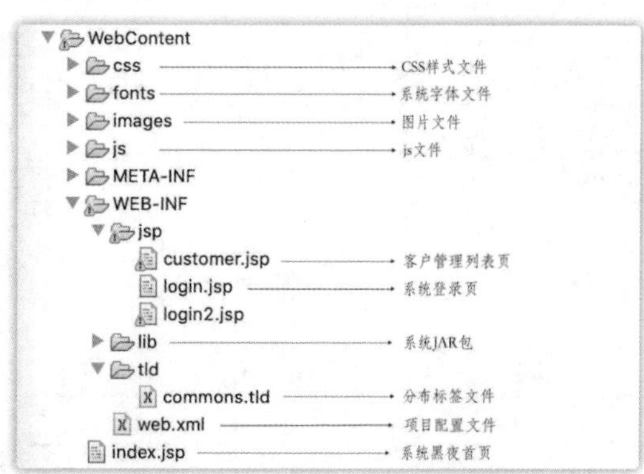

图 9–55　文件组织结构

4.系统开发及运行环境

① 操作系统：Windows或Macos。

② Java开发包：JDK 7或JDK 8。

Windows系统中安装选择默认安装即可，完成安装后对系统环境变量配置需要涉及两个系统环境变量path和classpath的配置，这里不再介绍。

JDK安装及环境变量配置

Web服务器Tomcat安装及配置

Java开发工具安装及使用介绍

Java EE项目基本搭建测试

③ Web服务器：Tomcat 8.0，下载后解压，配置好环境变量。

④ 开发工具：Eclipse Java EE IDE for Web Developers。

⑤ 数据库：MySQL 5.7或MySQL 8。

⑥ 浏览器：Google Chrome、火狐或IE8.0以上版本。

5.数据库设计

由于篇幅有限，这里仅对Java环境搭建以及用户登录窗口如何实现进行介绍，其他完整程序用户可通过二维码下载参考。用户需要在MySQL 数据库中建立一个mybatis数据库，然后在该数据库中再创建一个系统用户表sys_user，结构如表9-8所示。客户信息表结构如表9-9所示，数据字典表结构如表9-10所示。

表 9-8　系统用户表（sys_user）

字 段 名	类　型	长　度	是否主键	说　明
user_id	int	32	是	用户id
user_code	varchar	32	否	用户账号
user_name	varchar	50	否	用户名称
user_password	varchar	32	否	用户密码
user_state	varchar	1	否	用户状态（1：正常；0：暂停）

表 9-9　客户信息表（customer）

字 段 名	类　型	长　度	是否主键	说　明
cust_id	int	32	是	客户编号
cust_name	varchar	50	否	客户名称
cust_user_id	int	32	否	负责人id
cust_create_id	int	32	否	创建人id
cust_source	varchar	50	否	客户信息来源
cust_industry	varchar	50	否	客户所属行业
cust_level	varchar	32	否	客户级别
cust_linkman	varchar	50	否	联系人
cust_phone	varchar	64	否	固定电话
cust_mobile	varchar	16	否	移动电话
cust_zipcode	varchar	10	否	邮政编码
cust_address	varchar	100	否	联系地址
cust_createtime	datetime	32	否	创建时间

表 9-10　数据字典表

字 段 名	类　型	长　度	是 否 主 键	说　明
dict_id	varchar	32	是	数据字典id
dict_type_code	varchar	10	否	数据字典类别代码
dict_type_name	varchar	50	否	数据字典类别名称
dict_item_name	varchar	50	否	数据字典项目名称
dict_item_code	varchar	10	否	数据字典项目代码（可为空）
dict_sort	int	10	否	排序字段
dict_enable	char	1	否	是否可用（1:使用；0:停用）
dict_memo	varchar	100	否	备注

6. 系统环境搭建

由于本系统使用的是SSM框架开发，因此需要准备这三大框架的JAR包。除此之外，项目中还涉及数据库连接、JSTL标签等。整个系统所需要准备的JAR共计35个，需要注意各版本的兼容性，具体如下：

① Spring框架所需的JAR包（10个详见源码）。

② Spring MVC框架所需要的JAR包（2个详见源码）。

③ MyBatis框架所需的JAR包（13个详见源码）。

④ MyBatis与Spring整合的中间JAR（1个详见源码）。

⑤ 数据库驱动JAR（MySQL，1个详见源码）。

⑥ 数据源所需JAR（DBCP，2个详见源码）。

⑦ JSTL标签库JAR（2个详见源码）。

⑧ Jackson框架所需JAR（3个详见源码）。

⑨ Java工具类JAR（1个详见源码）。

以上所涉及的JAR包都需要放入项目的lib目录下，并且添加到类路径下。如果项目创建的是Maven项目，可以通过pom.xml配置文件配置以上JAR包的信息，可以从Maven中央仓库下载。

7. 准备项目环境

（1）创建项目，引入JAR包

在Eclipse中，创建一个名称为boot-ssm的动态Web项目，在src目录创建各层的包，同时需要将系统所准备的全部JAR包复制到项目的lib目录中，并添加发布到类路径下。

（2）编写配置文件（6个）及SSM框架整合

①SSM框架整合图如图9-56所示。

整合之后，如果可以通过前台页面来执行查询方法，并且查询出的数据能够在页面中正确显示，就可以认为三大框架整合成功。

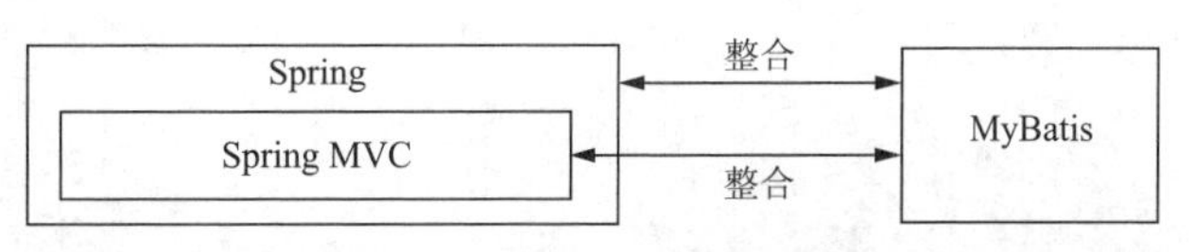

图 9-56　SSM 框架整合图

②创建并编写配置文件。在项目的根目录下创建一个名称为config的Source Folder资源文件夹，并在此文件夹下分别创建数据库常量配置文件db.properties、Spring配置文件

applicationContext.xml、MyBatis配置文件mybatis-config.xml、log4j.properties配置文件，resource.properties资源配置文件，以及Spring MVC 配置文件springmvc-config.xml。

文件db.properties主要编写了系统连接数据库常量配置信息。代码如下：

```
1: jdbc.driver=com.MySQL.cj.jdbc.Driver
2: jdbc.url=jdbc:MySQL://localhost:3306/mybatis?useSSL=true&
   serverTimezone=GMT
3: jdbc.username=root
4: jdbc.password=123456
5: <!--连接池启动时的初始值-->
6: jdbc.initialSize=3
7: <!--最大连接数-->
8: jdbc.maxTotal=30
9: <!--最大空闲连接，当经过一个高峰时间后，连接池可以慢慢将已经用不到的连接慢慢释放一
   部分，一直减少到maxIdle为止-->
10: jdbc.maxIdle=5
11: <!--最小空闲值，当空闲的连接数少于阈值时，连接池就会预申请一些连接，以免洪峰来时
   来不及申请-->
12: jdbc.minIdle=1
```

文件applicationContext.xml代码如下：

```
1: <!--1.读取db.properties-->
2: <context:property-placeholder location="classpath:db.properties"/>
3: <!-- 2.配置数据源 -->
4:  <bean id="dataSource" class="org.apache.commons.dbcp2.
    BasicDataSource">
5:  <!--数据库驱动 -->
6:  <property name="driverClassName"   value="${jdbc.driver}" />
7:  <!--连接数据库的url -->
8:  <property name="url"  value="${jdbc.url}" />
9: <!--连接数据库的用户名 -->
10: <property name="username"  value="${jdbc.username}" />
11: <!--连接数据库的密码 -->
12: <property name="password"  value="${jdbc.password}" />
13: <!--初始化连接数  -->
14: <property name="initialSize"  value="${jdbc.initialSize}" />
15: <!--最大连接数 -->
16: <property name="maxTotal"   value="${jdbc.maxTotal}" />
17: <!--最大空闲连接  -->
18: <property name="maxIdle"    value="${jdbc.maxIdle}" />
19: <!--最小空闲连接  -->
20: <property name="minIdle"   value="${jdbc.minIdle}" />
21: </bean>
22: <!-- 3.事务管理器，依赖于数据源 -->
```

```
23: <bean id="transactionManager" class=
24: "org.springframework.jdbc.datasource.DataSourceTransactionManager">
25: <!-- 数据源 -->
26: <property name="dataSource" ref="dataSource" />
27: </bean>
28: <!-- 通知,配置事务增强，事务如何切入 -->
29: <tx:advice id="txAdvice" transaction-manager="transactionManager">
30: <tx:attributes>
31: <!-- 传播行为 -->
32: <tx:method name="save*" propagation="REQUIRED" />
33: <tx:method name="insert*" propagation="REQUIRED" />
34: <tx:method name="add*" propagation="REQUIRED" />
35: <tx:method name="create*" propagation="REQUIRED" />
36: <tx:method name="delete*" propagation="REQUIRED" />
37: <tx:method name="update*" propagation="REQUIRED" />
38: <tx:method name="find*" propagation="SUPPORTS"
39:  read-only="true" />
40: <tx:method name="select*" propagation="SUPPORTS"
41:  read-only="true" />
42: <tx:method name="get*" propagation="SUPPORTS"
43:  read-only="true" />
44: </tx:attributes>
45: </tx:advice>
46: <!-- 切面配置，切入点表达式 -->
47: <aop:config>
48: <aop:advisor advice-ref="txAdvice"
49: pointcut="execution(* com.ssmjx.core.service..*(..))" />
50: </aop:config>
51: <!--5.配置MyBatis工厂 -->
52: <bean id="sqlSessionFactory"
53: class="org.mybatis.spring.SqlSessionFactoryBean">
54: <!--注入数据源 -->
55: <property name="dataSource" ref="dataSource" />
56: <!--指定核心配置文件位置 -->
57: <property name="configLocation" value="classpath:mybatis-config.xml"/>
58: </bean>
59: <!--6.配置Mapper扫描器，将mybiatis接口的实现加入到ioc容器中，写在此包下的接
口即可以被扫描到-->
60: <bean class="org.mybatis.spring.mapper.MapperScannerConfigurer">
61: <property name="basePackage" value="com.ssmjx.core.dao"/>
62: </bean>
63: <!--7.开启配置扫描@Service注解-->
64: <context:component-scan base-package="com.ssmjx.core.service"/>
65: </beans>
```

applicationContext.xml程序，首先定义了读取db.properties文件的配置和数据源配置信息，然后配置了事务管理器并开启了事务注解，还配置了用于整合MyBatis框架的MyBatis工厂信息，最后定义了mapper扫描器来扫描DAO层以及扫描Service层的配置信息。

文件mybatis-config.xml的代码如下：

```
1: <configuration>
2: <!--定义别名  -->
3: <typeAliases>
4: <!--使用自定义包来扫描别名-->
5: <package name="com.ssmjx.core.po" />
6: </typeAliases>
7: </configuration>
```

在Spring中已经配置了数据源信息及mapper接口文件扫描器，在上述文件MyBatis的配置文件中只需要根据POJO类路径进行别名配置即可。

文件log4j.properties主要编写了系统日志文件配置信息，详细见源码文件。

文件resource.properties中customer.from.type、customer.industry.type、customer.level.type的值，分别表示客户来源、所属行业和客户级别，其值对应的是数据库中数据字典中的dict_type_codep字段的值。

文件springmvc-config.xml代码如下：

```
1: <!-- 加载属性文件 -->
2: <context:property-placeholder
3: location="classpath:resource.properties" />
4:<!--指定需要扫描的包，Controller注解的类"-->
5: <context:component-scan base-package="com.ssmjx.core.web.controller"
 />
6: <!--加载注解驱动-->
7: <mvc:annotation-driven />
8: <!--配置静态资源的访问映射，此配置中的文件，将不被前端控制器拦截 -->
9: <mvc:resources location="/js/" mapping="/js/**" />
10: <mvc:resources location="/css/" mapping="/css/**" />
11: <mvc:resources location="/fonts/" mapping="/fonts/**" />
12: <mvc:resources location="/images/" mapping="/images/**" />
13: <!--定义配置视图解析器-->
14: <bean id="viewResolver" class=
15: "org.springframework.web.servlet.view.InternalResourceViewResolver">
16: <!-- 设置前缀 -->
17: <property name="prefix" value="/WEB-INF/jsp/" />
18: <!-- 设置后缀 -->
19: <property name="suffix" value=".jsp" />
20: </bean>
21: <!--配置拦截器 -->
22:  <mvc:interceptors>
```

```
23:     <mvc:interceptor>
24:        <mvc:mapping path="/**"/>
25:        <bean class="com.ssmjx.core.interceptor.LoginInterceptor"/>
26:     </mvc:interceptor>
27:   </mvc:interceptors>
28: </beans>
```

在文件springmvc-config.xml的代码配置了需要扫描Controller注解的包扫描器、注解驱动器、视图解析器、加载属性文件和访问静态资源的配置信息。

在项目WebContent的WEB-INF目录下创建web.xml项目配置文件，并在web.xml中编写配置Spring的监听器、编码过滤器和Spring MVC前端核心控制器、系统默认页面等项目信息。

文件web.xml代码如下：

```
...
03:   <!-- 配置加载Spring文件的监听器 -->
04:   <context-param>
05:     <param-name>contextConfigLocation</param-name>
06:     <param-value>classpath:applicationContext.xml</param-value>
07:   </context-param>
08:   <listener>
09:     <listener-class>
10:      org.springframework.web.context.ContextLoaderListener
11: </listener-class>
12:   </listener>
13:   <!-- 编码过虑器 -->
14:   <filter>
15:     <filter-name>encoding</filter-name>
16:     <filter-class>
17:      org.springframework.web.filter.CharacterEncodingFilter
18: </filter-class>
19:     <init-param>
20:       <param-name>encoding</param-name>
21:       <param-value>UTF-8</param-value>
22:     </init-param>
23:   </filter>
24:   <filter-mapping>
25:     <filter-name>encoding</filter-name>
26:     <url-pattern>*.action</url-pattern>
27:   </filter-mapping>
28:   <!-- 配置Spring MVC前端核心控制器 -->
29:   <servlet>
30:     <servlet-name>boot-ssm</servlet-name>
31:     <servlet-class>
32:      org.springframework.web.servlet.DispatcherServlet
33: </servlet-class>
```

```
34:       <init-param>
35:         <param-name>contextConfigLocation</param-name>
36:         <param-value>classpath:springmvc-config.xml</param-value>
37:       </init-param>
38:       <!-- 配置服务器启动后立即加载Spring MVC配置文件 -->
39:       <load-on-startup>1</load-on-startup>
40:     </servlet>
41:     <servlet-mapping>
42:       <servlet-name>boot-ssm</servlet-name>
43:       <url-pattern>*.action</url-pattern>
44:     </servlet-mapping>
45:     <!-- 系统默认页面 -->
46:     <welcome-file-list>
47:       <welcome-file>index.jsp</welcome-file>
48:       <welcome-file>default.jsp</welcome-file>
49:     </welcome-file-list>
50: </web-app>
```

SSM项目整合测试2

（3）引入页面资源

将项目运行所需的CSS文件、字体、图片、JS、自定义标签文件和JSP文件引入到项目中。至此，开发系统前的环境准备工作就基本完成。

（4）启动项目，测试配置

此时如果将项目发布到Tomcat服务器或在Eclipse项目部署启动后，访问项目首页地址http://localhost:8080/boot-ssm/index.jsp，如图9-57所示。

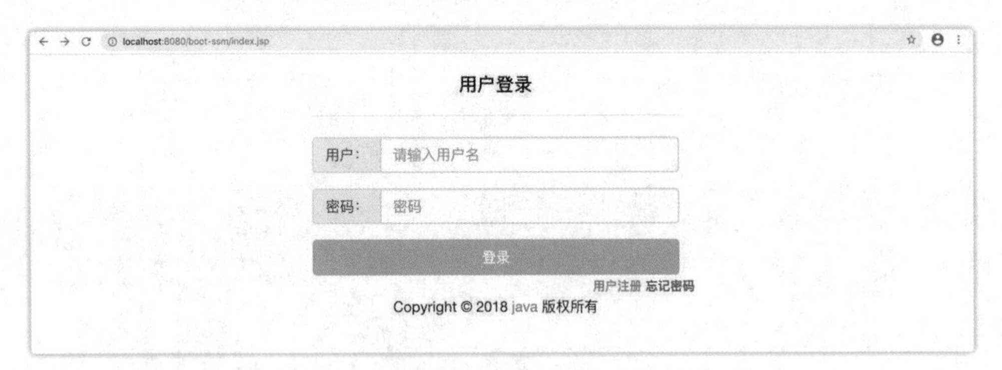

图 9-57　登录页面

8. 用户登录模块

客户管理系统用户登录功能的实现流程如图9-58所示。

从图9-58可以看出，用户登录过程中首先需要验证用户名和密码是否正确，如果正确，可以成功登录系统，系统会自动跳转到主页；如果错误，则在登录页面给出错误提示信息。接下来按

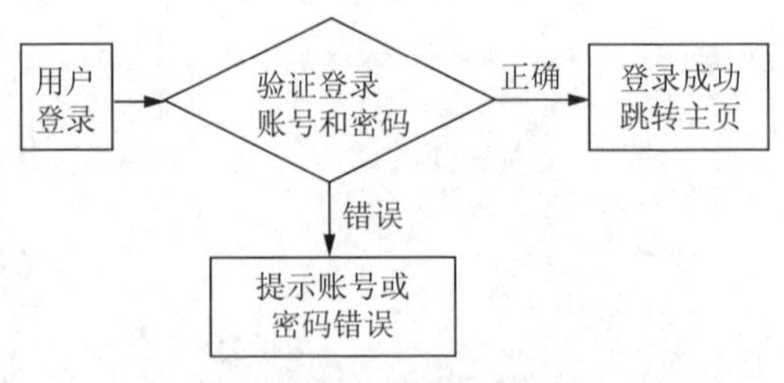

图 9-58　登录流程图

照图9-58中的流程，实现系统登录功能。具体步骤如下：

（1）创建持久化类

在项目src目录下的com.ssmjx.core.po包中创建用户持久化类user，并在user类中定义用户相关属性，以及相应的getter/setter方法（略），核心代码如文件user.java所示。

user.java代码如下：

```
…
05: /*
06:  * 用户持久化类*/
07: public class user implements Serializable{
08:   private static final long serialVersionUID=1L;
09:   private Integer user_id;          //用户id
10:   private String user_code;         //用户账号
11:   private String user_name;         //用户名称
12:   private String user_password;     //用户密码
13:   private Integer user_state;       //用户状态
14:   ----getter/setter方法省略----
15: }
```

（2）实现DAO（包括用户DAO层接口和映射文件）

①创建用户DAO层接口。在src目录下，com.ssmjx.core.dao包中创建一个用户接口userDao，并在接口中编写通过账号和密码查询用户的方法，代码如userDao.java所示。

userDao.java代码如下：

```
…
05: /*
06:  * 用户DAO层接口
07: */
08: public interface userDao {
09: /*
10:  *  通过账号和密码查询用户
11:  */
12: public user finduser(@Param("usercode") String usercode,
13:    @Param("password") String password);
14: }
```

在上述方法代码的参数中，@Param("usercode")表示为参数usercode命名，命名后在映射文件的SQL中，使用#{usercode}就可以获取usercode的参数值。

②创建映射文件。在com.ssmjx.core.dao包中创建一个MyBatis映射文件userDao.xml，并在映射文件中编写查询用户信息的执行语句，代码如文件userDao.xml所示。

userDao.xml代码如下：

```
…
04:   <mapper namespace="com.ssmjx.core.dao.userDao">
```

```
05:     <!--查询用户-->
06:     <select id="finduser" parameterType="String" resultType="user">
07:        select * from sys_user  where user_code=#{usercode} and
08:        user_password=#{password} and user_state='1'
09:     </select>
10:   </mapper>
```

上述代码通过映射查询语句来查询系统用户表中的可用用户，返回结果类型resultType为user对象。

（3）实现Service（包括用户Service层接口和实现类）

①创建用户Service层接口。在src目录下，com.ssmjx.core.service包中创建userService接口，并在该接口中编写一个通过账号和密码查询用户的方法，如文件userService.java所示。

userService.java代码如下：

```
03: /*
04:  * 用户Service层接口
05: */
06: public interface userService {
07:   //通过账号和密码查询用户
08:   public user finduser(String usercode,String password);
09: }
```

上述代码中接口内的查询用户的方法名、参数类型、返回结果类型分别要对应userDao.xml映射文件中<select id="finduser" parameterType="String" resultType="user">的id名称finduser、属性类型及结果类型。

②创建用户Service层接口的实现类。在src目录下，com.ssmjx.core.service.impl包中创建userService接口的实现类userServiceImpl，在类中编辑实现接口中的方法。代码如文件userServiceImpl所示。

userServiceImpl代码如下：

```
...
08: /*
09:  * 用户Service接口实现类
10: */
11: @Service("userService")
12: @Transactional
13: public class userServiceImpl implements userService{
14: //注入userDao
15: @Autowired
16: private userDao userDao;
17: //通过账号和密码查询用户
18: @Override
19: public user finduser(String usercode,String password){
20:    user user=this.userDao.finduser(usercode, password);
21:    return user;
```

```
22: }
23: }
```

在上述代码的 finduser() 方法中，调用了 userDao 对象中的 finduser() 方法来查询用户信息，并将查询到的结果信息返回。

（4）实现 Controller（用户控制器类 userController）

在 src 目录下，com.ssmjx.core.web.controller 包中创建用户控制器类 userController，编辑后的主要代码如文件 userController.java 所示。

userController.java 代码如下：

```
…
10: /*
11:  * 用户控制器类
12: */
13: @Controller
14: public class userController{
15: //依赖注入
16: @Autowired
17: private userService userService;
18: //  用户登录
19: @RequestMapping(value="/login.action",method=RequestMethod.POST)
20: public String login(String usercode,String password,Model model,
21:   HttpSession session){
22:         //通过账号和密码查询用户
23:         user user=userService.finduser(usercode, password);
24:         System.out.println(user);
25:         if(user!=null){
26:           //将用户对象添加到Session中
27:          session.setAttribute("user_SESSION", user);
28:          return "redirect:customer/list.action";
29:     }
30:     model.addAttribute("msg", "账号或密码错误，请重新输入！");
31:     System.out.println("账号或密码错误，请重新输入！");
32:     //返回到登录页面
33:     return "login";
34: }
35: //退出登录
36: @RequestMapping(value="/logout.action")
37: public String logout(HttpSession session){
38:      //清除Session
39:      session.invalidate();
40:      //重定向到登录页面的跳转方法
41:      return "redirect:login.action";
42: }
43: /*
```

```
44:  * 向用户登录页面跳转
45: */
46: @RequestMapping(value="/login.action", method=RequestMethod.GET)
47: public String toLogin(){
48:     return "login";
49: }
50: /*
51:  *模拟其他类中跳转到客户管理页面的方向
52: */
53: @RequestMapping(value="/toCustomer.action")
54: public String toCustomer(){
55:     return "customer";
56: }
57: }
```

在文件userController.java中，首先通过@Autowired注解将userService对象注入本类中，然后创建一个用于用户登录的login()方法。由于在用户登录时，表单都以POST方式提交，所以将@RequestMapping注解的method属性值设置为RequestMethod.POST。在login()方法中，先通过页面中传递过来的账号和密码查询用户，然后通过if语句判断是否存在该用户。如果存在，就将用户信息存储到Session中，并跳转到系统主页面；如果不存在，则提示错误信息“用户名不存在或密码错误”，并返回到登录页面。

（5）实现页面功能（首页index.jsp和登录页面login.jsp）

①本系统首页为index.jsp，主要实现了一个跳转功能，在访问时会转发到登录页面，实现代码如文件index.jsp所示。

index.jsp代码如下：

```
1: <%@ page language="java" contentType="text/html; charset=UTF-8"
2:     pageEncoding="UTF-8"%>
3: <!-- 转发到登录页面 -->
4: <jsp:forward page="/WEB-INF/jsp/login.jsp"/>
```

②登录页面中，主要包括一个登录表单，表单内有用户名和密码，页面核心实现代码如文件login.jsp所示。

login.jsp代码如下：

```
…
45:<form action="${pageContext.request.contextPath }/login.action"
46:       method="post" id="form" onsubmit="return check()" >
47:     <div class="form-group">
48:         <div class="input-group">
49:           <span class="input-group-addon">用户：</span>
50:         input type="text"  class="form-control " placeholder="请输入用户名"
51:              id="usercode" name="usercode" data-bv-regexp="true"
52:                data-bv-notempty data-bv-notempty-message="用户名不能为空">
```

```
53:         </div>
54:     </div>
55:     <div class="form-group">
56:         <div class="input-group">
57:         <span class="input-group-addon">密码：</span>
58:         <input type="password"  class="form-control " placeholder="
            密码"   id="password" name="password" data-bv-notempty
59          data-bv-notempty-message="密码不能为空">
60:         </div>
61:       </div>
62:       <font color="red"> <%-- 提示信息--%> <span id="message"> ${msg}</
            span>
63:        </font>
64:        <div class="text-xs-right">
65:            <button type="submit" class="btn btn-success btn-block"
66:            id="submit" data-loading-text="正在提交...">登录</button>
67:        </div>
68:     <div class="row">
75: </div>
76: </form>
```

在文件login.jsp中，核心代码是用户登录操作的form表单，该表单在提交时会通过check()函数检查账户或密码是否为空。如果为空，则通过标签提示“用户账号或密码不能为空”；如果账号和密码都已填写，则将表单提交到userController以“/login.action”结尾的请求中。

（6）启动项目，测试登录

将项目发布到Tomcat服务器并启动，或者在Eclipse的New Server中选择安装Tomcat版本，如图9-59所示。

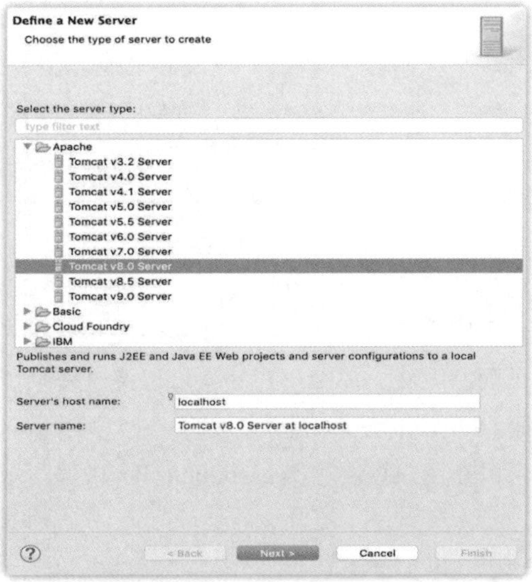

图 9-59　新建 Server

将项目添加到新建的服务器中，启动服务。

项目启动后，在浏览器地址中输入：http://localhost:8080/boot-ssm/ 进入登录页面如图 9-60 所示。

图 9-60　系统登录页面

输入正确的用户名和密码，单击“登录”按钮进入系统主页，如图 9-61 所示。

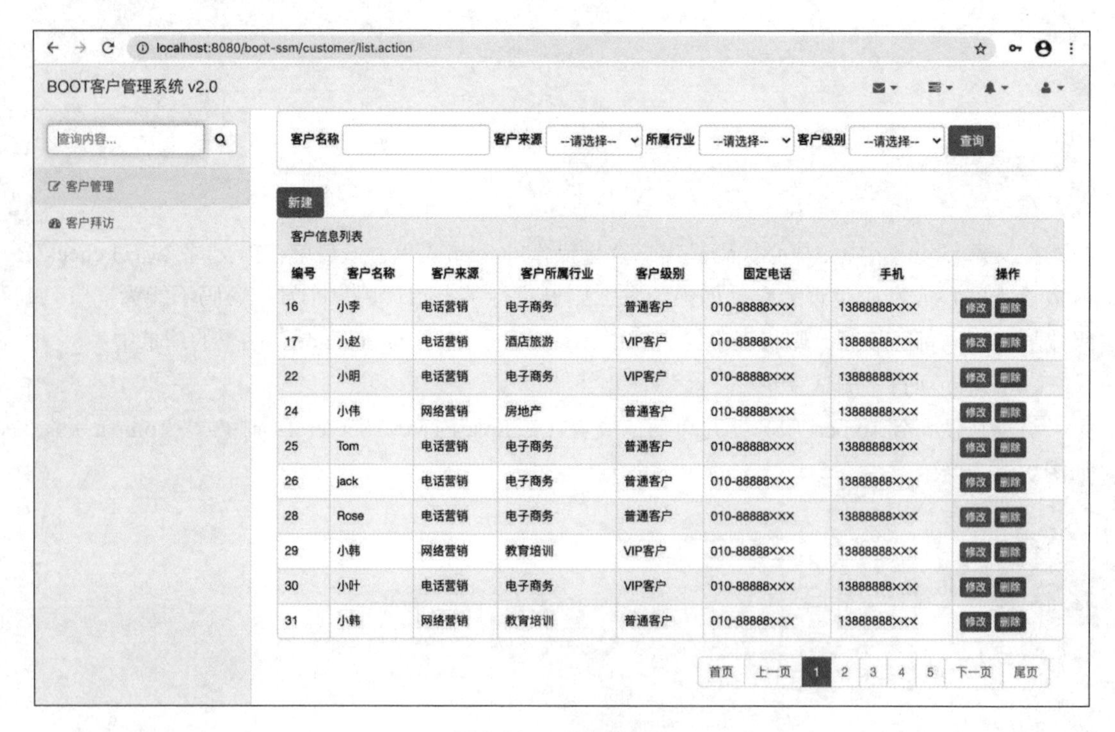

图 9-61　系统主页面

9. 实现登录验证

虽然在前面中已经实现了用户登录功能，但是此功能还并不完善。假设在其他控制器类中也包含一个访问客户管理页面的方法，那么用户完全可以绕过登录步骤，而直接通过访问该方法的方式进入客户管理页面。

为了验证上述内容，可以在用户控制器类 userController 中编写一个跳转到客户管理页面的方法。其代码如下：

```
/**
 * 模拟其他类中跳转到客户管理页面的方法
```

```
  */
@RequestMapping(value="/toCustomer.action")
public String toCustomer(){
   return "customer";
}
```

启动项目后，如果通过浏览器访问地址http://localhost:8080/boot-ssm/toCustomer.action，也可以直接进入如图9-60所示的系统主页。

显然，让未登录的用户直接访问到系统内部页面是十分不安全的。为了避免此种情况的发生，并提升系统的安全性，可以创建一个登录拦截器来拦截所有请求。只有已登录用户的请求才能够通过，而对于未登录用户的请求，系统会将请求转发到登录页面，并提示用户登录。其执行流程如图9-62所示。

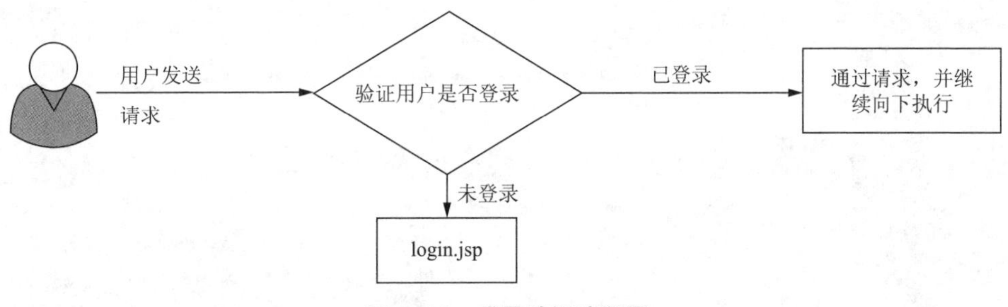

图 9-62　登录验证流程图

（1）创建登录拦截器类

在src目录下，com.ssmjx.core.interceptor包内创建登录拦截器类LoginInterceptor，实现用户登录的拦截功能，编辑后主要代码如LoginInterceptor.java（参见源代码包）。

在文件LoginInterceptor.java的preHandle()方法中，首先获取了用户URL请求，然后通过请求来判断是否为用户登录操作，只有对用户登录的请求才不进行拦截。接下来获取Session对象，并获取Session中的用户信息。如果Session中的用户信息不为空，则表示用户已经登录，拦截器将放行；如果Session中的用户信息为空，则表示用户未登录，系统会转发到登录页面，并提示用户登录。

（2）配置拦截器类

在springmvc-config.xml文件中，配置登录拦截器信息，其配置代码如下：

```
<!--配置拦截器 -->
<mvc:interceptors>
    <mvc:interceptor>
      <mvc:mapping path=" /**" />
      <bean class=" com.ssmjx.core.interceptor.LoginInterceptor" />
    </mvc:interceptor>
</mvc:interceptors>
```

上述配置代码会将所有的用户请求都交由登录拦截器来处理。重新发布项目启动Tomcat服务后，再次通过浏览器访问地址http://localhost:8080/boot-ssm/toCustomer.action时，页面就会被拦截并进入登录页面，如图9-63所示。

图9-63　登录页面

从图9-63可以看出，未登录的用户在执行访问客户管理页面方法后，并没有成功跳转到客户管理页面，而是转发到系统登录页面，同时在页面的登录窗口中也给出了“您还没有登录，请先登录”的提示信息。这就说明用户登录验证功能已成功实现。

10. 退出登录

用户登录模块中还包含一个退出登录功能。成功登录后的用户会跳转到客户管理页面，并且在页面中会显示已登录的用户名称，如图9-64所示。

localhost:8080/boot-ssm/customer/list.action

BOOT客户管理系统 v2.0

查询内容...

客户管理

客户拜访

客户名称　客户来源 --请选择--　所属行业 --请选择--　客户级别 --请选择--　查询

用户：adminhhi

系统设置

退出登录

新建

客户信息列表

编号	客户名称	客户来源	客户所属行业	客户级别	固定电话	手机	操作
16	小李	电话营销	电子商务	普通客户	010-88888XXX	13888888XXX	修改 删除
17	小赵	电话营销	酒店旅游	VIP客户	010-88888XXX	13888888XXX	修改 删除
22	小明	电话营销	电子商务	VIP客户	010-88888XXX	13888888XXX	修改 删除
24	小伟	网络营销	房地产	普通客户	010-88888XXX	13888888XXX	修改 删除
25	Tom	电话营销	电子商务	普通客户	010-88888XXX	13888888XXX	修改 删除
26	jack	电话营销	电子商务	普通客户	010-88888XXX	13888888XXX	修改 删除
28	Rose	电话营销	电子商务	普通客户	010-88888XXX	13888888XXX	修改 删除
30	小叶	电话营销	电子商务	VIP客户	010-88888XXX	13888888XXX	修改 删除
31	小韩	网络营销	教育培训	普通客户	010-88888XXX	13888888XXX	修改 删除
33	小海	电话营销	电子商务	普通客户	010-88888XXX	13888888XXX	修改 删除

首页 上一页 1 2 3 4 5 下一页 尾页

图9-64　客户管理页面

从图9-64中可以看出，页面的右上角中已经显示了登录用户adminhhi，并且列表框最下方为“退出登录”。如何实现“退出登录”功能？

在customer.jsp页面中，图9-64中弹出列表框的核心实现代码如下：

```
…
170: <!-- 用户信息和系统设置 start -->
171:<li class="dropdown">
172:     <a class="dropdown-toggle" data-toggle="dropdown" href="#">
173:         <i class="fa fa-user fa-fw"></i>
174:         <i class="fa fa-caret-down"></i>
175:     </a>
176:     <ul class="dropdown-menu dropdown-user">
177:         <li><a href="#"><i class="fa fa-user fa-fw"></i>
```

```
178:            用户：${user_SESSION.user_name}
179:            </a>
180:        </li>
181:        <li><a href="#"><i class="fa fa-gear fa-fw"></i> 系统设置
             </a></li>
182:        <li class="divider"></li>
183:        <li>
184:        <a href="${pageContext.request.contextPath }/logout.action">
185:            <i class="fa fa-sign-out fa-fw"></i>退出登录
186:        </a>
187:        </li>
188:    </ul>
189: </li>
190: <!-- 用户信息和系统设置结束 -->
```

从上述代码中可以看出，显示的登录用户名称是通过EL表达式从Session中获取的，而单击“退出登录”链接时，会提交一个以“/logout.action”结尾的请求。

为了完成退出登录功能，需要在用户控制器类中编写一个退出登录的方法。在方法执行时，需要清除Session中的用户信息，并且在退出登录后，系统要返回到登录页面。因此，需要在用户控制器类userController中编写退出登录—回到登录页面的方法，这两个方法的实现代码如下：

```
...
35: //退出登录
36: @RequestMapping(value = "/logout.action")
37: public String logout(HttpSession session) {
38:    //清除Session
39:    session.invalidate();
40:    //重定向到登录页面的跳转方法
41:    return "redirect:login.action";
42: }
43: /*
44:   * 向用户登录页面跳转
45: */
46: @RequestMapping(value = "/login.action", method=RequestMethod.GET)
47: public String toLogin(){
48:    return "login";
49: }
```

重启项目并登录系统后，单击图9-64中的“退出登录”按钮即可退出系统并转至登录页面。

客户信息管理实现

11. 客户管理模块

客户管理模块是本系统的核心模块，该模块中实现了对客户的查询、添加、修改和删除功能。后面将会对这几个功能的实现进行详细讲解。

查询客户在实际应用中，无论是企业级项目，还是互联网项目，使用最多的一定是查询操作。不管是在列表中展示所有数据的操作，还是对单个数据的修改或者删除操作，都需要先查询并展示出数据库中的数据。

查询操作通常可以分为按条件查询和查询所有，但在实际使用时，可以将这两种查询编写在一个方法中使用，即当有条件时，就按照条件查询；当没有条件时，就查询所有。同时，由于数据库中的数据可能有很多，如果让这些数据在一个页面中全部显示出来，势必会使用页面数据的可读性变得很差，也会影响系统性能响应效率，所以还需要考虑将这些数据进行分页查询显示。

综合上述分析及客户页面的显示功能，客户管理系统的查询功能需要实现的功能如图9-65所示。

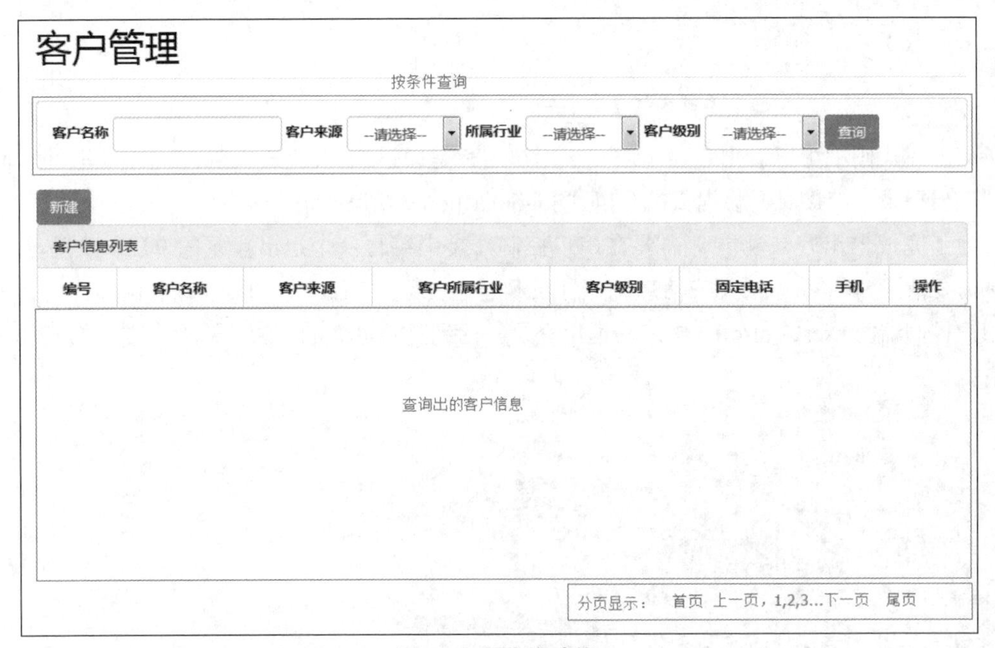

图 9-65　查询功能

从图9-65可以看出，客户模块中的查询可分为按照条件查询和分页查询，这两种查询操作所查询出的数据会显示在客户信息列表中。如果未选择任何条件，那么客户信息列表将分页查询显示出所有数据。如何实现客户的条件查询和分布查询，同时对查询出的数据如何进行添加、修改、删除等操作？下面将对客户管理中的查询、添加、修改、删除功能实现进行详细讲解。

（1）创建持久化类

在文件com.ssmjx.core.po包中，创建客户持久化类和数据字典持久化类，如文件Customer.java。

Customer.java代码如下：

```
...
02: /*
03:  * 客户持久化类
04: */
08: public class Customer implements Serializable {
```

```
09:    private static final long serialVersionUID = 1L;
10:    private Integer cust_id;              //客户编号
11:    private String cust_name;             //客户名称
12:    private Integer cust_user_id;         //负责人id
13:    private Integer cust_create_id;       //创建人id
14:    private String cust_source;           //客户信息来源
15:    private String cust_level;            //客户所属级别
16:    private String cust_industry;         //客户所属行业
17:    private String cust_linkman;          //联系人
18:    private String cust_phone;            //固定电话
19:    private String cust_mobile;           //移动电话
20:    private String cust_zipcode;          //邮政编码
21:    private String cust_address;          //联系地址
22:    private Date cust_createtime;         //创建时间
23:    private Integer  start;               //起始行
24:    private Integer  rows;                //查询所要取的行数
25:    ----getter/setter方法省略----
26: }
```

在文件com.ssmjx.core.po中，声明了与客户数据表对应的属性并定义了各个属性的getter/setter（略，见源码）方法。其中，属性star和rows用于执行分页操作，star表示分页操作中的起始行，rows则表示分页中所选取的行数。

BaseDict.java中声明了与数据字典表对应的属性并定义了各个属性的getter/setter方法（略，详见源码）。

（2）实现DAO层

①创建客户DAO层接口和映射文件。在com.ssmjx.core.dao包中，创建一个CustomerDao接口，并在接口中编写查询客户列表、客户总数、创建客户、通过id获得客户、修改客户、删除客户的方法，然后创建一个与接口同名的mapper映射文件，如文件CustomerDao.java和文件CustomerDao.xml所示。

CustomerDao.java代码如下：

```
…
04: /*
05:  * Customer接口
06: */
07: public interface CustomerDao {
08:    //客户列表
09: public List<Customer> selectCustomerList(Customer customer);
10:    //客户数
11: public Integer selectCustomerListCount(Customer customer);
12:    //创建客户
13: public int createCustomer(Customer customer);
14:    //通过id获得查询客户信息
```

```
15: public Customer getCustomerById(Integer id);
16:     //通过cust_mobile获得查询客户信息
17: public int getCustomerByMobile(String cust_mobile);
18:     //更新客户
19: public int updateCustomer(Customer customer);
20:     //删除客户
21:     public int deleteCustomer(Integer id);
22: }
```

CustomerDao.xml代码如下：

```
…
004: <mapper namespace="com.ssmjx.core.dao.CustomerDao">
005:     <!--SQL条件片段-->
006:     <sql id="selectCustomerListWhere">
007:         <where>
008:             <if test="cust_name!=null and cust_name!=''">
009:                 cust_name like "%"#{cust_name}"%"
010:             </if>
011:             <if test="cust_source!=null and cust_source !=''">
012:                 and cust_source=#{cust_source}
013:             </if>
014:             <if test="cust_industry!=null and cust_industry !=''">
015:                 and cust_industry=#{cust_industry}
016:             </if>
017:             <if test="cust_level!=null and cust_level !=''">
018:                 and cust_level=#{cust_level}
019:             </if>
020:         </where>
021:     </sql>
022:     <!-- 查询客户列表 -->
023:     <select id="selectCustomerList" parameterType="customer"
          resultType="customer">
024:         select cust_id,cust_name,cust_user_id,cust_create_id,
     cust_phone,cust_mobile,
025:         b.dict_item_name as cust_source,
026:         c.dict_item_name as cust_industry,
027:         d.dict_item_name as cust_level
028:         from customer a
029:         left join (
030:             select dict_id,dict_item_name
031:             from base_dict
032:             where dict_type_code='002'
033:         ) b on a.cust_source=b.dict_id
034:         left join (
```

```
035:            select dict_id,dict_item_name
036:            from base_dict
037:            where dict_type_code ='001'
038:        ) c on a.cust_industry=c.dict_id
039:        left join(
040:            select dict_id,dict_item_name
041:            from base_dict
042:            where dict_type_code='006'
043:        ) d on a.cust_level=d.dict_id
044:        <include refid="selectCustomerListWhere" />
045:        <!-- 执行分页查询 -->
046:        <if test="start!=null and rows!=null">
047:           limit #{start},#{rows}
048:        </if>
049:     </select>
050:     <!--查询客户记录总数-->
051:  <select id="selectCustomerListCount" parameterType="customer"
      resultType="Integer">
052:         select count(*) from customer
053:         <include refid="selectCustomerListWhere" />
054:     </select>
055:     <!-- 添加客户 -->
056:     <insert id="createCustomer" parameterType="customer" >
057:  insert into customer(cust_name,cust_user_id,cust_create_id,
    cust_source,cust_industry,cust_level,cust_linkman,cust_phone,cust_
    mobile,cust_zipcode,cust_address,cust_createtime)
058: alues(#{cust_name},#{cust_user_id},#{cust_create_id},#{cust_source},
059: #{cust_industry},#{cust_level},#{cust_linkman},#{cust_phone},
060: #{cust_mobile},#{cust_zipcode},#{cust_address},#{cust_createtime})
061:     </insert>
062:     <!-- 根据id获取客户信息-->
063:     <select id="getCustomerById" parameterType="Integer"
     resultType="customer">
064:         select*from customer where cust_id=#{id}
065:     </select>
066:     <!-- 根据手机号获取客户信息-->
067:  <select id="getCustomerByMobile" parameterType="String"
     resultType="Integer">
068:        select count(*) from customer where cust_mobile=#{cust_mobile}
069:     </select>
070:     <!--更新客户
071:      -->
072:      <update id="updateCustomer" parameterType="customer">
073:         update customer
```

```
074:         <set>
075:             <if test="cust_name!=null and cust_name!=''">
076:                 cust_name=#{cust_name},
077:             </if>
078:             <if test="cust_user_id!=null and cust_user_id!=''">
079:                 cust_user_id=#{cust_user_id},
080:             </if>
081:             <if test="cust_create_id!=null and cust_create_id!=''">
082:                 cust_create_id=#{cust_create_id},
083:             </if>
084:             <if test="cust_source!=null and cust_source!=''">
085:                 cust_source=#{cust_source},
086:             </if>
087:             <if test="cust_industry!=null and cust_industry!=''">
088:                 cust_industry=#{cust_industry},
089:             </if>
090:             <if test="cust_level!=null and cust_level!=''">
091:                 cust_level=#{cust_level},
092:             </if>
093:             <if test="cust_linkman!=null and cust_linkman!=''">
094:                 cust_linkman=#{cust_linkman},
095:             </if>
096:             <if test="cust_phone!=null and cust_phone!=''">
097:                 cust_phone=#{cust_phone},
098:             </if>
099:             <if test="cust_mobile!=null and cust_mobile!=''">
100:                 cust_mobile=#{cust_mobile},
101:             </if>
102:             <if test="cust_zipcode!=null and cust_zipcode!=''">
103:                 cust_zipcode=#{cust_zipcode},
104:             </if><if test="cust_address!=null and cust_address!=''">
105:                 cust_address=#{cust_address},
106:             </if>
107:             <if test="cust_createtime!=null and cust_createtime!=''">
108:                 cust_createtime=#{cust_createtime},
109:             </if>
120:         </set>
121:         where cust_id=#{cust_id}
122:     </update>
123:     <!-- 删除客户 -->
124:     <delete id="deleteCustomer" parameterType="Integer">
125:         delete from customer where cust_id=#{id}
126:     </delete>
127: </mapper>
```

在文件CustomerDao.xml中，首先编写了一个SQL条件片段来作为映射查询客户信息的条件，然后编写了查询所有客户的映射查询方法。在方法的SQL中，分别通过左外连接方式从数据字典表base_dict中的类别代码字段查询出了相应的类别信息，同时通过limit来实现数据的分页查询。最后编写了一个查询客户总数的映射查询语句用于分页使用。

②创建数据字典DAO层接口和映射文件。在com.ssmjx.core.dao包中，创建一个BaseDictDao接口，并在接口中编写根据类别代码查询数据字典的方法，然后创建一个与接口对应的mapper映射文件，如文件BaseDictDao.java和文件BaseDictDao.xml，详见源码文件。

（3）实现Service层

①引入分页标签类。在src目录下，com.ssmjx.common.utils包中引入分页时使用的标签类文件Page.jave和NavigationTag.java这两个文件可直接从源码中获取，其具体实现代码见源代码中所示，这里不作为重点讲解。

②创建客户和数据字典的Service层接口。在com.ssmjx.core.service包中创建一个名为CustomerService和BaseDictService的接口，编辑后如文件CustomerService.java和文件BaseDictService.java所示。

CustomerService.java代码如下：

```
…
04: /*
05:  * 客户Service接口
06: */
07: public interface CustomerService {
08:     //分页客户列表
09:     public Page<Customer>  findCustomerList(Integer page,Integer rows,
10:     String custName,String custSource,
11:     String custIndustry,String custLevel);
12:     //创建客户
13:     public int createCustomer(Customer customer);
14:     //通过id获得查询客户信息
15:     public Customer getCustomerById(Integer id);
16:     //通过cust_mobile获得查询客户信息
17:     public int getCustomerByMobile(String cust_mobile);
18:     //更新客户
19:     public int updateCustomer(Customer customer);
21:     //删除用户
22:     public int deleteCustomer(Integer id);
23: }
```

BaseDictService.java代码如下：

```
04: /*
05:  * 数据字典Service接口
06: */
07: public interface BaseDictService {
```

```
08:     //根据类别代码查询数据字典
09:     public List<BaseDict> findBaseDictByTypeCode(String typecode);
10: }
```

③创建客户和数据字典的Service层接口的实现类。在com.ssmjx.core.service.impl包中分别创建客户和数据字典Service接口的实现类CustomerServiceImpl和BaseDictServiceImpl，编辑后的代码如文件CustomerServiceImpl.java和BaseDictServiceImpl.java所示。

CustomerServiceImpl.java代码如下：

```
14: /*
15:  * 客户Service接口实现类
16: */
17: @Service("customerService")
18: @Transactional
19: public class CustomerServiceImpl implements CustomerService {
20: //声明DAO属性并注入
21: @Autowired
22: private CustomerDao customerDao;
23: 24:                                        // 客户列表
25: @Override
26: public Page<Customer> findCustomerList(Integer page, Integer rows,
    String custName,String custSource,String custIndustry, String custLevel){
27:     // 创建客户对象
28:     Customer customer=new Customer();
29:     //判断客户名称
30:     if(StringUtils.isNotBlank(custName)){
31:        customer.setCust_name(custName);
32:     }
33:     //判断客户信息来源
34:     if(StringUtils.isNotBlank(custSource)){
35:        customer.setCust_source(custSource);
36:     }
37:     //判断客户客户所属行业
38:          if(StringUtils.isNotBlank(custIndustry)){
39:           customer.setCust_industry(custIndustry);
40:          }
41:      //判断客户级别
42:          if(StringUtils.isNotBlank(custLevel)){
43:            customer.setCust_level(custLevel);
44:          }
45:          //当前页
46:          customer.setStart((page-1)*rows);
47:          //每页数
48:          customer.setRows(rows);
```

```
49:            //查询客户列表
50:            List<Customer> customers=customerDao.selectCustomerList(customer);
51:            //System.out.println("记录集--"+customers);
52:            //查询客户列表记录总数
53:            Integer count=customerDao.selectCustomerListCount(customer);
54:            //创建Page返回对象
55:            Page<Customer> result=new Page<>();
56:            result.setPage(page);
57:            result.setRows(customers);
58:            result.setSize(rows);
59:            result.setTotal(count);
60:        return result;
61: }
62:
63: // 创建客户
64: @Override
65: public int createCustomer(Customer customer){
66:    return customerDao.createCustomer(customer);
67: }
68: //根据id获取查询客户信息
69: @Override
70: public Customer getCustomerById(Integer id){
71:    Customer customer=customerDao.getCustomerById(id);
72:    return customer;
73:     }
74: //更新客户
75: @Override
76: public int updateCustomer(Customer customer){
77:    return customerDao.updateCustomer(customer);
78: }
79: //删除客户
80: @Override
81: public int deleteCustomer(Integer id){
82:    return customerDao.deleteCustomer(id);
83: }
84: //获得手机号
85: @Override
86: public int getCustomerByMobile(String cust_mobile) {
87:    return customerDao.getCustomerByMobile(cust_mobile);
88: }
89: }
```

BaseDictServiceImpl.java代码如下：

```
…
```

```
09: /*
10:  * 数据字典Service接口实现类
11: */
12: @Service("baseDictService")
13: @Transactional
14: public class BaseDictServiceImpl implements BaseDictService{
15: @Autowired
16: private BaseDictDao baseDictDao;
17: //根据类别代码查询数据字典
18: public List<BaseDict> findBaseDictByTypeCode(String typecode){
19:    return baseDictDao.selectBaseDictByTypeCode(typecode);
20: }
21: }
```

在文件CustomerServiceImpl.java的实现方法中，首先创建了客户对象，然后判断条件查询中的客户名称、信息来源、所属行业和客户级别是否为空，只有不为空时，才添加到客户对象中。接下来获取了页面传递过来的当前和每页数信息，并查询所有客户信息及客户总数。最后将查询出的所有信息封装到Page对象中并返回。

（4）实现Controller层

在com.ssmjx.core.web.controller包中，创建客户控制器类CustomerController，编辑后如文件 CustomerController.java所示。

文件CustomerController.java代码如下：

```
…
020: /*
021:  * 客户管理控制器类
022: */
023: @Controller
024: public class CustomerController{
025:    //依赖注入
026:    @Autowired
027:    private CustomerService customerService;
028:    @Autowired
029:    private BaseDictService baseDictService;
030:    //客户来源
031:    @Value("${customer.from.type}")
032:    private String FROM_TYPE;
033:    //客户所属行业
034:    @Value("${customer.industry.type}")
035:    private String INDUSTRY_TYPE;
036:    //客户所属级别
037:    @Value("${customer.level.type}")
038:    private String LEVEL_TYPE;
039:    /*客户列表*/
```

```
041:    @RequestMapping(value="/customer/list.action")
042:    public String list(@RequestParam(defaultValue="1") Integer page,
043:        @RequestParam(defaultValue="10") Integer rows,
044:        String custName,String custSource,String custIndustry,
045:        String custLevel, Model model) {
046:        //条件查询所有客户
047:                Page<Customer> customers=customerService.findCustomerList
      (page,rows,custName,custSource,custIndustry, custLevel);
048:         //System.out.println("记录集--"+customers);
049:         model.addAttribute("page",customers);
050:         //客户来源
051:         List<BaseDict> fromType=baseDictService.findBaseDictByTypeCode
    (FROM_TYPE);
052:         //客户所属行业
053:         List<BaseDict> industryType = baseDictService.findBaseDictByTypeCode
    (INDUSTRY_TYPE);
054:         //客户所属级别
055:         List<BaseDict> levelType=baseDictService.findBaseDictByTypeCode
    (LEVEL_TYPE);
056:         //添加参数
057:         model.addAttribute("fromType", fromType);
058:         model.addAttribute("industryType", industryType);
059:         model.addAttribute("levelType", levelType);
060:         model.addAttribute("custName", custName);
061:         model.addAttribute("custSource", custSource);
062:         model.addAttribute("custIndustry", custIndustry);
063:         model.addAttribute("custLevel", custLevel);
064:         return "customer";
065:    }
066:    /*
067:    * 创建客户
068:    */
069:    @RequestMapping("/customer/create.action")
070:    @ResponseBody
071:    public String customerCreate(Customer customer,HttpSession session){
072:         //获取Session中的当前用户信息
073:         user user =(user) session.getAttribute("user_SESSION");
074:         //将当前用户id存储在客户对象中
075:         customer.setCust_create_id(user.getuser_id());
076:         //创建Date对象
077:         Date date=new Date();
078:         // 得到一个Timestamp格式的时间，存入MySQL中的时间格式"yyyy/MM/dd HH:mm:ss"
079:         Timestamp timeStamp=new Timestamp(date.getTime());
080:         customer.setCust_createtime(timeStamp);
```

```
081:         //执行Service层中的创建方法判断手机号是否已存在，返回的是受影响的行数
082:         System.out.println("---"+customer.getCust_mobile());
083:         int mobile=customerService.getCustomerByMobile(customer.
    getCust_mobile());
084:         if(mobile>0){
085:           return "EXIST";
086:         }else{
087:         // 执行Service层中的创建方法，返回的是受影响的行数
088:         int rows=customerService.createCustomer(customer);
089:           if(rows>0){
090:              return "OK";
091:         }else {
092:           return "FAIL";
093:         }
094:       }
095:     }
096:     /*
097:     * 根据id获取客户信息
098:     */
099:     @RequestMapping("/customer/getCustomerById.action")
100:     @ResponseBody
101:     public Customer getCustomerById(Integer id){
102:         Customer customer=customerService.getCustomerById(id);
103:         return customer;
104:     }
105:     /*
106:     * 更新客户
107:     */
108:     @RequestMapping("/customer/update.action")
109:     @ResponseBody
110:     public String customerUpdate(Customer customer){
111:
112:         int rows=customerService.updateCustomer(customer);
113:         if(rows>0){
114:           return "OK";
115:         }else{
116:           return "FAIL";
117:         }
118:     }
119:     /*
120:     *删除客户
121:     */
122:     @RequestMapping("/customer/delete.action")
123:     @ResponseBody
```

```
124:    public String customerDelete(Integer id) {
125:            int rows = customerService.deleteCustomer(id);
126:            System.out.println("----"+rows);
127:            if(rows > 0){
128:            return "OK";
129:            }else {
130:            return "FAIL";
131:            }
132:    }
133:  }
```

在客户控制器类中，首先声明了customerService和baseDictService属性，并通过@Autowired注解将这两个对象注入本类中；然后分别定义了客户来源、所属行业和客户级别属性，并通过@Value注解将resource.properties文件中的属性值赋给这三个属性；最后编写了查询客户列表的方法来执行查询，将结果信息存入Model传递给视图前端展示。其中，第一个参数page的默认值为1，表示从第一条记录开始，第二个参数默认值为10，表示每页显示10条数据。

12. 实现页面显示

在前面准备项目环境时，已经说明需要引入自定义标签文件。该项目中自定义标签文件主要用于实现分页功能，其标签名称为commons.tld，标签中的实现代码详见源码。在实际开发时，分页功能通常都会使用能用的工具类或分页组件来实现，而这些工具类和组件一般不需要开发人员自己编写，只需要学会使用即可。

在视图层customer.jsp中，编写条件查询和显示客户列表及分页查询，客户添加、修改、删除的主要代码具体详见文件customer.jsp的源码文件。

（1）查询客户列表

在文件customer.jsp文件代码中引入了JSTL标签和自定义的分页标签；第232~276行代码是条件查询的form表单，单击“查询”按钮后，会提交到一个list.action请求；第284~316行代码是显示客户信息列表的表格，查询出的客户信息会在此表格中显示；第318行代码是自定义的分页标签，该标签会根据客户数以及设置的页数数据显示内容。

（2）添加客户

添加客户的操作是通过页面弹出窗口实现的，当单击“新建”按钮时，将打开“新建客户信息”对话框，如图9-66所示。

填写完图9-67中的所有客户信息后，单击“创建客户”按钮，将执行添加客户操作。那么此操作是如何实现的呢？在图9-67页面中，“新建”按钮链接代码如下：

```
<a href="#" class="btn btn-primary" data-toggle="modal"
      data-target="#newCustomerDialog" onclick="clearCustomer()">新建</a>
```

在上述代码中，data-toggle="modal"和data-target="#newCustomerDialog"是Bootstrap的模态框代码，当单击“新建”按钮后，会打开id为newCustomerDialog的窗口，同时通过onclick属性执行clearCustomer()函数来清除窗口中的所有数据（代码为文件customer.jsp的第533~543行）。在customer.jsp中，新建客户模态框代码为文件第330~425行。

图 9-66 “新建客户信息”对话框

填写完模态框中的信息后，单击“创建客户”按钮，会执行createCustomer()函数（代码为文件customer.jsp的第545~562行），通过jQuery Ajax的POST请求将id为new_customer_form的表单序列化，然后提交到Controller层以“/create.action”结尾的请求中，如果其返回值为OK则表示客户创建成功，否则创建客户失败。

（3）修改客户信息

修改客户的操作与添加操作一样，也是通过页面弹出窗口实现的，当单击页面列表中对应的“修改”按钮时，将打开“修改客户信息”对话框，如图9-67所示。

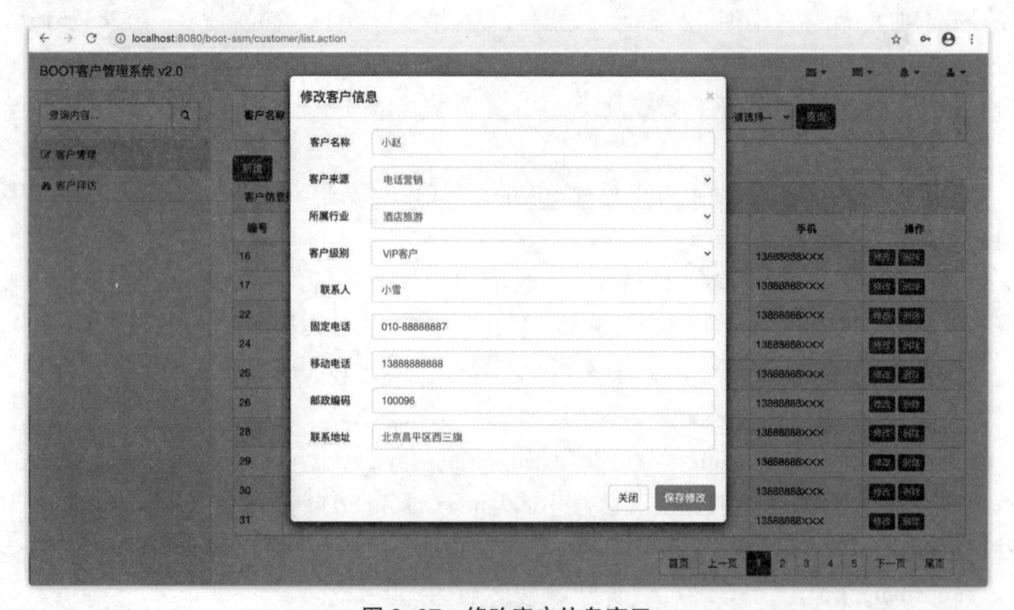

图 9-67 修改客户信息窗口

从图9-67可以看出，修改客户信息窗口与新建客户信息窗口的显示内容基本一致，但修改客户信息窗口中会显示出需要修改的客户信息。当修改客户信息后，单击“保存修改”按钮，即可执行修改操作。

页面中第310行“修改”按钮链接的实现代码如下：

```
<a href="#" class="btn btn-primary btn-xs" data-toggle="modal" data-target="#customerEditDialog" onclick= "editCustomer(${row.cust_id})">修改</a>
```

单击“修改”按钮后，会打开id为customerEditDialog的模态框窗口，同时通过执行onclick属性的editCustomer()函数来获取需要修改客户的所有数据信息。在文件customer.jsp页面中，修改客户模态框的代码为第427~517行所示。

由于在修改客户信息时，需要先获取该客户的所有信息，并显示到修改信息的窗口内，所以需要在页面中编写一个获取客户信息的jQuery函数editCustomer()，该函数的实现代码如文件customer.jsp的第564~583行所示。使用jQuery Ajax的方式来获取所需要修改的客户的信息，获取成功后，会将该客户信息添加到修改客户模态框中的相应位置。

单击“保存修改”按钮将通过jQuery Ajax的updateCustomer()函数的POST请求将修改表单的客户信息提交到Controller层以”/customer/update.action”结尾的请求中，如果其返回值为OK则表示客户修改成功，否则修改客户失败。

（4）删除客户

在客户列表页面中，删除客户链接的实现代码如下：

```
<a href="#" class="btn btn-danger btn-xs" onclick="deleteCustomer(${row.cust_id})">删除</a>
```

执行上述代码后，单击“删除”，会打开删除确认对话框，如图9-68所示。

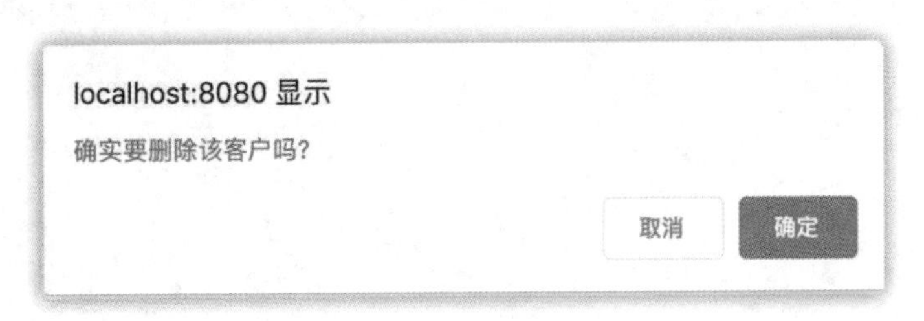

图9-68　删除确认框

单击“确定”按钮后，会执行onclick属性中的deleteCustomer()函数，代码如文件customer.jsp中的第597~610行，该函数中的参数${row.cust_id}会获取到当前所在行的客户id，并通过jQuery Ajax的方式发送一个以”/customer/delete.action”结尾的请求，该请求会将所要删除的客户id传入Controller层的customerDelete(Integer id)处理的方法中。customerDelete()方法调用Service层中的deleteCustomer()方法来获取数据库中受影响的行数（代码见文件CustomerService.java的第22行），如果其值大于0，则表示删除成功，否则表示删除失败。

小　结

本章主要介绍了常用的数据库接口技术即ADO、ODBC两种方式，并给出了基于

C++Builder、ASP.NET、PHP、Java等语言环境的数据库接口技术应用案例，为学生提供了应用软件开发及动态网站开发的数据库接口技术指导。

思考与练习

1. 试比较一下ADO与ODBC两种数据库接口技术的优缺点。

2. 谈谈你对基于C/S架构与基于B/S架构开发的认识。

3. 请用自己熟悉的开发环境并选择一种数据库（Access、MySQL、SQL Server等）来尝试本章提供的数据库接口的方法。

第10章

数据库应用案例分析

数据库技术主要是数据库的设计和数据库的访问，掌握数据库技术后，下一步就是如何将其应用到实际应用案例中。本章主要针对实际应用案例（如学生信息管理系统、超市管理系统等）给出具体数据库设计的方法，并提供应用案例功能实现界面，供读者借助软件工具加以实现。

内容介绍

10.1 学生信息管理系统的数据库设计

10.1.1 学生信息管理系统E-R模型分析

学生信息管理系统的数据库设计

1.系统功能需求

简单的学生信息管理系统如图10-1所示。

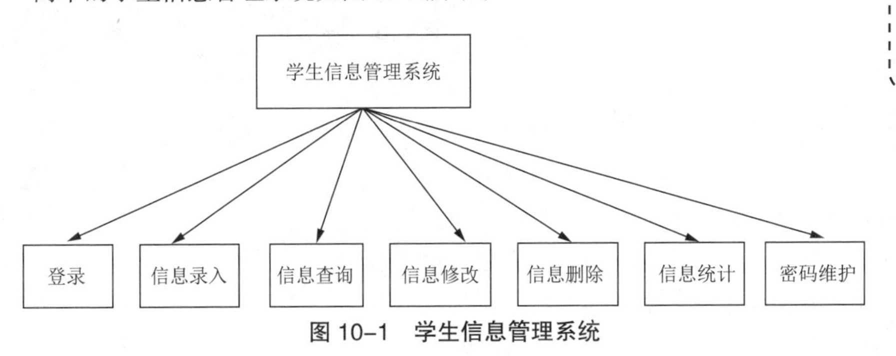

图10-1 学生信息管理系统

设计说明如下：

① 登录设计一个登录窗口，负责验证学生登录的账户名、密码。

② 信息录入：主要完成学生信息的录入（学号、姓名、性别、年龄、籍贯等）加到STUDENT表中。

③ 信息查询：主要完成通过学号、姓名等查证到学生的相关信息（提高点，也可以查询学生成绩）。

④ 信息修改：可以修改已录入的学生相关信息。

⑤ 信息删除：可以按学号删除学生相关信息，同时删除其他表中该学生的相关信息。

⑥ 信息统计：可统计学生人数、平均成绩、课程数目。

⑦ 密码维护：可对个人账户密码进行修改。

2.E-R模型设计

学生信息管理系统E-R模型如图10-2所示，学生与密码间为1：1的关系，一个账户只能对一个人，学生与课程则是M：N的关系，其中选修也有几个相关属性，构成选课关系。

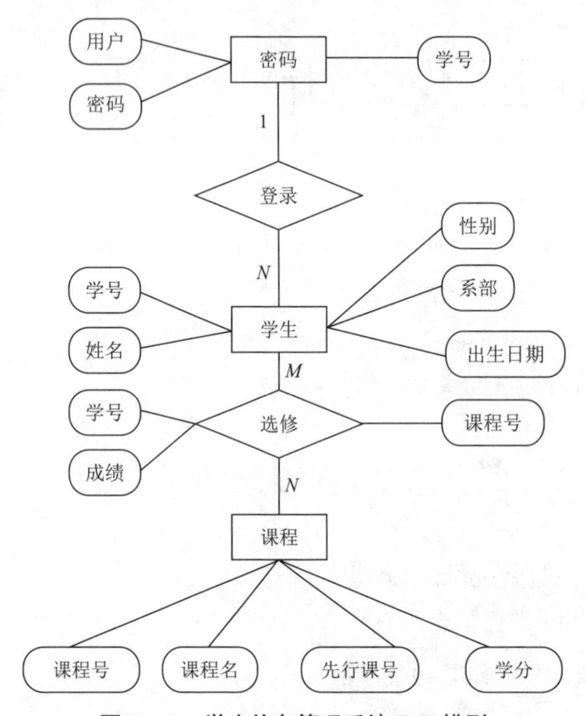

图 10-2　学生信息管理系统 E-R 模型

10.1.2　学生信息管理系统数据库的设计

由上节的E-R模型，可构建出四张关系表如下：

学生表：student（学号，姓名，性别，系部，出生年月）

课程表：course（课程号，课程名，先行课程号，学分）

选课表：sc（学号，课程号，成绩）

密码表：mm（用户名，密码，学号）

其中每个关系中带有下画线的属性组成该关系主码，sc关系中学号和课程号共同构成主码。

每张表的具体结构及内容如表10-1～表10-4所示。

表 10-1　student 表结构

字段名称	数据类型	长　度	说　明
sno	varchar	10	学号
sname	varchar	8	姓名
sex	varchar	2	性别
sdept	varchar	30	系部
csrq	date		出生日期

表 10-2　course 表结构

字段名称	数据类型	长　度	说　明
cno	varchar	3	课程号
cname	varchar	20	课程名
cpno	varchar	3	先行课程号
ccredit	float	3.1	学分

注：先行课程号为选这门课程之前应先选的那门课程号，可以为空。

表 10-3　sc 表结构

字段名称	数据类型	长　度	说　明
sno	varchar	10	学号
cno	varchar	3	课程号
grade	float	5.1	成绩

表 10-4　mm 表结构

字段名称	数据类型	长　度	说　明
user1	varchar	20	用户名
password1	varchar	20	密码
sno	varchar	10	学号

10.2　图书信息管理系统的数据库设计

10.2.1　图书信息管理系统E-R模型分析

1.系统功能需求

图书室借阅系统如图 10-3 所示。

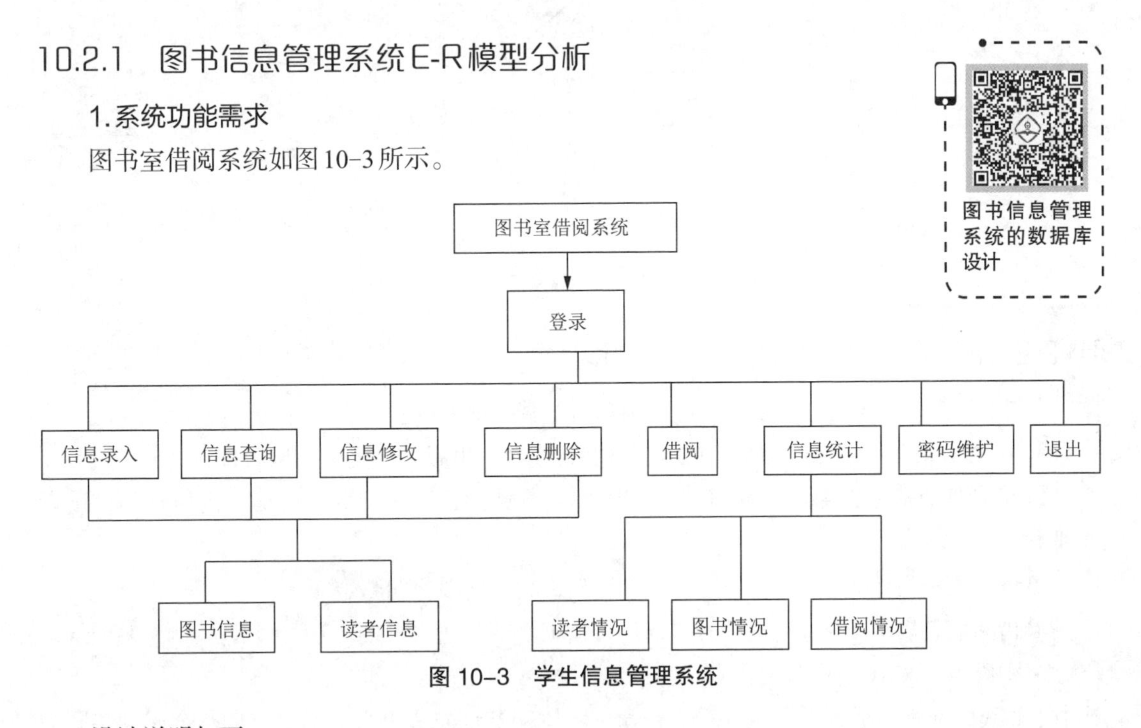

图 10-3　学生信息管理系统

设计说明如下：

① 设计一个登录窗口，负责验证图书管理员的账户名、密码。

② 信息录入、查询、修改、删除操作主要是针对图书信息与读者信息表操作。

③ 借阅，主要是针对借阅表操作，用于记录借书、还书、续借、罚款情况。

④ 信息统计，主要是针对读者、书目，以及借阅情况进行统计。

⑤ 密码维护：可对图书管理员账户密码进行修改。

2.E-R模型设计

图书信息管理系统E-R模型如图10-4所示，读者与图书之间对应关系是1 : *N*，即一个读者可借多本书，某本书只能为一个读者所借，而读者与读者类别之间关系也是1 : *N*的关系，一个读者只对应一种类别，一种类别可以对应多个读者。其中，联系借阅包包含了几个属性，构成了借阅关系。

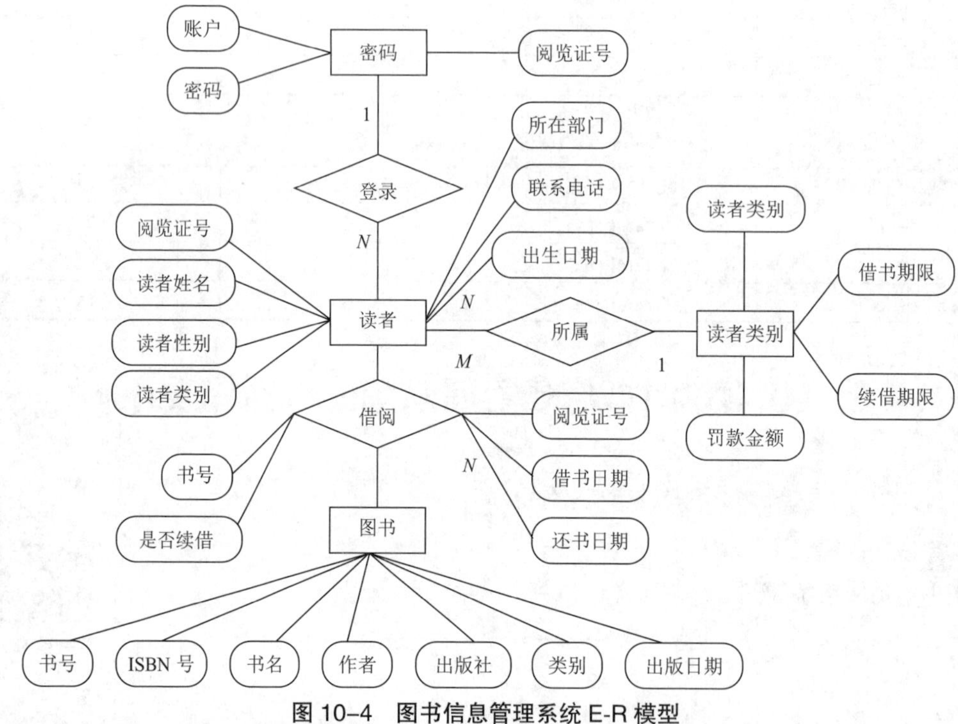

图 10-4　图书信息管理系统 E-R 模型

10.2.2　图书信息管理系统数据库的设计

由图书信息管理系统E-R模型，可以构建出五个关系。

① 图书信息表：tsxx（书号，ISBN，书名，作者，出版社，类别，出版日期）

② 读者信息表：dzxx（阅览证号，读者姓名，性别，部门，联系电话，出生日期，读者类别）

③ 读者类别表：dzlb（读者类别，借书期限，续借期限，罚款金额）

④ 借阅信息表：jyxx（阅览证号，书号，借书日期，还书日期，是否续借）

⑤ 密码表：mm（用户名，密码，学号）

其中下画线的属性组成该关系的主码；jyxx关系中阅览证号、书号、借书日期三个属性共同构成主码。

每张表的具体结构及内容如表 10-5~表 10-9 所示。

表 10-5　tsxx 表结构

字段名称	数据类型	长　度	说　明
bno	varchar	10	书号
ISBN	varchar	50	ISBN 号
bname	varchar	50	书名
writer	varchar	20	作者
cbs	varchar	30	出版社
lb	varchar	20	类别
cbrq	date		出版日期

表 10-6　dzxx 表内容

字段名称	数据类型	长　度	说　明
tsno	varchar	10	阅览证号
tsname	varchar	8	读者姓名
tssex	varchar	2	读者性别
tssdept	varchar	20	所在部门
tsnumber	varchar	20	联系电话
tdzlb	varchar	10	读者类别

表 10-7　dzlb 表内容

字段名称	数据类型	长　度	说　明
dzlb	varchar	10	读者类别
jsqx	int		借书期限
fkje	float	5.1	罚款金额
xjqx	int		续借期限

表 10-8　jyxx 表内容

字段名称	数据类型	长　度	说　明
tsno	varchar	10	阅览证号
bno	varchar	10	书号
jsrq	date		借书日期
ghrq	date		还书日期
yn	varchar	2	是否续借

表 10-9　mm 表内容

字段名称	数据类型	长　度	说　明
user1	varchar	20	账户
Password1	varchar	20	密码
tsno	varchar	10	阅览证号

10.3 医院门诊管理系统的数据库设计

10.3.1 医院门诊管理系统E-R模型分析

医院门诊管理系统的数据库设计

1.系统功能需求

医院门诊管理系统如图10-5所示。

设计说明如下：

① 设计一个登录窗口，负责验证医院管理员的账户名、密码。

② 信息录入、查询、修改、删除操作主要是针对患者与医生与科室等信息表操作。

③ 治疗，主要针对病人治疗记录及开处方等操作。

④ 信息统计，针对患者人数及医院的财务进行统计。

⑤ 密码维护：可对医院管理员账户密码进行修改。

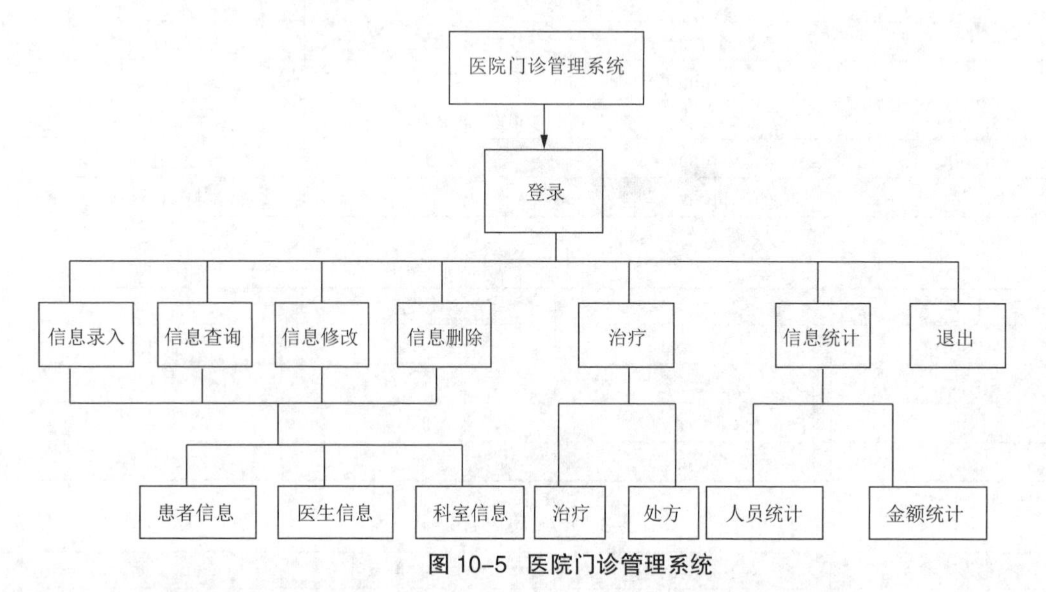

图10-5 医院门诊管理系统

2.E-R模型设计

医院门诊管理系统E-R模型如图10-6所示，医生与科室之间关系是$M:1$，即一个科室有多个医生，一个医生只能对应一个科室，医生与患者关系是$M:N$的关系，即一个医生要治疗多个患者，而一个患者也有可能看多名医生。医生与外方的关系是$1:M$，即一个医生可以开多张处方，一个处方只能对应一个医生。患者与处方的关系是$1:M$，一个患者可能对应多张处方（开了多个医生），而一张处方只能对应一个患者。处方与项目的关系是$M:N$，即一个处方对应多个项目，一个项目又可应用于多张处方。

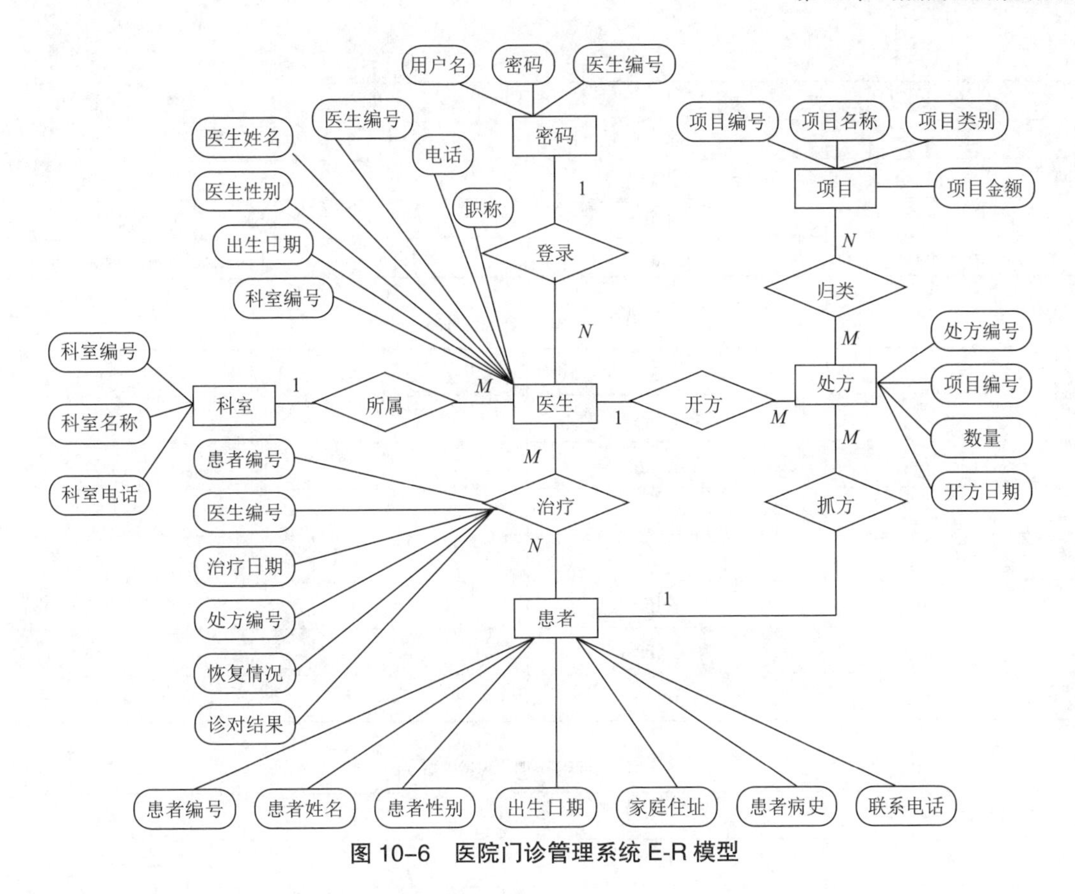

图 10-6　医院门诊管理系统 E-R 模型

10.3.2　医院门诊管理系统数据库的设计

由医院门诊管理系统E-R模型可得到七个关系。

① 患者信息表：patient（患者编号，姓名，性别，出生日期，家庭住址，病史，联系电话）

② 医生信息表：doctor（医生编号，姓名，性别，出生日期，电话，职称，科室编号）

③ 科室信息表：sectionoffice（科室编号，科室名称，科室电话）

④ 治疗信息表：cure（患者编号，医生编号，治疗日期，处方编号，恢复情况，诊对结果）

⑤ 处方信息表：chufang（处方编号，项目编号，数量）

⑥ 治疗项目信息表：project（项目编号，项目名称，项目类别，项目金额）

⑦ 密码表：mm（用户，密码，医生编号）

其中下画线的属性组成该关系的主码。

在cure关系中患者编号、医生编号、治疗日期三个属性共同构成主码。

每张表的具体结构及内容如表10-10~表10-16所示。

表 10-10　patient 表结构

字 段 名 称	数 据 类 型	长　　度	说　　明
psno	varchar	10	患者编号
pname	varchar	8	患者姓名
psex	varchar	2	患者性别

续表

字 段 名 称	数 据 类 型	长　　度	说　　明
csrq	date		患者出生日期
add	varchar	60	患者家庭住址
bingshi	varchar	100	患者病史
pphone	varchar	12	患者联系电话

表 10–11 doctor 表内容

字 段 名 称	数 据 类 型	长　　度	说　　明
dsno	varchar	10	医生编号
dname	varchar	8	医生姓名
dsex	varchar	2	医生性别
dcsrq	date		医生出生日期
dphone	varchar	12	医生电话
zhicheng	varchar	8	医生职称
ssno	varchar	4	医生所在科室编号

表 10–12　sectionoffice 表内容

字 段 名 称	数 据 类 型	长　　度	说　　明
ssno	varchar	4	科室编号
sname	varchar	10	科室名称
sphone	varchar	12	科室电话

表 10–13　cure 表内容

字 段 名 称	数 据 类 型	长　　度	说　　明
psno	varchar	10	患者编号
dsno	varchar	10	医生编号
cdate	date		治疗日期
cfsno	varchar	17	处方编号
recover	text		恢复情况
diagnosed date	text		诊对结果

表 10–14　chufang 表内容

字 段 名 称	数 据 类 型	长　　度	说　　明
cfsno	varchar	17	处方编号
xmsno	varchar	10	项目编号
sl	int		数量
cdate	date		开方日期

表 10–15　project 表内容

字 段 名 称	数 据 类 型	长　　度	说　　明
xmsno	varchar	10	项目编号
xmmc	varchar	10	项目名称
xmlb	varchar	10	项目类别
money	float	10.2	项目金额

表 10–16　mm 表内容

字 段 名 称	数 据 类 型	长　　度	说　　明
user1	varchar	10	账户
password1	varchar	20	密码
dsno	varchar	10	医生编号

10.4　小超市管理系统的数据库设计

10.4.1　小超市管理系统 E-R 模型分析

小超市管理系统的数据库设计

1. 系统功能需求

小超市管理系统功能如图 10–7 所示。

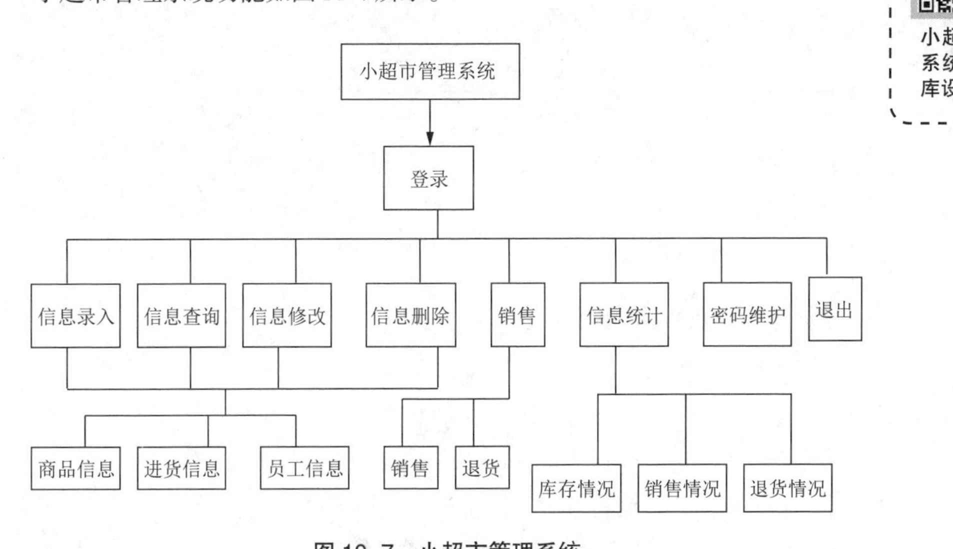

图 10–7　小超市管理系统

设计说明如下：

① 设计一个登录窗口，负责验证小超市管理员的账户名、密码。

② 信息录入、查询、修改、删除操作主要是针对商品信息与进货信息及员工信息表操作。

③ 销售主要是针对商品的销售与商品退货操作。

④ 信息统计主要是针对库存商品数量，退货商品数量、金额，超市销售利润情况统计。

⑤ 密码维护可对小超市管理员账户密码进行修改。

2.ER模型设计

小超市管理系统ER模型图如图10-8所示，员工与商品关系分别为进货、销售、退货。员工与商品的进货联系是N：M，即一个员工可进货多种商品，一种商品又可以为多个员工进货。员工与商品的销售关系是M：N，即一个员工可销售多种商品，一种商品又可为多个员工所销售。员工与商品的退货关系是M：N，即一个员工可退货多件商品，一种商品又可以为多个员工所退货。

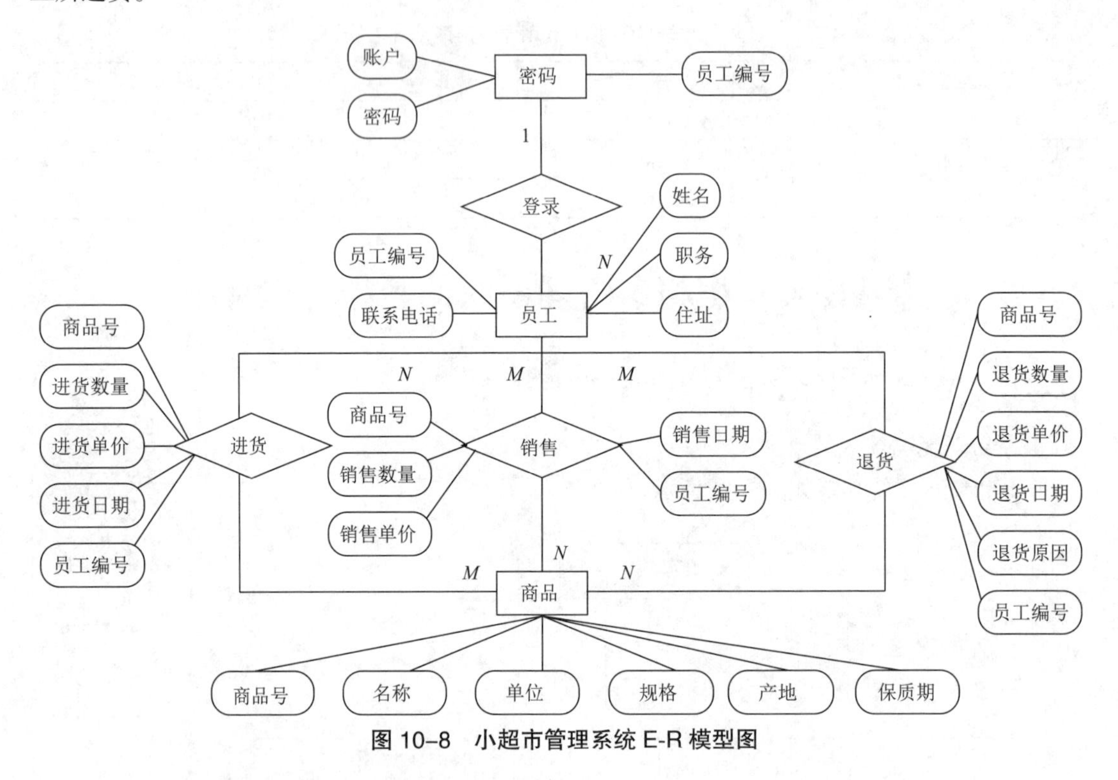

图 10-8　小超市管理系统 E-R 模型图

10.4.2　小超市管理系统数据库的设计

由小超市管理系统E-R模型图可得到下面六个关系。

① 商品信息表：spxx（商品号，名称，单位，规格，产地，保质期）

② 进货表：spjh（商品号，进货数量，进货单价，进货日期，员工编号）

③ 商品交易表：spjy（商品号，销售数量，销售单价，销售日期，员工编号）

④ 员工表：ygzh（员工编号，姓名，联系电话，职务，住址）

⑤ 退货表：spth（商品号，退货数量，退货单价，退货日期，退货原因，员工编号）

⑥ 密码表：mm（用户，密码，员工编号）

其中加下画线的属性共同构成该关系的主码；spjh关系中商品号，进货日期，员工编号三个属性共同构成主码；spjy关系中商品号，销售日期，员工编号三个属性共同构成主码；spth关系中商品号，退货日期，员工编号三个属性构成主码。

每张表的具体结构及内容如表10-17~表10-22所示。

表 10-17　spxx 表结构

字段名称	数据类型	长　度	说　明
spno	varchar	10	商品编号
spname	varchar	20	商品名称
spdw	varchar	4	单位
spgg	varchar	4	规格
spcd	varchar	30	产地
spbzq	int		保质期

表 10-18　spjh 表内容

字段名称	数据类型	长　度	说　明
spno	varchar	10	商品编号
jhnum	int		进货数量
jhdj	float	10.1	进货单价
jhrq	date		进货日期
ygbh	varchar	10	员工编号

表 10-19　spjy 表内容

字段名称	数据类型	长　度	说　明
spno	varchar	10	商品编号
xsnum	int		销售数量
xsdj	float	10.1	销售单价
xsrq	date		销售日期
ygbh	varchar	10	销售员（员工编号）

表 10-20　ygzh 表内容

字段名称	数据类型	长　度	说　明
ygbh	varchar	10	员工编号
ygname	varchar	8	姓名
lxtele	varchar	20	联系电话
cfsno	varchar	17	职务
yhadd	varchar	200	住址

表 10-21　spth 表内容

字段名称	数据类型	长　度	说　明
spno	varchar	10	商品编号
thnum	int		退货数量
yhdj	float	10.1	退货单价
thrq	date		退货日期
thyy	文本	100	退货原因
ygbh	varchar	10	员工编号

表 10-22　mm 表内容

字段名称	数据类型	长度	说明
user1	varchar	20	账户
Password1	varchar	20	密码
dsno	varchar	10	员工编号

小　结

本章主要介绍了学生信息管理系统、图书信息管理系统、医院门诊管理系统、小超市管理系统4个实际案例E-R模型设计，以及数据库设计方法，为用户提供了相关应用软件编程的数据库设计指导思想。

思考与练习

1. 分析数据库设计在应用软件开发中的作用与地位。

2. 在本章案例的基础上，对其他应用软件加以分析，如工资管理系统、仓库管理系统、个人理财管理系统等数据库如何来设计，参考相关程序设计方法，设计一下其他应用软件系统。

3. 利用ASP.NET或Java或PHP技术与一种数据库结合，设计一个培训类学校网站，功能包括学员管理、教师管理、课程管理、收费管理、账户管理等相关内容。

附录 A

SQL 进阶训练系统

1.使用说明

为了提高学生学习数据库技术的兴趣，以及更好地掌握SQL，我们开发了一个SQL进阶训练系统，该系统是基于B/S架构的，通过浏览器的方式实现。本系统共收集了有关各类SQL定义、查询、操纵的题约500多道，学生提交后，由系统自动给予评判，如果不正确，将重新提交并扣除一部分分数。当学生达到一定分值时，可以进阶到下一阶段练习，本系统的题目由浅入深，共分为“小学生”“中学生”“学士”“硕士”“博士”“博导”“院士”等不同级别，当学生进阶到院士级时，则意味着其SQL已掌握得比较扎实。

2.使用方法

请进入SQL进阶训练系统，按附录A提示的方法进入网上实验，如图A-1所示。按自己注册的账户登录，注意用户的初始密码均为“123456”，进入后可通过密码修改功能进行密码修改。

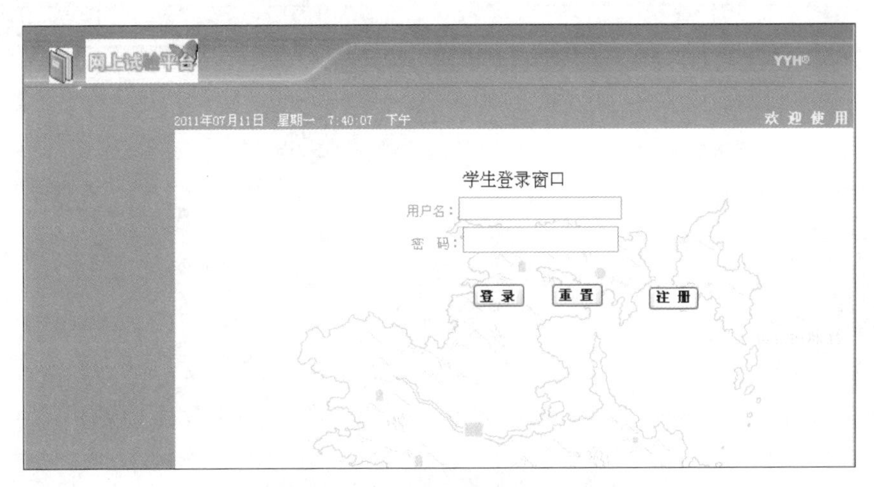

图 A-1 SQL 进阶训练系统登录窗口

首先上传数据库，注每个用户均要有一个供自己实验的数据库，该数据库系统已统一建好，在“综合服务”的“数据库”中下载，然后再通过“上机实验”中的“数据库上传”，上传到网上（注这是因为在上机题中，有些命令是数据操纵的命令，如增加、修改、删除这样需要每个人用自己的数据库进行操作）。让大家下载再上传也是为了能在本地打开数据库，查看并熟悉里面有哪些字段，为SQL命令做准备，如图A-2所示。

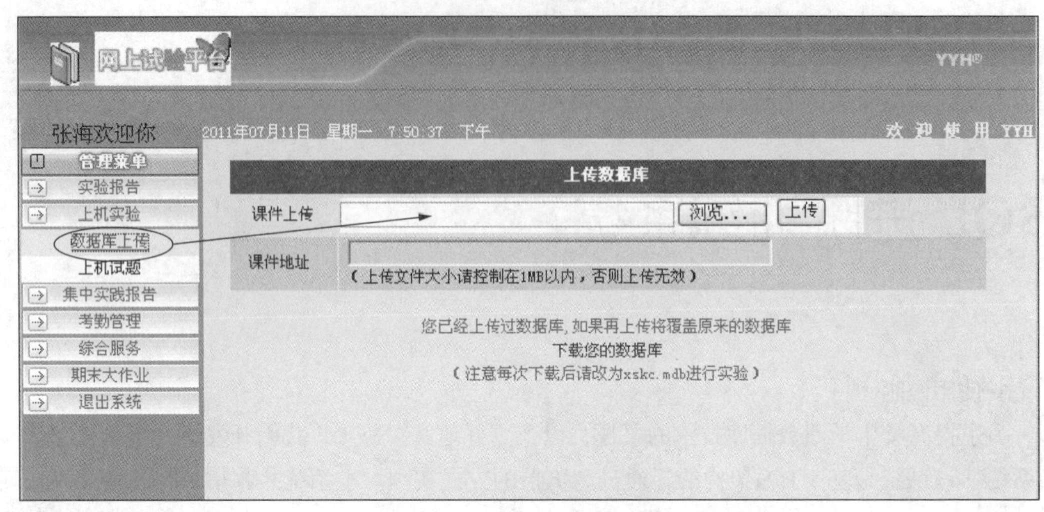

图 A–2 数据库上传窗口

上传成功会提示SUCCESS，下一步就可以进行上机训练。单击“上机试题”选项，如图A-3所示。

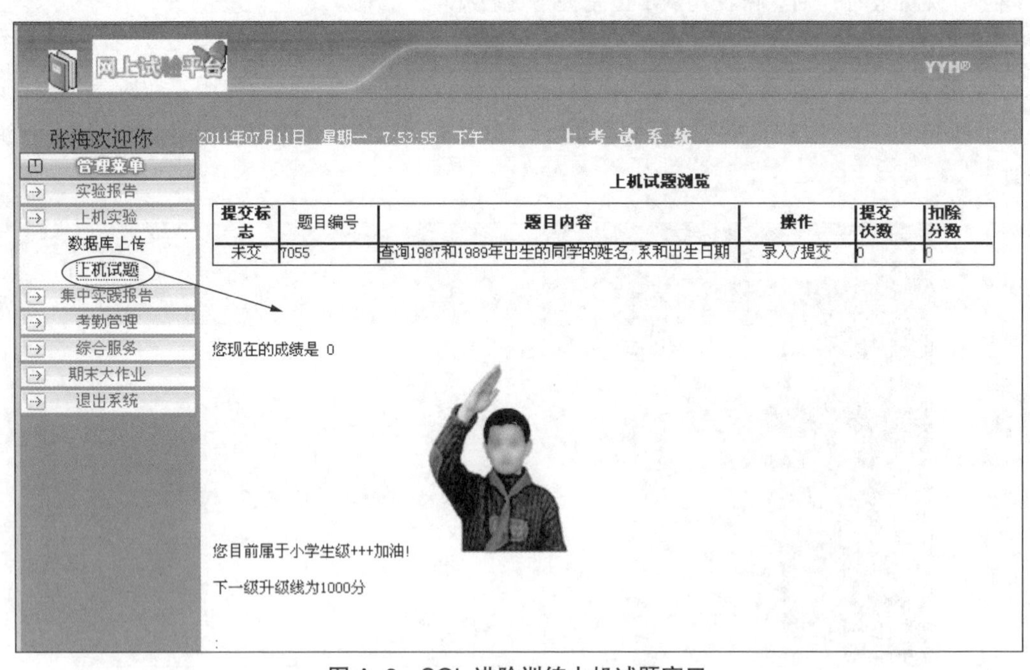

图 A–3 SQL 进阶训练上机试题窗口

由图A-3可以看出，刚刚进行训练的同学，所处的级别为小学生级别，如果要达到中学生级别，至少要获取1000分，每道题得分为100分，但如果提交错误一次将会被扣掉5分，直至扣到60分为止。看到题目后，应该先在附录A中提到的数据库测试软件中进行实验，得到正确的结果后再来此处提交。如果想提交，可单击“录入/提交”按钮，则出现如图A-4所示的提交窗口。

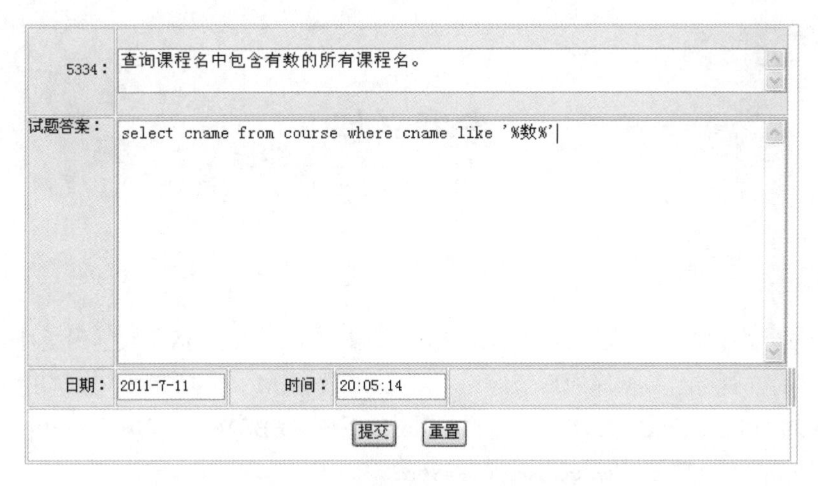

图 A-4　SQL 进阶训练系统试题提交窗口

如果提交的语句不正确，将会出现错误提示，如图 A-5 所示。此时，系统会返回提交窗口，让用户重新提交，并且自动扣除该题 5 分成绩。

如果提交正确，则显示提交成功，如图 A-6 所示，系统将会累计提交题目的分数，直到达到进阶标准，如图 A-7 所示。

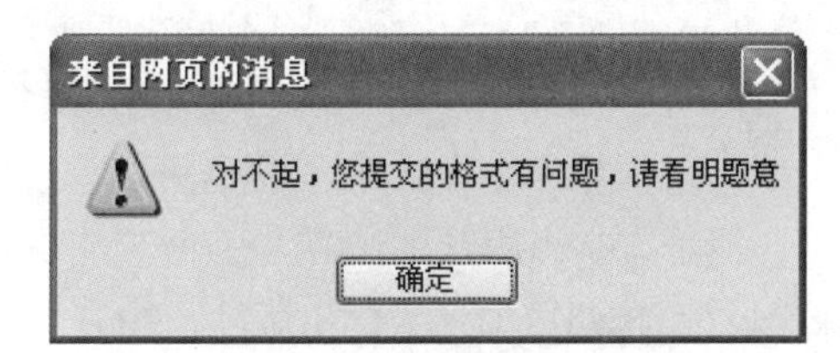

图 A-5　提交错误信息窗口

图 A-6　提交成功提示

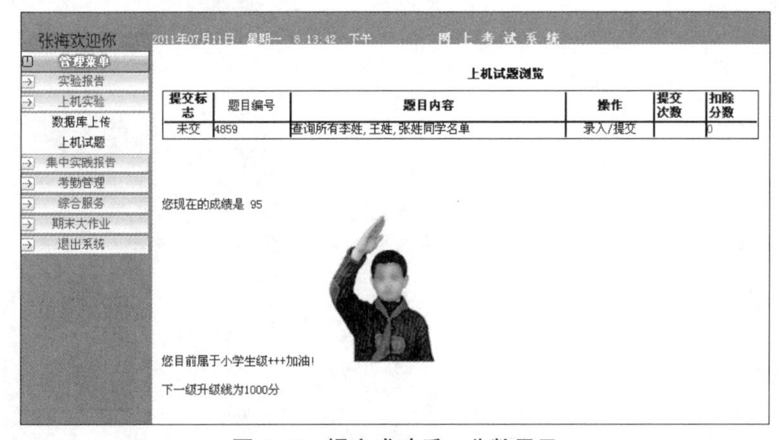

图 A-7　提交成功后，分数显示

本系统还有其他一些功能，如实验报告、考勤、综合服务、大作业，以及教师管理功能（包括成绩统计、分班、分组、在线监控、实验报告、讨论报告评判等多种功能，这些功能是为任课老师上机任务安排及管理之用），限于篇幅有限，这里不一一介绍，有需要的任课教师，请 E-Mail 联系我们。

参考文献

[1] 传智播客高教产品研发部.MySQL数据库入门［M］. 北京:清华大学出版社，2015.

[2] 孟凡荣，闫秋艳.数据库原理与应用（MySQL版）［M］. 北京:清华大学出版社，2019.

[3] csdn3993023.MySQL5.7审计功能Windows系统［EB/OL］.［2018］. https://blog.csdn.net//csdn3993023/article/details/100384963.

[4] 梓栋.MySQL数据库：数据完整性（实体完整性、域完整性、参照完整性）［EB/OL］.［2019］. https://blog.csdn.net/xmxt668/java/article/details/89174160.

[5] 杨爱民,张文祥,王涛伟.数据库原理与应用［M］. 北京：中国铁道出版社，2012.

[6] 董健全，丁宝康.数据库实用教程［M］. 北京：清华大学出版社，2007.

[7] 张蒲生.数据库应用技术SQL Server 2005基础篇［M］. 北京：机械工业出版社，2007.

[8] 萨师煊，王珊.数据库系统概论［M］. 3版.北京：高等教育出版社，2003.

[9] 张文祥，杨爱民.数据库原理及应用［M］. 北京：中国铁道出版社，2006.

[10] 董健全，丁宝康.数据库实用教程［M］. 北京：清华大学出版社，2007.

[11] 周屹.数据库原理及开发应用［M］. 北京：清华大学出版社，2007.

[12] 陈根才，孙建伶，林怀忠，等.数据库课程设计.杭州：浙江大学出版社，2007.

[13] 钱雪忠，罗海驰，陈国俊.数据库原理及技术课程设计［M］. 北京.清华大学出版社，2009.

[14] 李合龙，董守玲，谢乐军.数据库理论与应用［M］. 北京:清华大学出版社，2008.